U0376843

项目资助

江苏高校优势学科建设工程资助项目

苏州大学青年教师后期资助项目

明代万历刻本

工部厂库须知

（明）何士晋 ◎ 撰

江　牧 ◎ 校注

人民出版社

总　目

规范章程　依法营建

——明万历刻本《工部厂库须知》校勘序

　　《工部厂库须知》是一部我国古代建筑与工程管理领域的经典文献,在我国建筑古籍现存稀少的状况下是十分可贵的。其出版刊刻于明代万历年间,作为官印官颁的典籍,实际上是明代工部的国家标准和规范,上承宋代《营造法式》,下启清代《工部工程做法则例》,具有重要的历史文献价值,其内容反映了明代主管工程营建的工官的管理理念和工部这一职能部门的运作方式,并与宋元、清代的相关机构和管理人员的观念呼应,对它的研究有助于还原历史的真实情况,亦便于深刻理解我国古代基于器物、建筑的制度和仪式,进而在物质层面对明代政府运作、日常用度、生产资料和工艺手段等有进一步的认识。

一、《工部厂库须知》在古代建筑典籍中的地位

　　《工部厂库须知》总计十二卷(原典籍扉页标二十四册,正文仍分为十二卷),成书于明万历四十三年(1615 年),亦有学者认为依据其正文所载奏疏的年代,成书应不早于万历四十五年(1617 年),笔者以为此说有疑,原籍封面所载万历四十三年应无误。《工部厂库须知》内容涉及经济、管理、设计、营造、运输、检验等诸多方面,由时任工部给事中的何士晋纂辑,另有工部郎官、主事和都察院监察御史等参与编撰,全书约 20 万字,无配图。

　　当今中国建筑史的研究主要是历史文献和现存建筑实例这两方面,正是基于这两点,对于唐代以后建筑的研究较多,因为我国现存最早的建筑实例是五台山南禅寺大殿,为唐代遗构。而文献研究也多为唐代以降的文献

研究,特别是宋代和清代,由于《营造法式》和《工部工程做法则例》这两部当时官修书籍的存世,使得我们可以了解和确定当时的工匠们是如何设计和建造那些雄伟一时的庞大建筑群的,也间接地了解到参与设计的官员和工匠对于建筑活动的文化和政治制度等的考量。

元、明两代介于宋、清之间,但是类似的重要文献不多或不被重视,这方面的研究略少,多是从现存建筑实例来探究当时的营造观念和制度,似有遗珠之憾。其实,明代作为建国276年的最后一个汉人王朝,其营建两京的大规模建筑活动在中国封建社会晚期很有代表意义,只是迄今为止尚缺乏类似宋、清两代营造文献的研究。是否明代真没有类似的重要文献呢?并非如此,明代也存在工部官修的一部重要营造典籍——《工部厂库须知》,只是内容与《营造法式》和《工部工程做法则例》这两部不同朝代的官书有异,其更侧重于工部等工官机构运行的典章制度,包含工程管理、备料选料、预算决算、过程监督、报批备案等诸多建筑、工程从设计到营造整体过程的管理制度,其对于准确了解和掌握明朝官方建筑的营造体系、方式和制度等具有极为重要的学术意义。

二、《工部厂库须知》全书的体例

首次刊印于明代万历年间的《工部厂库须知》扉页标注为二十四册(据国家图书馆古籍部藏影印胶片),但从内容上还是分为十二卷,中缝处亦标为十二卷,故当以十二卷为准。

正文以工部诸臣的"提疏、复疏"为缘起,通过全文辑录几篇奏疏综述工部目前管理工程、仓库、材料、耗费等的现状,来说明编撰一本明确规章、严格制度的典籍作为规范的重要性。何士晋在自己撰写的开篇奏疏中说"商困剥肤已极,都民重足堪怜,……斯民幸依莘毂以托生,实倚大君以为命,必且日月之照独先,雨露之施独渥,讵意有若今之铺商,业就死地而不加恤者,……职掌所系,敢不以目前至迫至苦之状为皇上陈之?"表明典籍的编辑是因为商困民苦,其与官僚奸商的矛盾已极为尖锐,再依此发展下去势必影响到政权的稳定,因此有必要编撰此部例,严格规章。这种思想也反映在何士晋撰写的《工部厂库须知·叙》中,并且其引用苏轼语"广取以给用,不若节用以廉取"来提出自己的解决之道,参考以往《会典》、《条例》诸书,结合当前的实际情况进行调整,反映在本书的编撰原则就是"按籍而探其额,按额而征其储,按储而定其则,按则而核其浮"。简言之,就是"严控管,当节用"。

卷二为"厂库议约",是谓总论。本书的目的就是给工部所管的营造项目、工程重订律条,以公正买卖、雇役的关系;以杜绝冒滥、私吞;以严格收支记录;以公开办事程序;等等。因此在这个"约则"中,总计谈到了相关的31个问题,即交代、共事、关防、旧牍、外解、事例、互查、挂销、预支、年例、考成、对同、行移、册库、部单、收放、挂欠、银色、敲兑、防察、余钱、覆兑、日总、挪借、交盘、近习、报商、会收、铸钱、铅铁、陵工。行文俱以问题何在为首,再提出相应的解决办法。

自卷三"营缮司"起,全书实际为四大部分,分别阐述明代工部下辖的四司——营缮司、虞衡司、都水司、屯田司的运作条例及其分差的工料定额、匠役制度等。其中卷三为营缮司,卷四、卷五为营缮司分差;卷六为虞衡司,卷七、卷八为虞衡司分差;卷九为都水司,卷十、卷十一为都水司分差;卷十二为屯田司及其分差。如下图所示。

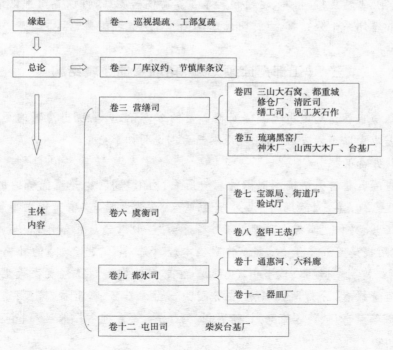

从卷三开始，每卷内容体例趋于一致。每卷篇首为参与编撰的人员，依部门、职务、姓名、所做工作，一一注明。如：

工 科 给 事 中　臣何士晋　纂辑

广东道监察御史　臣李　嵩　订正

屯田清吏司主事　臣李纯元　考载

营缮清吏司主事　臣陈应元

虞衡清吏司主事　臣楼一堂

都水清吏司主事　臣黄景章

屯田清吏司主事　臣华　颜　同编

接着是本卷所录部门，即各司或各司分差的简要说明，除对于所设司及其分差的职责加以厘清外，另列该司及各分差的职位及数量。卷内主体内容为各项目、工程的例行预算、材料规格、尺寸等数目，一一列出，便于查对，以防冒滥。卷尾为新近议定的各司条议，为各司工作的规章制度，明确罗列，以便监督。

全书各卷以各司职掌的责权开篇，主体内容从各项工程的定规、工作条例、规范、工料规格、预算、运输开支等各方面逐一罗列，再以各司条议结尾，整个管理体系十分完善，堪称明代工程营造目标管理的典范。

三、《工部厂库须知》各司职掌的逻辑结构

该书自卷三起为明代工部所辖四司的分卷论述，呈现出清晰的逻辑结构。基本由以下六方面组成，现以卷三为例说明如下：

1.明确职责

每卷开篇首先明确本部门的职责所系，明晰职权，也是现代所述的"目标管理"。以卷三《营缮司》为例，开宗明义，认为营缮司"掌工作之事"。即一切工程、兴作之事都由其管。工作程序为"一切营造皆由掌印郎中酌议呈堂，或用提请而分属于各差"。并明确本规章是对于《明会典》的补充，《会典》所载的制度、规章，该书俱不胪列。在部门结构上，将"经费之大端及有当权宜置议者"分为两大部分：左分司为三山大石窝、都重城、湾厂；通惠河道为琉璃黑窑厂、修理京仓厂、清匠司、缮工司，兼管神木厂兼砖厂、山西厂、

台基厂、见工灰石作。在职位设置上,"所属为营缮所所正一员、所副二员、所丞二员、武功三卫、经历等官",职位与数目十分明确。最后是"年例钱粮,一年一次",即全司的办公经费,规定为一年一拨。

2.过程管理

全卷将营缮司所管的营造分为细项,按会有、召买分别列出,详列材料数目、尺寸、规格、单价、总价等。如司设监修理竹帘一项:

会有:

台基厂:

杉木一十一根,各长三丈五尺,径一尺五寸,每根银五两五钱,该银六十两五钱。

山、台、竹木等厂:

松桢木一十六根,各长一丈八尺,径一尺五寸,每根银二两九钱,该银四十六两四钱。

以上二项,共银一百六两九钱。

召买:

松桢木一十六根,各长一丈八尺,径一尺五寸,每根银二两九钱,该银四十六两四钱。

通过对材料的详细规定和预算,管理者能够很容易地控制整个营造过程。

3.随行增减

由于市场的行情随时在变,工程的预算也必须随行就市的变化。例如材料数量的增减、运输脚银的增减、以往冒滥的去除等。如司设监修理竹帘查出以往就存在虚增冒领的现象,书中列出"查得杉木应减三根,每根银五两五钱,减银一十六两五钱。松桢木共减六根,每根银二两九钱,减银一十七两四钱。二项共减银三十三两九钱,后以为例。查《条例》有杉木运价一两四钱,今亦并裁",减回实用之数,确保专款专用。

4.详细规格

书中对于各项工程所需材料的规定十分细致,具体到材质、长度、直径等,以方便管理,即使是外行的文职官员也有可操作性极强的手段,利于马上投入工作。如司设监修理经厂,文中详列:

会有：

大通桥　查发：

白城砖三千个，查会估，每个银二分九厘，该银八十七两。又每个运价四厘五毫，该银一十三两五钱。

斧刃砖三千个，照估每二个折白城砖一个，每个银二分九厘，该银四十三两五钱。又每个运价二厘二毫五丝，该银六两七钱五分。

竹木、山台等厂：

大松木二百四十根，各长一丈六尺，围四尺六寸，每个银一两六钱，该银三百八十四两。

大柁木一百二十根，各长二丈二尺，围五尺五寸，每根银三两四钱五分，该银四百一十四两。

大散木二百四十根，各长一丈六尺，围五尺，每根银二两二钱六分，该银五百四十二两四钱。

以上五项，共银一千四百九十一两一钱五分。

召买：

大松木二百四十根，各长一丈六尺，围四尺六寸，每根银一两六钱，该银三百八十四两。

大柁木一百二十根，各长二丈二尺，围五尺五寸，每根银三两四钱五分，该银四百一十四两。

大散木二百四十根，各长一丈六尺，围五尺，每根银二两二钱六分，该银五百四十二两四钱。

大桁条木七百二十根，各长一丈六尺，围五尺，每根银二两二钱六分，该银一千六百二十七两二钱。

石灰一十五万斤，每百斤银一钱七厘，该银一百六十两五钱。

片瓦六万片，每百片银一钱八分，该银一百八两。

以上六项，共银三千二百三十六两一钱。

前件，木价并无增减，应照旧。

四年一办。

由上可见，就木材一项，大松木、大柁木、大散木就有不同的长度，长度即使一样，木材粗细的直径也不一致，又根据木种的不同各自有单价，这样详细的规格实际上是在营造中实行标准化的管理,这样的材料当然亦便于进行标准化的设计和施工。

5.料银概算

卷三在各项营造项目之后列出了全国各地长年被征用材料的银两拨款情况,既使得每年的例行拨款数字一目了然,也可以令人清楚地了解到各地都向中央政府供应的材料和其他服务种类。如:

苏州府,

匠班银一千八百一十三两九钱五分。

砖料银九百两。

真定府,

匠班银三百一十七两七钱。

砖料银六百两。

苘麻银九两。

山东临清卫,

苘麻银三十一两五钱。

由此可知,苏州府和真定府每年要向中央政府的营造工程提供工匠和建造用砖,在此之外,真定府还需供应苘麻,而山东临清卫只需供应苘麻。

6.统一规章

卷三文末附有营缮司条议,详列原有弊端,并叙述今经堂议给出的解决办法,其基本原则可概括为"基于人性、要求严格"。比如,第一项就是工部四司皂隶的工资问题,兹事体大,涉及公务员队伍的稳定,故此放在第一位。文曰:

各衙门皆有皂隶,即有工食。惟本部四司无之,无工食,不得不借口饭钱,专事需索。今议各司皂隶,除掌印者照旧,其余酌定各数,每名月给工食六钱。即于余钱内支给,使无身家之忧,安心服役,而后禁革之法可行。

首先比较其他衙门皂隶,都有工资,唯独工部的没有,于理不通;没有工资,工部皂隶无法养家糊口,于情不合。接着讲不合情理的事情容易滋生弊端,工部的皂隶就借口养家专事需索,就是权力寻租,影响恶劣也坏了程序,易祸及国家的工程。于是建议给工部皂隶发适当的工资,令其无后顾之忧,同时颁布严格的管理条例,杜绝需索之事,这样才是可行的方法。

关于工程款项的拨付问题，条议也规定了"预支"、"截给"的办法，文曰：

工程请给预支，例也。迩来法网严明，谁肯多请多给？而预支之名不除，终是陋规。今后凡遇工兴，酌估十分中先给二分，名为预支。自后必上有物料，役有工价，半月一算一给，不许延久，是谓截给。见钱实收，簿上亦改正；见给名色，而后事体清楚。俾各役不得借口，希图冒领。

首先指出工程施工前要预支款是惯例，但是不严加管理，极易滋生冒领。新条议规定预支款先只付两成，等到材料买回来了，匠人开工了，再半月结算一次。一不准拖延迟付匠人工资和材料款，不损害工人和材料供应商的利益；二不准管理人员找各种借口来冒领工程款，损害国家的利益。

关于工程款项的登记造册和账簿的管理问题，条议以先前管理疏漏，便于钻空子，提出应加强管理，不使有机可乘。文曰：

钱粮支发，若有旧案可据，一翻阅间，缓急多寡，可印证也。乃旧案不藏之官舍，竟收之吏书私寓，至官更吏改，挪移改换，百弊丛生。今议每司各置册库一所，以册科掌之。凡有行过事情，登记册籍，将原卷挨年顺月收藏库内，以备日后参考。

首先阐明工程款造册和账簿的重要性，可使开支明晰，便于审计。但是以往账簿没有专门放置，竟然由登记者带回家中，中间涂改、偷换等手法层出不穷，方便了作弊贪污者。今规定每司设置一间专放账簿的房间，所有的款项进出都要在账簿上进行登记，旧有的账簿也同时存放于一处，按照日期放置，以便于日后的查阅和审计。

为了这些新的条议能够得到贯彻执行，条议还在官员离任、任职的方面提出监督措施。文曰：

经手钱粮不明，监督不得径自离任，顷条议、复疏已详言之矣。惟是奸弊起于委官，尤起于上下书办。盖日报循环，皆彼掌记，增改小数，虚冒价值，此正弊之圈也。委书与委官猫鼠呈报，而监督之书办容私不禀，何为正官独受其累乎？嗣后一应实收，未出委官，不许离差。书役不得私顶，务销算无弊，方准更换。盖亦拔本塞源，责成之一端也。

首先明确在任上经手的工程账目不清的官员不得径自离任，这样就给在任的所有官员戴上了紧箍咒。使得已伸出手的缩回来，尚未伸手的断了念想。接着谈到各级部门书办，官职不高，权力不小，上下级书办串通，同时用利益挟持本部门领导沆瀣一气，少数几位正直的官员则独受其累。因此规定今后工部官员离任前务必账目要对照审计，准确无误者方许离任，只有这样才能正本清源。

四、《工部厂库须知》的成书意义和主旨思想

明代的官修建筑营造典籍中，《工部厂库须知》是极为重要的，它在明代中晚期出现，系统总结了明朝历年的营造经验和规范、准则，当然也参考了前朝的相关技术和条例。在诸多典籍中查找明代建筑的官修典籍，可发现此类书籍极为罕见，而《工部厂库须知》是极为珍贵、现存完好的反映明代工部营造官方建筑的重要书籍，并且十二册全部保存，殊为难得。

《工部厂库须知》的成书至少有以下四方面意义：

1.明代中叶朝廷颁布《工部厂库须知》这一官方典章，有其深刻的时代背景和经济、制度上的动因，也从侧面反映了当时我国社会经历的转型；

2.明代《工部厂库须知》不同于宋代《营造法式》和清工部的《工程做法则例》这两部前朝与后代的官书，它更侧重于工官制度和工程管理等方面，后两者则对于建筑的具体设计和工程做法有更多的规定和介绍；

3.对于《工部厂库须知》的营造制度的研究不仅能揭示明代的工官机构运行的典章制度，还可以此推知清代的工官机构运行制度，甚至上溯元、宋的相应制度；

4.由于《工部厂库须知》更注重对工程的管理和预决算，其对于工、料的数据极为丰富和完整，对其的系统整理及以后的数据库建立，能够推进对中国古代建筑的理解，并可参照现存的实例，对于明代中晚期的官方建筑进行较为准确地复原，比如故宫的明代三大殿，进而对故宫的空间布局有更为贴近初期营造构思的理解。

纵观全书，贯穿了三条思想主线：

（一）厉行节约，防微杜渐

《工部厂库须知·叙》中开篇引［宋］苏轼言："广取以给用，不若节用以廉取。今天下未尝无财也。又未尝不言理财也。第理其所以取之者，而不深计其所以用之者，于是入之孔百，渔猎而不厌，出之孔一，漏卮而无当。"指

出节约为治国之本，天下财物再多，也需要量入为出，量力而行，要注重财物的使用效率、效能。如果随意处置、挥霍，虽财物丰盈，也总有亏空的一天，何士晋将之概括为"节而用之，用不虞诎；廉而取之，取不虞竭"，因此，理财需从小处、细处着手，厉行节约，防微杜渐。

（二）过程管理，制度防贪

以往工程项目，主要以目标管理为主，即注重对于工程竣工后的验收，但是这会产生施工过程中有漏洞可钻。何士晋述之，"及工蕲成而故缓之以益蠹，礼蕲成而故逾之以益耗"，施工方为了能够尽量多地从项目中捞取好处，故意拖延施工进度，这样他们贪冒的机会大增，国家却蒙受了多支出材料、工钱的损失，"于是海内之财日益诎，而正供日益困"，结果甚至影响到国家正常的财政支出。因此，制定本书的目的就是要加强过程管理，用国家明颁的规章制度来防止贪冒。

（三）严格执法，惩前毖后

在本书颁布之前，明代世、穆、神三朝社会矛盾日益尖锐，何士晋语，"商困剥肤已极，都民重足堪怜"，工程与原料"派及一家即倾一家，人心汹汹，根本动摇，急宜痛厘宿弊"，而贪官仍不满足，对百姓敲骨榨髓，"而今竟有磬官，价以当私费，其上纳钱粮，另行称贷者矣。甚至有磬官，价不足以当私费，既称贷以买物料，又称贷以缓箠楚者矣"，以至于"嗟嗟三四疲商，即敲筋及骨，剜肉及心，宁能堪此？"最后导致的结果即百姓都惧怕官方的征召，"京民一闻金报，如牛羊鸡犬尽赴屠垣，其觳觫之状，悲鸣之声，直欲使怨气成虹，天光尽黯"，皆因畏于承接官家的任务，能逃避的尽量逃避，何士晋向明神宗坦言："夫今日之京民，已大非昔日之京民，其谁能鬼运神输，顿化为素封之积？而内监之溪壑尤甚于往时之溪壑，其谁肯赴汤蹈火，不别寻方便之门？"何士晋在奏章最后以当时严峻的国家周边事态规劝："皇上勿谓商役细事无关根本，京民易制，可凭鱼肉也？方今灾异频仍，羽书狎至，臣不敢一一掇拾以尘天听，第思交夷，凤孽犹云，远在藩篱。而辽左蓟门之形情，业已迫我肘腋。设一旦对豕长蛇合从而至，所与陛下共守此空城者，非即今所尝鱼肉之京民乎？天鸣地震，犹可托言儆戒，而东南数省之水灾，业已绝我粮饷。设一旦揭竿斩木，啸聚而起，所与陛下共当此枵腹者，又非今所尝鱼肉之京民乎？夫至呼吸缓急之时，安危休戚之际，而后知京民之足重也，亦已晚矣"。在这样的形势面前,时工部右侍郎刘元霖亦报呈明神宗,认为规章制度既已建立,以后就应严格执法,并提出了切实可行的方法:"今科臣欲裁垫费者,清弊源也。议贴役者,免亏累也。设正副以免惊扰,贮府库以杜口实。交纳公,则惜薪柴炭之役可苏;年例折,则小修等项之差不扰。会有者,内库、外库照数支用,则钱粮不致冒滥;预支者,四司各工立籍互查,则钱粮何由混请?至如员役冒滥一节,尤为縻费,作奸之薮。经臣部严行四司各工,将应有胥役、夫匠人等,逐一查革,以杜弊窦","法已详,慎在奉行。司官实心振刷,无为谩文,此科臣灼有定议,所宜严行申饬者也"。

五、本次校勘的基点

本次校勘首要是将这部长期不被学界关注的营造典籍推出,希望引起学界的重视,特别是建筑学界、设计学界、工程管理界、经济学界。该典籍主要包含了以上领域的重要历史资料,当然对于研究明史,尤其是明代物质资料、器物史的学者,具有比较重要的史料价值。基于以上原因,本次校勘采用了目前通用的、便于阅读的简体字,以期有更多的专家、学者来研究它,认识它。

《工部厂库须知》校注说明

◎版本

本次校注依据的底本为藏于国家图书馆古籍部的善本,即首次刊刻于明万历四十三年(1615 年)的《工部厂库须知》(十二卷,9 行 18 字,白口,四周单边),由于其为本书首次颁印于世的版本,因而具有天然的权威性和准确性,故此次校注时将之作为最终的判定依据。当然,为了提高准确度和辨识一些漫漶处,校注时参考了《续修四库全书》中《史部·政书类》所收录的版本,简称为"续四库本"。这个版本十二卷全,且正文等次序与底本一致,应该是最为接近底本的收录,可惜刊印质量略为欠缺,文字不清晰处较多。另外,校注还参考了收录于《北京图书馆古籍珍本丛刊》的版本,简称为"北图珍本",其刊印的质量较好,字体清晰,亦十二卷全,但存在缺页,并有几处文字次序混乱颠倒,故在校注时作为相互印证的参考版本。在这三个版本之外,还有收录于民国三十六年(1947 年)国立中央图书馆编的《玄览堂丛书·续集》中的版本,为明万历刻本的影印本,后 1987 年扬州江苏广陵古籍刻印社又据此影印本影印,此两版本应与底本相同,故未将之列入此次校注参考的版本系列中。

◎内容

本次校注保持最早的明万历刊刻的《工部厂库须知》原书次序,即巡视提疏、工部复疏、厂库议约、……并在目录中依照正文调整,改为"卷之一 巡视提疏、工部复疏"等,"续四库本"中收录时亦作此修改。"珍本"正文的卷一、卷二与以上两版本次序颠倒,文中内容也有几处混乱,皆从底本更正之。

◎校注

校注采取随文批注的方式,对于版本间的不同都加以注明,如有漫漶不清的字,各版本互参辨出,并加注。极个别字所有版本俱不可识,则以"□"标出。此次校注采用现今通行的简体字,以方便阅读。在繁简字的古今转换上,如有必要,均加以说明,此类注释同时亦保留了原本繁体字的信息,确保了原书内容的完整、准确地传达。

◎繁简转换

依照现行的简体字整理古籍,存在一个繁简体字的转换问题。本次校注中,如若此字的繁体、简体为一一对应的,无任何争议和歧义的情况下,一般不作注释,直接转换,如"類"替换为"类",但有些为现代所不熟悉的,亦注出,如"襯"替换为"衬"。在一些繁体有多字,简体俱并为一字的,均加注,如"发"替换"髪",因"发"还是"發"之简体。还有一些异体字,如"奈"古同"奈",为保持原文的文字信息,均加注说明之。

◎版式

因本次校注采用简体字,版式亦由竖排转换为横排,每段原为顶格,现均按照简体文之规范改为退两格。由于版式的变化,原文中部分"右",根据上下文,改为"上",例"如右"改为"如上",文中段落亦依照文意,进行了重新的划分,以方便阅读和理解。

◎标点

此次校注,采用现代汉语简体文之标点分句,尽量做到断句合理,标点准确。所有人名俱以下划线形式标出,少数民族人名因译名缘故,无法一一准确分辨,如有错误,待修订时更正。

校注《工部厂库须知》只是一个开始,今后拟在此基础上展开进一步的研究。囿于本人的学养,疏漏、错误在所难免,恳请方家指正。

本次校注及付梓出版,受到了人民出版社的大力支持,特表感谢!尤其是责任编辑洪琼先生,其对于古籍整理的热忱和对传统文化的关注,令人印象深刻。他的工作令校注与出版得以顺利地进行,在此致以诚挚的谢意!

本书出版受到"江苏高校优势学科建设工程资助项目"和 2012 年苏州大学青年教师后期资助项目的资助,在此对苏州大学和苏州大学艺术学院表示感谢!

江 牧

2013 年 3 月

工部厂库须知·目录①

---

① "续四库本"此目录置于"凡例"前，今从"底本"、"北图珍本"。

② "续四库本"卷之一、卷之二互换，目录与文中内容俱如此，今从"底本"、"北图珍本"。

③ 原文系"覆"，古同"复"，今据上下文意改之，以合简体文之规范，下文同，不再注。

④ "清匠司"正文在本卷最后，今目录亦随之调整。

① 原文系"窑"，应为"窑"之别字，今改以合简体文之规范，下文同，不再注。
② 原文系"寳"，古同"寶"，今改为"宝"，以合简体文之规范，下文同，不再注。
③ 原文系"廳"，古同"厅"，今改以合简体文之规范，下文同，不再注。
④ 原文系"騐"，此处据上下文改为"验"，以合今简体文之规范，下文同，不再注。
⑤ 原文系"盠"，应为"盔"之异体，今改以合简体文之规范，下文同，不再注。
⑥ "续四库本"缺卷之十一、卷之十二目录。

工部厂库须知

十二卷 （明）何士晋 撰

明万历刻本① · 二十四册

引

本部之有兹刻，原系科臣提②请编辑③，将复④进呈御览。适以上方有云汉之祷，皇上⑤图⑥新政，臣子未敢以载籍之披阅为烦。而科臣更奉外差，急于趋命，不及议上而行。然而，既以奏提成书，为本部不刊之典，倘遂废⑦阁，是不佞入告不虔，而并委国计于草莽也。私念使上闻之，不如先使下行之。上闻而下不必行，是欺之属，义之所不敢出也。下行而上不必闻，犹忠之属，不佞不敢不勉图之。因命梓人竣工，而颁之各司，存为掌故，使行有次第，他

---

① 此次校注以国家图书馆藏明万历刻本为底本，《续修四库全书》收录的刻本为主要辅本，佐以《北京图书馆古籍珍本丛刊》等收录的影印版为参考，在最大限度地还原《工部厂库须知》原始文本内容的基础上加以标点注释。各版本简称见前文之校注说明。正文从"底本"次序，局部依"续四库本"补充，调整处皆加注。此处扉页"续四库本"题为"明万历四十三年 林如楚刻本 ［明］何士晋纂辑"。

② 原文系手书"题"，今据上下文改为"提"，以合简体文之规范，下文同，不再注。

③ 原文系手书"缉"，今据上下文改为"辑"，以合简体文之规范，下文同，不再注。

④ 原文系手书"澓"，今据上下文改为"复"，以合简体文之规范，下文同，不再注。

⑤ 原文系手书"ㄥ"，此处据上下文意改为"上"。

⑥ 原文系手书"畾"，今据上下文改为"图"，以合简体文之规范，下文同，不再注。

⑦ 原文系手书"廢"，今改为"废"，以合简体文之规范，下文同，不再注。

日跽①进,以备乙夜之观。窃比于先行后②从③之义。诸大夫皆曰:然,遂行之。

万历四十三年季夏日署,部事　闽人林如楚　识。

① 音同"济",挺直上身两膝着地式的长跽。
② 原文系手书"後",今改为"后",以合简体文之规范,下文同,不再注。
③ 原文系手书"従",今据上下文改为"从",以合简体文之规范,下文同,不再注。

工部厂①库须知　叙

宋臣苏轼之言曰:广取以给用,不若节用以廉取。今天下未尝②无财也。又未尝不言理财也。第理其所以取之者,而不深③计其所以用之者,于是入之孔百,渔④猎⑤而不厌,出之孔一,漏卮⑥而无当。

举国家全盛之物力,究且岌岌焉,而不能终岁⑦,此之不可不知也。水衡之政,仿⑧古冬官,计其岁⑨入菫菫,当司农度支之十三。而其出也,则宫府诸需,自吉、凶、军、宾⑩、嘉之大,以至器仗、木植、瓦墁、顾傞之细,无一不于是焉给。乃费领于司空,觞滥于中官,中官之黠者,日夜与狙驵、奸贾、猾胥史相构⑪而为市。是黠猾奸狙者,又日夜伺司空之属⑫以尝焉,而夤⑬缘以为利所借⑭。以爬搔而洗濯之时,震其靡瘯,刷其丛⑮垢,引绳批根于出入之孔

---

① 原文系"厰",今改为"厂",以合简体文之规范,下文同,不再注。
② 原文系"甞",今据上下文改为"尝",以合简体文之规范,下文同,不再注。
③ 原文系"湥",今据上下文改为"深",以合简体文之规范。
④ 原文系"渙",今据上下文改为"渔",以合简体文之规范。
⑤ 原文系"獵",应为"獵"之异体,今改为"猎",以合简体文之规范,下文同,不再注。
⑥ 原文系"卮",古代盛酒的器皿,今据上下文改为"卮",以合简体文之规范。
⑦ 原文系"歲",应为"歲"之异体,今改为"岁",以合简体文之规范,下文同,不再注。
⑧ 原文系"倣",今据上下文改为"仿",以合简体文之规范。
⑨ 原文系"歲",今改为"岁",以合简体文之规范,下文同,不再注。
⑩ 原文系"賔",今改为"宾",以合简体文之规范,下文同,不再注。
⑪ 原文系"搆",今据上下文改为"构",以合简体文之规范。
⑫ 原文系"屬",今改为"属",以合简体文之规范,下文同,不再注。
⑬ 音同"银","夤缘"意为攀附上升,比喻拉拢关系,向上巴结。
⑭ 原文系"藉",古同"借",今改以合简体文之规范,下文同,不再注。
⑮ 原文系"叢",今据上下文改为"丛",以合简体文之规范。

者,有掖垣、柱下、巡视之役。在是掖垣、柱下与司空之属三人者,无论其歧①,而为黠猾奸狙所乘②,即③合而精为操,而一岁数更事,数月一改④篆。前之牍溇漫,而后之符凌乱,业核⑤而缩之矣,缩复⑥侈焉。业锐⑦而湔之矣,湔复洿⑧焉。始事而成之也,成且为亏⑨,莫见功焉。后事而守之也,守且代创,莫逭辜焉。当此而策厂与库,宁有救⑩乎?

　　臣士晋昔从戊申受事,甫及三月报竣,略⑪窥一斑,条⑫为二疏⑬,当事者业稍稍见之施行,顾于端委,犹望洋其未有底也,顷岁阅,乙卯再承兹匮。

　　日取《会典》、《条例》诸书,质以今昔异同、沿革之数。而因之厘⑭故核新,搜蠹⑮检⑯羡,乃使惆⑰然,有慨⑱于出入之际也。遂谋之水衡诸臣

① 原文系"岐",此处据上下文改为"歧",以合文意。
② 原文系"乗",今据上下文改为"乘",以合简体文之规范,下文同,不再注。
③ 原文系"卽",今改为"即",以合简体文之规范,下文同,不再注。
④ 原文系"攺",应为"改"之异体,今改以合简体文之规范,下文同,不再注。
⑤ 原文系"覈",古同"核",今改以合简体文之规范,下文同,不再注。
⑥ 原文系"復",今改为"复",以合简体文之规范,为"返回、还原",指回到原来的样子。下文同,不再注。
⑦ 原文系"銳",今据上下文改为"锐",以合简体文之规范,下文同,不再注。
⑧ 原文系"洿",今据上下文改为"洿",以合简体文之规范,下文同,不再注。
⑨ 原文系"虧",今据上下文改为"亏",以合简体文之规范,下文同,不再注。
⑩ 原文系"捄",今据上下文改为"救",以合简体文之规范,下文同,不再注。
⑪ 原文系"畧",今改为"略",以合简体文之规范,下文同,不再注。
⑫ 原文系"條",应为"條"之异体,今据上下文改为"条",以合简体文之规范,下文同,不再注。
⑬ 原文系"疏",今据上下文改为"疏",以合简体文之规范,下文同,不再注。
⑭ 原文系"釐",今据上下文改为"厘",以合简体文之规范,下文同,不再注。
⑮ 原文系"蠧",今据上下文改为"蠹",以合简体文之规范,音同"度",为"蛀蚀"之意,引申为"弊病、弊端",下文同,不再注。
⑯ 原文系"檢",今据上下文改为"检",以合简体文之规范,下文同,不再注。
⑰ 原文系"憪",应为"憪"之异体,今改以合简体文之规范,音同"线",为"不安"之意。
⑱ 原文系"槩",古同"概",据上下文应为"慨"之通假,今改以合简体文之规范,下文同,不再注。

汇①辑校订。按籍而探②其额，按额而征其储，按储而定其则，按则而核其浮。衡知之，若外解，若事例，若提办③，若传奉，若年例，若会有，若会无，若召买，若本，若折，若造，若修，无不得焉。纵④知之，若挂销，若预支，若截给，若循环，若对同，若实收，若交盘，若会查，若找，若扣，若比，若带，无不得焉。卷凡一十有二，四司十九差，次第布之，而末各附以诸臣之条议，有是则不难于侈缩湔洿之故，有是则不难于成亏创守之数，以晓⑤暘⑥于出入之孔，胥为尝而杜口矣。贾为尝而戢志矣，驵为尝而怵⑦法矣。中官为尝而束于掌故矣，明心白意于漏卮之为出也者，而后可以惩滥坊溃于渔猎之为入也者，节而用之，用不虞诎；廉而取之，取不虞竭。今而后乃知所以视厂库者须此矣。

推此类具言之，由水衡而度支，其于推荡廓如，其于葆啬盎如，而财之足也，何日之有焉？虽然臣窃⑧有进此者。

语云，圣人大宝曰位，天子不私求财。自大工、大礼比岁烦兴，而采山榷⑨水，十辈⑩之使。棋⑪布县寓⑫，笼天下之物力而归⑬京师内藏之。所

---

① 原文系"彙"，今改为"汇"，以合简体文之规范，下文同，不再注。
② 原文系"採"，今据上下文改为"探"，以合简体文之规范，下文同，不再注。
③ 原文系"辦"，今改为"办"，以合简体文之规范，下文同，不再注。
④ 原文系"縱"，今改为"纵"，以合简体文之规范，下文同，不再注。
⑤ 原文系"曉"，今据上下文改为"晓"，以合简体文之规范，下文同，不再注。
⑥ 原文系"暘"，应为"暢"之异体，今改以合简体文之规范，音同"唱"，原为"除草"，引申为"革弊之措"之意。
⑦ 原文系"怀"，今据上下文改为"怵"，以合简体文之规范，下文同，不再注。
⑧ 原文系"竊"，今据上下文改为"窃"，以合简体文之规范，下文同，不再注。
⑨ 原文系"榷"，应为"榷"之异体，今改以合简体文之规范，音同"却"，原为"渡水的横木"，引申为"渡水"之意。
⑩ 原文系"輩"，今据上下文改为"辈"，以合简体文之规范，下文同，不再注。
⑪ 原文系"棊"，今改为"棋"，以合简体文之规范，下文同，不再注。
⑫ 原文系"㝢"，古体字，音同"语"，此处疑为通假，据上下文改为"寓"，更合文意。
⑬ 原文系"歸"，应为"歸"之异体，今改为"归"，以合简体文之规范，下文同，不再注。

朽蠹不能当饱貂饲①而肥釜蚕②者之半,于是海内之财日益诎,而正供日益困,乃工蕲③成而故缓之以益蠹,礼蕲成而故逾④之以益耗。

而皇上之有此财,以有用者不一用,而积之无用,臣乃有味乎?李绛所称,自左藏以输内藏,犹东库以移西库之说⑤也,独不骇⑥于琼⑦林、大盈积而散之之日乎?其积也不可圉⑧,而其散也乃有不可言者矣。

圣天子诚一日憬然,散所积以佐司农、将作之不及,讫工竣礼,无缓期,无逾节,令水衡度支。一切事例、外解,不甚雅驯,为万历初年《会计》所不载者,及采榷十辈之使,一切报罢。嘉与海内元元生养休息,以奠鸿流烁,则后此而巡视所须有如此籍者。

臣士晋请毕一日之力,且芟烦荡苛,尽捐一切无艺,偕之大道,斯臣之愿也,亦水衡诸臣之同愿也。

万历乙卯⑨六月
工科给事中　臣何士晋　谨叙

---

① 原文系"寺",疑为通假,据上下文改为"饲",更合文意。
② 原文系"蠶",应为"蚕"之异体,今改为"蚕",以合简体文之规范,下文同,不再注。
③ 原文系"蕲",今据上下文改为"蕲",以合简体文之规范,为"祈求"之意,下文同,不再注。
④ 原文系"踰",今据上下文改为"逾",以合简体文之规范,为"超过"之意,下文同,不再注。
⑤ 原文系"說",今据上下文改为"说",以合简体文之规范,下文同,不再注。
⑥ 原文系"骇",今据上下文改为"骇",以合简体文之规范,下文同,不再注。
⑦ 原文系"瓊",应为"琼"之异体,今改为"琼",以合简体文之规范,下文同,不再注。"琼林"、"大盈"为唐内库名,唐德宗时设,以藏贡品。《新唐书·陆贽传》:"至是天下贡奉稍至,及於行在夹庑署琼林、大盈二库,别藏贡物。"《宋史·食货志下一》:"元丰及内库财物山委,皆先帝多蓄藏,以备缓急。若积而不用,与东汉西园钱,唐之琼林、大盈二库何异?"此处代指国家财库。
⑧ 音同"宇",为"禁、止"之意。《尔雅》:圉,禁也。《周书·宝典》:不圉我哉!(注:圉,禁也)。《太玄·卷三疆》:终莫之圉。(注:圉,止也)。
⑨ 即明神宗万历四十三年,公元1615年。

工部厂库须知·凡例①

凡例：

一载职名 刊书之议,原系科臣条陈,因为纂辑。而在工言工,非部臣莫与共事。故除各司、各差自为考②载条议以列姓名外,四司又各以一臣同③编,并得列名于首。凡各差,则具本司臣名参阅,而各司无与于差,臣以司官统理差事。差官无与司事也,亦有书属垂④成。而官系新到者,即未有差委,咸得列名,以见一时与闻。

一载职掌 各司、各差咸有专职,但考《会典》、《条例》多不相符,即各差名目有不知所自始者,今皆据见行事宜,胪列具备。庶新莅⑤任者,不必借耳目于胥吏,为奸窃⑥所乘,滋为弊⑦窦矣。

一载年例 各项造办,有一年、二年、三、四等年,有不等年间行提办者,悉照《条例》,并近时厘正者开载,不得溷淆。但此等除岁供外,多系昔时偶造,而监局视为岁额,因仍奏请部臣,执争不得宁定年限者。圣明在上,自能惜不经,节冗费,即岁额不无一二可减,余可停造、压造者甚多。后来诸臣,

---

① "续四库本"此处即为目录,而将凡例置后,今从"底本"、"北图珍本"序,此标题为注者所加,以便阅读。
② 原文系"攷",今改为"考",以合简体文之规范,下文同,不再注。
③ 原文系"仝",应为通假,据上下文改为"同",更合文意。
④ 原文系"乗",今据上下文改为"垂",以合简体文之规范,下文同,不再注。
⑤ 原文系"涖",古同"莅",今改以合简体文之规范,下文同,不再注。
⑥ 原文系"竊",今改为"窃",以合简体文之规范,下文同,不再注。
⑦ 原文系"獘",应为通假,据上下文改为"弊",更合文意。

不妨每事量用执请，无使营窃者妨国家节俭之途可也。年例俱用（如非年例，与各差之无年例而仅载事宜规则者，亦用）①，以便览省。

一载规则 有行事规则，有制器规则，有价估规则，各因差上所有以立名。虽用法因人，难拘定式，但执柯伐柯，为则不远。若向来用度多宽近来渐窄，或国家之用与庶民不同，工作之费与侵渔不等，宁使少存余地，令下情乐从，亦盛世之事。第不使并窃名目，滥耗不赀额中之费，犹为可算②者也。

一载会有 各厂库会有物料，都非实有。尚存名数，以见旧额相应。每岁查一实在数目，分置各司、各差，以便随时料办。缺者、伪者皆责典守赔补，庶③不致有名无实，记④载成虚。

一载外解 量入为出，用如有经。第国家有不可测之出，如不时提办者，册籍之所能载，存为故牒。亦有不可常之入，如岁时蠲欠者，册籍之所不能载，难为定额。典计者固当以此较量赢⑤缩，尤当于此预备常变，上下共存节省可也。

一载议论 各项之有裁酌者，用前件以具权宜。若议论有不可以各项赘者，则条议于后。所载条议，俱用本司、本差自著，少有增减。盖⑥经手之事，规划⑦自真，不敢以局外之见妄参一语。但议论随时斟酌，缺略不妨续补，过时不妨更订。故刊载别页⑧，示不敢以一时筹划，擅千古不刊，以俟后

---

① 此句前后各有"○"符号相隔，今以括弧替代，以合今简体文之规范。
② 原系"筭"，古同"算"，今改以合简体文之规范，下文同，不再注。
③ 原系"庻"，古同"庶"，今改以合简体文之规范，下文同，不再注。
④ 原系"纪"，今据上下文改为"记"，以合简体文之规范，下文同，不再注。
⑤ 原文系"嬴"，今改为"赢"，以合简体文之规范，下文同，不再注。
⑥ 原文系"葢"，古同"盖"，今改为"盖"，以合简体文之规范，下文同，不再注。
⑦ 原文系"畫"，古通"劃"，今改为"划"，以合简体文之规范，为"设计、筹谋"，如《文选·扬雄·解嘲》："曾不能畫一奇，出一策。"下文同，不再注。
⑧ 原文系"葉"，为"叶"之繁体，古亦通"頁"，今改为"页"，以合简体文之规范。

贤。即巡视条陈，后有佳①者，不妨增入。总归无我，共襄国事，尤可大、可久之业也。

---

① 原文系"佳"，应为别字，此处据上下文意改为"佳"，下文同，不再注。

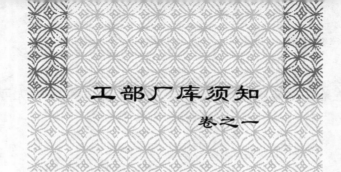

工部厂库须知
卷之一

巡视提疏·工部复疏

工科给事中　臣何士晋　谨
　　提①为：
　　商困剥肤已②极，都民重足堪怜，谨采舆情，量为调剂，恳乞圣明，敕③行酌议，以济燃眉，以安根本事。

　　臣惟今天下所在无乐土，而最苦者，尤莫如京师，所在皆穷民，而最困者，尤莫如京师之民夫。京师拱护宸极，缓急攸资。京民捍卫至尊，休戚与共，此岂门庭之外可以并论？而斯民幸依辇毂以托生，实倚大君以为命，必且日月之照独先，雨露之施独渥④，讵意有若今之铺商，业就死地而不加恤者，臣待罪工垣，新叨厂库，金⑤报届⑥期，职掌所系，敢不以目前至迫至苦之状为皇上陈之？

　　臣稽国家经费一切物料，其初俱用本色，取自外省，后因揽纳滋弊，始令折银解部。该部给价召商，临时买办。是商人起于召募，原非京民之正差，则借其力以代外解之劳足矣，而浚其囊橐可乎？况钱粮只⑦有正供，原无额外之铺

---

①　原文系"题"，据上下文意，应为"提出"之意，此处改为"提"，下文同，不再注。
②　原文系"巳"，今据上下文改为"已"，以合简体文之规范，下文同，不再注。
③　原文系"勑"，今据上下文改为"敕"，以合简体文之规范，下文同，不再注。
④　音同"握"，本为"沾湿、沾润"，亦有"浓、厚"之意。
⑤　原文系"僉"，据上下文意，应为"敛"之异体，今改为"金"，下文同，不再注。
⑥　原文系"届"，应为"届"之别字，据上下文意，今改以合简体文之规范，下文同，不再注。
⑦　原文系"止"，应为通假，据上下文意，今改为"只"，以合简体文之规范，下文同，不再注。

垫，则责之买办，以不误①公家之务足矣，而累其性命可乎？乃铺商之困也，则自铺垫始。而铺垫之滥也，则自近年始。

昔当穆庙时，商人私费与官价相半。比时，阁臣犹疏称：派②及一家即倾一家，人心汹汹，根本动摇③，急宜痛厘宿弊。而今竟有罄④官，价以当私费，其上纳钱粮，另行称贷者矣。甚至有罄官，价不足以当私费，既称贷以买物料，又称贷以缓棰楚⑤者矣。嗟嗟三四疲商，即敲筋及骨，剜肉及心，宁能堪此？是金报一说，虽欲不举，行不可得也。

惟是三十五年，方奉旨而报，而二十余人随奉旨而免其报也。公之外廷，其免也得之内降。臣等仰窥圣念或偶出于哀矜，而中涓索

骗人财，且指称为孝顺，上以亏累圣德，下以骚动都城，旧商欲脱而未能，公务久停而莫办。传之海内，笔之史书，将使天下、后世谓陛下何如主？而直令刑余之属口衔天宪⑥也。臣窃惜之。

夫今日之京民，已大非昔日之京民，其谁能鬼运神输，顿化为素封之积？而内监之溪⑦壑尤甚于往⑧时之溪壑，其谁肯赴汤蹈火，不别寻⑨方便之门？故今如金报而欲于先年幸免之外，另求一番殷实人户，此必不得之数也。即有其人，而欲使后来金报之商不走先年幸免之窦，亦必不得之数也。商人千苦万苦，苦于内监之苛求，臣等千难万难，难于皇上之尽免。是金报一说，虽欲不暂停，又不可得也。无已，其讲于调剂之法乎？

① 原文系"悮"，应为"悮"之异体，今改为"误"，以合简体文之规范，下文同，不再注。
② 原文系"泒"，古同"派"，今改以合简体文之规范，下文同，不再注。
③ 原文系"摇"，据上下文，应为"摇"之异体，今改以合简体文之规范，下文同，不再注。
④ 原文系"罄"，此处应为"罄"之异体，今改以合简体文之规范，下文同，不再注。
⑤ 原文系"箠"，古同"棰"；"楚"应为"楚"之异体，棰楚指鞭杖之类的刑讯。
⑥ 原文系"憲"，今改为"宪"，以合简体文之规范，指"宪法、法令"，下文同，不再注。
⑦ 原文系"谿"，古同"溪"，今改以合简体文之规范，下文同，不再注。
⑧ 原文系"徃"，古同"往"，今改以合简体文之规范，下文同，不再注。
⑨ 原文系"尋"，应为"尋"之异体，今改为"寻"，以合简体文之规范，下文同，不再注。

臣以为铺垫当议也。铺垫陋规原系中涓①私索，岂容额派若干？但一项有一项之旧例，一年有一年之新增，惟请奉严旨，令该部革其新增，还其旧例，大约以所领之钱粮，先尽办所需之物料，剩有赢②余，即为垫费，则公私两尽，而划③一可遵。如有私垫是图④，尽夺其关领之价者，听臣等白简纠⑤参⑥，望陛下必罪不宥，是所谓提⑦其滥而调剂之者。

臣又以为贴役当议也。新商既不可报，旧商愈不能支，法穷必变。莫若以买办之役，听该部自行召募，择勤慎惯练者十数人，分拨四司应用。然此十数人者，只取其习熟，原非殷实之铺商，虽领有钱粮，岂无各项之赔费，又不可不为之设处，似宜略仿编审铺行规。则凡京城铺⑧面，不论南北，照本出银，名为贴役。如恐小民不堪重累，则请于下等浮铺，量行豁免。其上等、中等铺面，分为六则，纳银有差，则重累可蠲也。如恐追呼，或至惊扰，则请行五城御史，严饬兵马，不许差人第⑨。每坊分为数段⑩，每段就开铺正身中，择其忠实能干者二人，为一正一副，领官簿一扇，共⑪同议妥，开填数目。若有徇⑫私隐⑬揑⑭等弊，正副连坐，则惊扰可禁也。

如恐内监借为口实，愿欲愈

---

① 原文此处系"涓"，应为刻工手误，文中此字他处亦有为"涓"，今统一，后文同。
② 原文系"嬴"，据上下文应为"赢"之通假，今改以合简体文之规范，下文同，不再注。
③ 原文系"畫"，应为通假，据上下文改为"划"，更合文意。
④ 原文系"圖"，今据上下文改为"图"，以合简体文之规范，下文同，不再注。
⑤ 音同"纠"，指丝黄色。
⑥ 原文系"糸"，古同"参"，今改为"参"，以合简体文之规范，下文同，不再注。
⑦ 原文系"隄"，据上下文应为"提"之通假，此处为提防之意，今改以合简体文之规范，下文同，不再注。
⑧ 原文此处系"舖"，古同"铺"，今改为"铺"，以合简体文之规范，下文同，不再注。
⑨ 原文系"苐"，古同"第"，今改以合简体文之规范，下文同，不再注。
⑩ 原文系"叚"，应为别字，据上下文改为"段"，更合文意，下文同，不再注。
⑪ 原文系"公"，应为通假，据上下文改为"共"，更合文意，下文同，不再注。
⑫ 原文系"狥"，今据上下文改为"徇"，以合简体文之规范，下文同，不再注。
⑬ 原文系"隱"，今改为"隐"，以合简体文之规范，下文同，不再注。
⑭ 原文系"揑"，今改为"揑"，以合简体文之规范，下文同，不再注。

奢，则请将此银贮之顺天府库，示与垫费无干。凡买办诸役内有差苦力竭者，听该部斟酌支贴，不得一概①混帮②。年终仍听巡视衙门查核，倘③有剩存，下年可以接济，且缓再征。至用尽，始行前法，使各铺乐其轻，而中涓绝其望，则口实可杜也，是所谓宽其力而调剂之者。

臣又以为交纳当议也。年来内监酷勒商役，每在交纳钱粮之一关，而交纳之最④苦者，尤莫如惜薪司柴炭之一项。使铺垫十分满⑤意，虽物料差池，俱一概收受，使需索毫不称心，即钱粮完备，亦百计刁难。故有残肢体，系⑥妻孥，凌青襟，杀世职，诸不法事屡见弹章，足为实证。自今请于交纳

时，该司移会该监，将应纳钱粮贮之公所，官与面交，如期而办，如约而会，如数而纳，其议定铺垫亦用印封，总交本监。任其领回⑦，自行分给，藉有借名抑勒，希图苛索者，径听该部参处。前所召募诸人，名为雇役，身非铺商，赏罚去留，俱统之该部。尤不许内监擅提擅比，是所谓恤其苦而调剂之者。

臣又以为改折当议也。凡年例提办钱粮，内有急需本色⑧者，该部自应召买，无庸置喙⑨，然亦有各监自用不必本色者，又有可以通融移用不必急办者，并⑩责之于该部甚难，而分任之于各监甚易。故今即不敢谓某项可省，某项宜折。但有内监愿领，部价照数自办者，或不妨折价与之。自后，上供物料问之该监，必无使侵渔。买办价值

① 原文系"槩"，今据上下文改为"概"，以合简体文之规范，下文同，不再注。
② 原文系"幇"，古同"幫"，今改为"帮"，以合简体文之规范，下文同，不再注。
③ 原文系"儻"，为"倘"之繁体，古亦同"倘"，此处据上下文意改为"倘"，下文同，不再注。
④ 原文系"冣"，应为"最"之异体，今改为"最"，以合简体文之规范，下文同，不再注。
⑤ 原文系"㵂"，应为"满"之异体，今改为"满"，以合简体文之规范，下文同，不再注。
⑥ 原文系"繫"，为"系"之繁体，今改以合简体文之规范，为"拴、绑"之意，下文同，不再注。
⑦ 原文系"囬"，为"回"之繁体，今改以合简体文之规范，下文同，不再注。
⑧ 明代，本色指供应边军的物质，如米面等；折色指银两。如全数按本色发饷，国不能供，所以一般以部分物质，部分银两的方式划拨军饷，有三本七折和二本八折之说。
⑨ 原文系"咮"，据上下文应为"喙"之异体，今改以合简体文之规范，"无庸置喙"指"不需要多说"，下文同，不再注。
⑩ 原文系"倂"，应为"併"之异体，今改为"并"，以合简体文之规范，下文同，不再注。

问之该部，必无使欠缺①，则原额不改，何误于公需，垫费可省，实便于部役。若各衙门小修、小差等项，既乏②商人承值，亦宜照估折银，听其委官自行修办，是所谓分其责而调剂之者。

臣又以为会有当议也。查工部四司《条例》，凡内库有见存，即移会取用；必内库无见贮，始召商买办，开载甚明。近缘该监铺垫欲多，虽例称会有者，亦概捏会无。及商人买求既足，则向报会无者，又倏称会有，如近日铅商一事，尤为可异。自今宜申明旧制，不论内库、外库，所有物料先尽支用，不许该监以有为无，致滋需索。其果系会无者，方行该部给价买办，或京中买办不足，查照初年外解事例，移文该省，督解本色，但令解役投部验③收，一毫不涉内监，似亦可

行，是所谓核其冒④而调剂之者。

臣又以为预支当议也。迩来工作繁兴，支领分集，外解之提留既夥⑤，事例之援纳渐稀。库藏甚虚，预支罔措，以致商人望门投券，无米督催，并命填沟，伤心酸鼻。且向系铺商，责无可诿。今改为募役，力益难堪，可复如前之揞⑥给乎？宜令工部四司移会各工，分署立籍互查。必酌所需之缓急，定所支之多寡，不得一概混请，使库中无凭⑦稽⑧核。则出入之间或可节约，以为预支之地，即预支不能一时尽给，而先其所急，彼承办者亦自乐于趋⑨赴⑩矣。是所谓综其要而调剂之者。

臣又以为冗滥当议也。先年内监提督不过数人，其司房书役及工

---

① 原文系"缺"，应为"缺"之异体，今改以合简体文之规范，下文同，不再注。
② 原文缺笔画，据上下文意，应为"乏"，此处改。
③ 原文系"驗"，应为"騐"之异体，今改为"验"，以合简体文之规范，下文同，不再注。
④ 原文系"胃"，古同"冒"，今改以合简体文之规范，下文同，不再注。
⑤ 音同"伙"，此处应为"多"之意。
⑥ 音同"褙"，为"刁难"之意，下文同，不再注。
⑦ 原文系"憑"，应为"憑"之异体，今改为"凭"，以合简体文之规范，下文同，不再注。
⑧ 原文系"稽"，应为"稽"之异体，今改以合简体文之规范，下文同，不再注。
⑨ 原文系"趨"，今改为"趋"，以合简体文之规范，下文同，不再注。
⑩ 原文系"赴"，据上下文应为"赴"之异体，今改以合简体文之规范，下文同，不再注。

部四司各工书役，俱有定额，故攒①食者少，而商困可苏②。迩来内外衙门多方营进，人数愈多，顶首愈重，闻有一役而四、五千金不止者。此辈捐③重赀而入，安所取偿？势不得不狐假鸱张，恣行剥削。或索分垫费，或抑勒对同，或延捺实收，或诛求打卯。巧借名色，惯弄神通，内监固惟其拨置，部臣且付之谁何？彼商人种种蠹害，谁非此辈之为也？请自今陛下严敕各监查照旧额，凡冗员冗役，悉行汰革，而该部诸司，尤宜自行清理。则窟穴渐减，吞噬渐轻。如前所称积弊，内外诸臣逐一留心禁止，不惟募役可久，抑且新商可金。是所谓涤其源而调剂之者。

盖臣见京民一闻金报，如牛羊鸡犬尽赴屠垣，其觳觫之状，悲鸣之声，直欲使怨气成虹，天光尽黯。故连日与部司诸臣悉心筹划，万不得已，酌为此议。然此皆前巡视诸臣所已言，实系通国人情所乐就。

在该部，固借此以纾眉睫之忧④，在各监，亦从此得享安全之利。窃谓今日所便，无如此者。至于户、兵二部诸商，倘可通行，并宜优恤。然总之，则仰徼皇上之乾断耳。

皇上勿谓商役细事无关根本，京民易制，可凭鱼肉也？方今灾异频仍，羽书狎至，臣不敢一一掇拾以尘天听，第思交夷，凤蘖犹云，远在藩篱。而辽左蓟门之形情，业已迫我肘腋。设一旦对豕长蛇⑤合从而至，所与陛下共守此空城者，非即今所尝鱼肉之京民乎？天鸣地震，犹可托言儆戒，而东南数省之水灾，业已绝我粮饷。设一旦揭竿斩木，啸聚而起，所与陛下共当此枵腹者，又非所尝鱼肉之京民乎？夫至呼吸缓急之时，安危休戚之际，而后知京民之足重也，亦已晚矣。

臣言及此，心胆俱裂，岂圣明在上，而独不深长虑哉？伏乞皇上俯垂省览，亟将臣疏及先后诸臣条

---

① 原文系"攅"，古同"攒"，今改以合简体文之规范，下文同，不再注。

② 原文系"蘇"，今改为"苏"，以合简体文之规范，下文同，不再注。

③ 原文系"捐"，应为"捐"之异体，今改以合简体文之规范，下文同，不再注。

④ 原文系"憂"，今改为"忧"，以合简体文之规范，下文同，不再注。

⑤ 原文系"虵"，应为"蛇"之异体，今改以合简体文之规范，下文同，不再注。

议，凡有关于商役者，一并敕下。
部院会议，务求长便。复请明旨施
行，京民幸甚！宗社幸甚！臣愚，
曷胜激切祈恳，待命之至。

　　万历三十六年十月二十二日
　　此疏随该工部照款提复

工部署部事右侍郎　臣刘元霖等　谨提为：

商困剥肤已极，都民重足堪怜，谨采舆情，量为调剂，恳乞圣明敕行酌议，以济燃眉，以安根本事。营缮、清吏等司，案呈奉本部，送工科给事中何士晋揭帖。

前事臣等议照得，国家营造专隶①将作，而一切物料本色皆取自外省，以其采办易而额有成规，上供不误而民亦不扰也。后因外解有远涉之难，积猾有揽纳之弊，始令各输折色，本部召商陆续买办，以应上供，是铺商之名所由起也。比时，钱粮只有正供，额外并无铺垫，铺商易于办纳，监司便于验②收，工作无误，铺商无苦。今则铺垫之费过于正供，承办之苦甚如汤火。一闻金报，百姓鹿骇，削发③投河，千计营免。此科臣目击其状，而有此救时调剂之论也。

臣等窃谓，国家经费承办不可以无商，而铺商既为公家承办物料，只当上纳正供钱粮，乃④铺垫之费，果从何始？盖由内监职司验收，铺垫一入则验收从宽，铺垫若无则多方勒掯。咀膏吮血，不尽不止，良可酸鼻。合无如科臣所议，以后所领钱粮，先尽办所需物料，剩有赢余，方为垫费，则正额既无亏，垫费亦不缺。弊源既清，滥流自塞矣。

至于贴役之议，尤为经久之图。盖⑤四司买办，既不可无商，而才⑥闻金报，内外骚动，根本重地，安可屡摇？惟召募勤慎惯练者数人，派之四司。而另照铺行规则，将京城内外一应铺面，无分南北，照本银之多寡，为帮贴之等，则本小浮铺尽行豁免，其余则请行五城御史核定。每坊分定段数，择其开铺正身忠实者二人为一正一副，领官簿一扇，共同议妥，开填数目。

---

① 原文系"隷"，古同"隸"，亦同"隶"，今改为"隶"以合简体文之规范，此处为"附属、属于"之意，下文同，不再注。
② 原文系"驗"，古同"験"，今改为"验"，以合简体文之规范，下文同，不再注。
③ 原文系"髮"，今改为"发"，以合简体文之规范，下文同，不再注。
④ 原文系"迺"，应为"迺"之异体，今改为"乃"，以合简体文之规范，下文同，不再注。
⑤ 原文系"蓋"，今改为"盖"，以合简体文之规范，下文同，不再注。
⑥ 原文系"纔"，今改为"才"，以合简体文之规范，下文同，不再注。

不惟惊扰①可禁，而人心自尔帖服②矣。且以所贴之银，贮之顺天府库，诸铺商有亏苦③者，酌量帮贴，赴巡视厂库科道挂号支给，不得一概④混帮，仍听巡视衙门年终查核。余剩者仍存，下年接济，则垫费之望可绝，而内监之口实可杜矣。

若夫交纳之苦，尤莫如惜薪司柴炭之役。内使提督者纷集，铺商一人，逼勒百种，真有如科臣所议者。合无以交纳分司会同该监，将应纳钱粮共同验收⑤。所有铺垫亦用印封，总交本监，自行分给。铺商既系召募，不许内监擅提擅比，则抑勒苛索之弊可免矣。

其年例提派钱粮，内有急需本色，固无容议折。间有内监可以通融自办者，合准折价，无徒苦累商人。乃各衙门小修、小差等项，本部业已乏商承办，每每照估折银，听其委役，自行修办，合当着⑥为定例，永相遵守。

若四司《条例》，会有取用，会无召商买办，此定例也。然亦有先会有，而及至取用，则复会无，间或取用，则以朽腐涸烂不堪者抵塞。以后当移会之时，务宜加意查验。原收若干，支用若干，见存若干。不论内库、外库，所有物料先尽支用，不许该监以有为无。其果会无，方行给价召买，并移文外省，督解本色，则冒滥自杜而侵欺可免矣。工作烦兴，全借预支以接济，而库藏匮乏，奚容出入之多奸？臣等给发钱粮，遵照成规，皆由各工呈请，奉部堂批允⑦，酌所需之缓急，定所支之多寡，方行该库支放。及其扣销，必据见工之实收，凭科道之对同，始行销扣。法已详，慎在奉行。司官实心振刷，无为谩

---

① 原文系"驚擾"，今改为"惊扰"，以合简体文之规范，为"惊慌骚乱"之意，下文同，不再注。
② 为"顺从"之意，简体文亦作"服帖"。
③ 原文系"苫"，疑为"苦"之别字，此处改以合上下文之意，下文同，不再注。
④ 原文系"槩"，古同"概、溉"，亦通"慨"，据上下文改为"概"，以合简体文之规范。
⑤ 原文系"妆"，应为"收"之异体，今改以合简体文之规范，下文同，不再注。
⑥ 原文系"著"，此处为助词，表示动作、状态的持续。今改为"着"，以合简体文之规范，下文同，不再注。
⑦ 原文系"尢"，据上下文应为"允"之异体，此处改以合简体文之规范，下文同，不再注。

文,此科臣灼有定议,所宜严行申饬者也。

其冗员、冗役,拨置①朘削,莫可谁何,商匠安得不困业?经本部批行各司,并各工差官,裁革冗员、冗役,以节縻费,正在着实举行。

其在内监,尤望严敕查汰,以清弊源者也。既经科臣论列,前因相应,亟为具提等因,案呈到部为照。铺商之派,固为物料承办之无人,铺商之困,实由监局垫费之需索。此科臣调剂之论,司官会议之辞,均之念切时艰,无非为国为民也。

盖京师之民拥护宸居,尤宜首加优恤,乃今一报,铺商如赴鼎②镬,少有家赀,便思远窜,此岂本固邦宁之道哉。前科臣王元翰、道臣刘光复已备疏铺商之苦,臣部亦连

疏金报之艰矣。然工作苦于浩繁,供应急如星火,物料不继,承办谁肩?不得已而金报铺商。惟冀③上供无误而已。讵期正供有限,垫费无穷,剜肉补疮,罄产亡身,奈④之何不逃⑤且免哉?

今科臣欲裁垫费者,清弊源也。议贴役者,免亏累也。设正副以免惊扰,贮府库以杜口实。交纳公,则惜薪柴炭之役可苏⑥;年例折,则小修等项之差不扰。会有者,内库、外库照数支用,则钱粮不致冒滥;预支者,四司各工立籍互查,则钱粮何由混请? 至如员役冒滥一节,尤为縻费,作奸之薮⑦已。经臣部严行四司各工,将应有胥役、夫匠人等,逐一查革,以杜弊窦。

今科臣所议及此,正臣所日夕兢兢搜剔者,恤商安民,意虑⑧深

① 原文系"置",应为"置"之异体,此处改以合简体文之规范,下文同,不再注。
② 原文系"鼐",应为"鼎"之异体,此处改以合上下文之意,下文同,不再注。
③ 原文系"冀",应为"冀"之异体,此处改以合上下文之意,下文同,不再注。
④ 原文系"奈",古同"奈",今改以合简体文之规范,下文同,不再注。
⑤ 原文系"迯",今改为"逃",以合简体文之规范,下文同,不再注。
⑥ 原文系"甦",古同"苏",今改以合简体文之规范,为"复活、重生"之意,下文同,不再注。
⑦ 原文系"藪",今改为"薮",以合简体文之规范,下文同,不再注。
⑧ 原文系"慮",今改为"虑",以合简体文之规范,下文同,不再注。

远，既经科臣揭议，各司会呈臣部。酌议上请，伏候命下。臣部将承办见役铺商，查照科臣原议事理，一体钦遵，优恤施行。

万历四十三年正月初六日

巡视厂库　工科给事中　臣何士晋　谨

提为：

奏缴已竣，敬陈厂库事宜，以裨节省。事臣待罪工垣，接管厂库，一切弊源蠹孔，该前巡视。科臣洞火列眉，条议上请，更何容复赘？惟是将作繁兴，物力滋匮，法无定守，人有幸①心。厂库之事，非亲历则不知其难。胥役之奸愈提②防，则转觉其甚。臣今督造各项文册，循例奏缴，业已报竣而辞差矣。可无一言之献为陛下节省之助乎？

盖臣受事三月，悉心咨③访，殚力稽查，如商匠涸于兑④支。近该户部奉有明旨，随即照例停革解纳。利于挂欠，皆缘⑤库役借为通融，随经出示禁止，起放必先覆兑，则短少之弊难容。支存另置余银，则混冒之端自绝。查事例，应吊该部原咨严，比较新置各工文簿，此皆臣与监督司官，可循职自效⑥，不必琐⑦渎⑧宸严者。

第思库中，宜有划一之规，而厂内甚多无益之费，非奉圣裁恐难遵守。臣谨采舆议为陛下直陈之。

其一，领状当酌。夫领有预支，有实收，有扣销，有找给，一经挂号，即投该库，似无非当发者。但实收已经对同，而预支每无限量，物料犹有提数，而夫匠任凭混开。一领动辄⑨万千，一人动持数领，该库匮莫能支。纷无以应，势不得不填委生尘。而应支者，反⑩为不应支者所压，则泾渭不分；应支而拙者，又为不应支而巧者所

① 原文系"倖"，古同"幸"，此处为"侥幸、意外得到"之意，今改以合简体文之规范，下文同，不再注。

② 原文系"隄"，音同"低"，古同"堤"，应为通假，今改为"提"，以合简体文之规范，下文同，不再注。

③ 原文系"谘"，据上下文改为"咨"，为"咨询"之意。

④ 原文系"兊"，"珍本"作"兑"，古同"兑"，今改以合简体文之规范，下文同，不再注。

⑤ 原文系"縁"，应为"缘"之异体，此处改以合上下文之意，下文同，不再注。

⑥ 文系"効"，古同"效"，今改以合简体文之规范，下文同，不再注。

⑦ 原文系"瑣"，应为"琐"之异体，今改为"琐"，以合简体文之规范，下文同，不再注。

⑧ 原文系"瀆"，古同"瀆"，今改为"渎"，以合简体文之规范，下文同，不再注。

⑨ 原文系"輒"，此处改为"辄"，以合今简体文之规范，下文同，不再注。

⑩ 原文系"反"，应为"反"之异体，今改以合上下文之意，下文同，不再注。

夺,则苦乐倒置。甚有库无见给,将此印领抵当于富豪、于贵戚,减十得五,而五之数专归夫匠之头。从五加息,而十之数且尽归势要之宅。究竟本工不得知,该司不及察,而众夫、众匠仍无接济,则本工之呈请继至,而该司之印领又发①矣。此今日之一大漏卮也!可叹也!

臣初②视事,见印领委积,请讨哗③然,而文移案牍中止,有给发而无完销。故凡有可疑,严为查驳,不敢轻准挂号。即四司每于下库之期,会单催请,臣必就单中复核明确,方准给放。总为同舟,敢辞劳怨?然此领状之多,在该部司属中固有痛言,其为弊窦者,非臣一人之臆见也。

合无自今为始,将从前未完领状通行一查,应补给者补给,应停扣者停扣,应注销者注销。各司汇④具一册,送巡视备查,以清积牍,以杜影射。嗣后商匠、夫役呈请钱粮,必本工查其前次所领完过若干,今应再给若干,备送该司,勒限回报。如完不及数,该司即宜驳还其及数者,核实说堂,酌数给领。领状与手本内务,将完过工料,详开总数,不必花名,各用印记钤盖,送臣等衙门挂号。号簿内即照数登记,存为成案,下库日必尽数支放,无至迟留。

盖冒领者既绝,则应领者自简。然后一宗可完一宗,一号可清一号。目前之给发,既有的据⑤而可无混出之虞。他日之对同,且有细撒而可作实收之验,此不过一纸之内,稍宽尺幅,稍增数行,而处处可以照会,人人咸知警惧⑥。凡所称日报、月报,循环等册,宁有简便,真确于此者乎?彼狡猾之徒,

---

① 原文系"發",今改为"发",以合简体文之规范,下文同,不再注。
② 原文系"初",应为"初"之异体,今改以合上下文之意,下文同,不再注。
③ 原文系"譁",今改为"哗",以合简体文之规范,下文同,不再注。
④ 原文系"彙",古同"彙",今改为"汇",以合简体文之规范,下文同,不再注。
⑤ 原文系"據",音同"巨",应为"據"之异体,今改为"据",以合简体文之规范,下文同,不再注。
⑥ 原文系"懼",今改为"惧",以合简体文之规范,下文同,不再注。

虽①欲钻②营请托,妄觊冒支,安能捏未完为已完?而该司与本土责有专属,又安得不秉公查核也?故酌领状而严其冒,乃节省之一助也。

其一,关防当慎。该库钱粮,虽不及户部太仓③,然每岁出入总计一百五十余万。所关大工、河防、军器、年例等项,亦至巨④也。奈何不仿太仓规制,而漫令库官敲兑。司吏看银,诸胥随役,杂⑤沓其中,解户揽头,通同为政。或入而包纳,则轻重之间无不得心应手;或出而扣除,则商匠之苦甚于剜肉医⑥疮⑦。

臣非不当堂严谕,而说者谓臣等监察有时,此辈窟穴无尽。若一秤无使费,一次不餍⑧足,则后来百计刁难,荼毒弥甚。故不得不就其圈套,吞声饮恨,而卒不敢言。且据臣所目击,芦⑨税百金,开匣化为乌有。例银一锭,转眼便作飞尘。攫取每见公行,追补视如儿戏,甚至寄小库以克⑩已发之银,指羡余而盗正支之数。此辈视节慎一库,尽若私藏,而安得相沿不问也?

合无自今以后,略照太仓银库事例,固肩⑪列栅重关,严限看银。择一匠役敲兑,择一库役寝食在内。每季一更库官、库吏,第令司启闭之。常登出入之数,务须隔远,不许沾手。其余丁供事者,兑毕必搜检而出。若银有低假,有短少许,诸人即时面禀,将匠役、库役

---

① 原文系"雠",应为"雖"之异体,今改为"虽",以合简体文之规范,下文同,不再注。
② 原文系"鑽",今改为"钻",以合简体文之规范,下文同,不再注。
③ 原文系"㑹",应为"倉"之异体,今改为"仓",以合简体文之规范,下文同,不再注。
④ 原文系"鉅",为"钜"之繁体,古同"巨",据上下文改,以合简体文之规范,下文同,不再注。
⑤ 原文系"雜",今改为"杂",以合简体文之规范,下文同,不再注。
⑥ 原文系"醫",今改为"医",以合简体文之规范,下文同,不再注。
⑦ 原文系"瘡",今改为"疮",以合简体文之规范,下文同,不再注。
⑧ 原文系"饜",今改为"餍",以合简体文之规范,下文同,不再注。
⑨ 原文系"蘆",今改为"芦",以合简体文之规范,下文同,不再注。
⑩ 原文系"尅",古同"剋",今改为"克",以合简体文之规范,下文同,不再注。
⑪ 原文系"扃",音同"坰",古同"肩",为"门闩、门环"之意,今改以合简体文之规范,下文同,不再注。

尽法参送，如此不惟窃取无从，抑亦扣克可免，而种种弊蠹不荡然更始乎？故慎关防以绝其窦，亦节省之一助也。

其一，修造当议。盔甲二厂，额设军匠一千四百四十二名。户曹月给米一石，工曹人扣银五钱，统以匠头，督以年例，立法之初，未尝不善。自以民冒军，而小匠为虚籍。自得三除五，而匠头皆窭①夫？修造尽是空名，戎器毫无实用。前巡视议裁其米以还太仓，切中膏肓，诚为远虑②。乃该部犹③执《年例》之成规，以凑月粮之旧额，此所谓捐有用以就无用，甚可惜也。

且臣查每岁修戊字库，盔甲三万副、腰刀三万把、预造盔甲二千五百副，所费不下二万四、五千金。而各省直所造解，堆积库中，至不可胜数。讵不称有备无患，然而布衬④稀疏⑤，铁叶⑥易锈⑦。修者与解者并属不堪，解者积之逾年而复修，修者积之逾年而改⑧造。总归无用，则奈何以尘饭涂羹⑨之，具糜国家百千万亿之金钱也？设⑩一旦有意外之虞，势不得不更造以应。是今之修造不徒糜费，兼类销兵，臣窃危之。推原其故，则皆小匠之为害耳。

合无自今以后，两厂只存匠头八十名，以供造办。军伴等项三百九十五名，以供杂差。而其余小匠九百六十七名，尽行汰革。以此裁剩之米，还归太仓，固可佐军储。即匀派匠头，亦可充工食。各色戎衣、戎械，查照先年坚利式样，责成

---

① 原文系"寠"，今改为"窭"，以合简体文之规范，为"贫穷、贫寒"之意，下文同，不再注。
② 原文系"慮"，今改为"虑"，以合简体文之规范，下文同，不再注。
③ 原文系"猶"，应为"猶"之异体，今改为"犹"，以合简体文之规范，下文同，不再注。
④ 原文系"襯"，今改为"衬"，以合简体文之规范，下文同，不再注。
⑤ 原文系"踈"，古同"疎"，今改为"疏"，以合简体文之规范，下文同，不再注。
⑥ 原文系"葉"，此处据上下文改为"叶"，以合简体文之规范。
⑦ 续四库本系"绣"，此处据上下文改为"锈"，以合简体文之规范。
⑧ 原文系"攺"，此处应为"改"之异体，今改以合简体文之规范，下文同，不再注。
⑨ 原文系"羮"，疑为"羹"之异体，今改以合简体文之规范，下文同，不再注。
⑩ 原文此处模糊不清，依笔画与上下文，暂辨为"设"。

匠头,加工精造。倘有不敷,不妨雇觅①,仍以此式颁行省直,令一体造解。领解者即用,督造者有不如式,从重究拟。其每岁外解之数与内造之数,通融合算,的②议若干,足以备用。而只又须定以年限,无得岁岁混修,以滋冒破。

即如明盔、明甲,乃仪卫中之不可缺者。臣昨详加估计,使该管善于收藏。实无事岁修③,惟岁修额定。而匠役与将领反通同为市,修者利其不坚,收者利其速坏,内监又从中利其铺垫④。此两厂所以无宁期,而钱粮所以成沃釜也。至于岁修岁办,有必不可免者,亦宜专官监督,信赏必罚,庶免虚冒。故议修造而求其实,亦节省之一助也。

其一,弓箭当折。语云:器械不利,以卒予敌⑤。我国家狃安弛武,凡外解捍敌之具,尽失其初。而弓箭一项,尤为塞责。今查戊字库,所贮弓不下数十万,箭不下数百万,亦既称多矣。乃当外解验收之时,固已剥羽脱金,裂弦反角,藏之浃⑥岁。使京军关领而出,彼只换钱数十文,于敌忾毫无当也。

近该工部议行省直,刻官匠姓名于上,似乎振刷。然解官越数千里解至,即不合式,动云间关苦楚,验厅之驳回⑦者能几? 即验厅尽欲驳回,而解官且多方嘱托,恐终掣肘难行,势必因循如旧。合无自今以后,行令各省直将弓箭、弦条,折色解部。遇兑换之年,径以价给军俾⑧,择其精者买用,实为两便。如欲多备,即着两厂匠头,每年量造若干。巡视衙门验果如式,然后送该库收贮。则既不废其成规,亦不失其铺垫。京军得有实用,解官可免赔累,计莫善于此者。故折弓箭而更其制,亦节省之一助也。

① 原文系"觅",今改为"觅",以合简体文之规范,下文同,不再注。
② 原文系"的",疑为"酌"或"约"之异体,此处不改。
③ 原文系"脩",今改为"修",以合简体文之规范,下文同,不再注。
④ 原文系"墊",应为"垫"之异体,今改为"垫",以合简体文之规范,下文同,不再注。
⑤ 语出[明]戚继光·《纪效新书》,指"器械不锋利,是把士卒奉送给敌人"。
⑥ 原文系"浹",今改为"浃",以合简体文之规范,下文同,不再注。
⑦ 原文系"囬",古同"回",今改以合简体文之规范,下文同,不再注。
⑧ 原文系"俾",应为"俾",今改。

抑臣尤有说焉。京师之困，莫甚于铺商。臣前有七议，方谆谆为诸商请命。而预支一节，今复欲该库加严者，何也？盖以该库钱粮，只有此数。惟泄①之旁窦者多，则留为正项者少。如惜薪司，及见工，商匠实称艰苦，皆所宜宽恤者也。其中有神奸、积棍，惯造黄江，希图冒骗，皆所宜严核者也。

臣谬叨，巡视发奸厘②弊，乃其职掌。故明知城社难熏，溪③壑无厌，而挂号查单不少假借者。诚欲塞旁窦以留正项，留正项以恤疲商，臣之此疏正以补前疏所未足也。且今何时哉？蓟门烽④火，喧传司农，庚癸罔恤。臣之言似不幸而将验夫？既验于蓟门，恐不能不验于辇毂。辇毂之下，所恃何人，第有此积困之京民而奈何？复以商役累之也。

臣前疏久经部复，倘蒙采择，京民咸得更生。即不然，内有贴役一议，先听该部提知苏放，旧商另行召募，则大寒之后，忽被阳春所关，国家根本非渺⑤小矣。

伏乞皇上，留神省览同臣奏缴诸疏，敕下该部。如果臣言有裨，节省再行酌议上请。并将商役一事，统赐施行，永为遵守。厂库幸甚！都民幸甚！

万历三十六年十二月二十四日此疏　该工部照款⑥　提复。⑦

---

① 原文系"洩"，古同"泄"，今改以合简体文之规范，下文同，不再注。
② 原文系"釐"，古同"釐"，今改为"厘"，以合简体文之规范，下文同，不再注。
③ 原文系"谿"，古同"溪"，今改以合简体文之规范，下文同，不再注。
④ 原文系"烽"，古同"烽"，今改以合简体文之规范，下文同，不再注。
⑤ 原文系"渺"，古同"渺"，今改以合简体文之规范，下文同，不再注。
⑥ 原文系"欵"，古同"款"，今改以合简体文之规范，下文同，不再注。
⑦ 此奏章"底本"版心（或称中缝）标为"卷一"。

工部署部事右侍郎　臣刘元霖　谨①

提为：

旧②例相沿，厘革宜尽。敬酌诸臣条议，伏侯明旨。申饬以振积玩，以永法守事。臣惟国家无百年不敝之法，要在因时而振刷之。但振刷于初敝之日，一布章程，自无横③越；振刷于极④敝之后，非奉明旨，未易以尽革积习而顿成清肃也。

臣署部两年，适当铺商重困，兼之各工烦并⑤，帑藏已穷。以大工待用数十万金，而十万饷边，八万修城，十余⑥万为婚礼内供借发。至于今几欲炊而无米，每一念及，真有食不下咽，而寝⑦不贴席者，

节缩整饬之策，何日不供⑧各属议之哉？而诸司各差，或以格例因循，或以事势掣肘，总之昔年贻谋之委曲，遂致今日相习之胶固。而厘革未尽，殊切衷惭，臣之责也，非诸臣之罪也。所幸台⑨省诸臣条上芳规，虽其所言者，亦不远于臣之所已举。

顾⑩当此时穷则变⑪，物极宜反之秋，仰祈圣明鉴久⑫痛，革夙弊，一振新规，非水衡⑬所厚赖⑭者哉。臣方以抱疴求去，不能别为知计，以裨⑮部务。而目前诸事紧急，又坐视而势有不能者，谨取诸臣之条议，详加酌情，而皇上垂听焉。

---

① 以下奏章"底本"版心（或称中缝）标为"卷二"。
② 原文系"舊"，今改为"旧"，以合简体文之规范，下文同，不再注。
③ 原文系"衡"，应为"衡"之异体，"衡"古同"横"，此处据上下文改。
④ 原文系"極"，今改为"极"，以合简体文之规范，下文同，不再注。
⑤ 原文系"併"，今改为"并"，以合简体文之规范，下文同，不再注。
⑥ 原文系"餘"，今改为"余"，以合简体文之规范，下文同，不再注。
⑦ 原文系"寢"，应为"寝"之异体，今改为"寝"，以合简体文之规范，下文同，不再注。
⑧ 原文系"共"，今据上下文改为"供"。
⑨ 原文系"臺"，今改为"台"，以合简体文之规范，下文同，不再注。
⑩ 原文系"顧"，今改为"顾"，以合简体文之规范，下文同，不再注。
⑪ 原文系"變"，今改为"变"，以合简体文之规范，下文同，不再注。
⑫ 原文系"乆"，应为"久"之异体，今改以合简体文之规范，下文同，不再注。
⑬ 原文系"衡"，应为"衡"之异体，今改以合简体文之规范，下文同，不再注。
⑭ 原文系"賴"，古同"赖"，今改为"赖"，以合简体文之规范，下文同，不再注。
⑮ 音同"必"，为"增添、有助于"之意。

夫今之所最苦者，不曰金①商乎？商之困也，自铺垫始。夫铺垫，非法也，是各监渔嚼之私意也。即使严禁杜绝，犹恐其越法而思逞。乃查部规则，供应、缮修俱分内外工食，物价多寡自殊。夫外寡而内多，本恤商人输纳之苦。因多而过索，遂开内监贪求之路。迄于今，相沿以铺垫为应得而逼索铺商，恬无忌惮②。臣曾屡疏请裁，而圣听③弥高，人非迷惘④，孰肯自赴于汤火？恐招募亦无应者矣。根本重地，既不宜骚⑤动而上供承办，又时不可缺，只⑥余一二疲商为皇⑦上效⑧役，而复忍令中官吮尽其膏血哉？则巡视诸臣所言裁革垫费及清内外员役，固厘革之大端，最宜首及者也。

今之所厌⑨烦者，不曰预支乎？预支之多也，二十余年已然。夫每月磨算工程以实收给发，法至良也。乃查条例，则预支额数强⑩半先给，而工完实收仅十之二三。夫作法于俭，犹恐其奢，而前后多寡乃尔⑪，宜人心之无所不至也。迄于今，相沿以预支为应得而扣销者，未必得结绝，结绝者未必得对同。臣向令各差俱复旧规，近又提请月终实收，年终会查，不得滥请。第⑫先年给发已多，一朝完局未易，盖其所由来者渐矣，而尚未尽耳。则巡视诸臣所言今后斟酌领状及预支完至八分方许呈请，固厘

---

① 原文系"佥"，今改为"金"，以合简体文之规范，为"全、都"之意或众人代称，下文同，不再注。
② 原文如此，据上下文为"恬不知耻，肆无忌惮"之意。
③ 原文系"聽"，今改为"听"，以合简体文之规范，下文同，不再注。
④ 原文系"罔"，古同"惘"，今改以合简体文之规范，下文同，不再注。
⑤ 原文系"骚"，应为"骚"之异体，今改为"骚"，以合简体文之规范，下文同，不再注。
⑥ 原文系"止"，今据上下文改为"只"，以合简体文之规范，下文同，不再注。
⑦ 此处原文模糊不清，据上下文辨为"皇"。
⑧ 原文系"劾"，古同"效"，今改以合简体文之规范，下文同，不再注。
⑨ 原文系"厭"，今改为"厌"，以合简体文之规范，下文同，不再注。
⑩ 原文系"強"，古同"强"，今改以合简体文之规范，下文同，不再注。
⑪ 原文系"爾"，今改为"尔"，以合简体文之规范，下文同，不再注。
⑫ 原文系"弟"，古同"第"，今改以合简体文之规范，此处为承接连词，用于句首，表示要发表议论，亦有"由于、因为"之意。

革之最要极中肯綮①者也。

今之可痛疾者，则有委官、书办。查京库各官与本部属官之得兼委也，书办饭钱之取给于工匠也，讹②以承讹，遂视若成规而不为怪。迄于今，相沿以常例为应得，间或倚恃奥援，至今监督不敢问矣。溪壑填于下，谤箧③贻之官，向不过为胥役计耳，而岂④意弊至于乎？臣曾立簿挨⑤差，限年革出，法颇称详，而各差力行可期渐肃⑥。今巡视诸臣复⑦经提参⑧，尤觉风清。今后每差视事颇简，大加裁革，限定员名，而间有索取商匠者，参问惩处，不少宽贷⑨，役蠹之清方有日也。

今之所骇闻者，则有库藏之弊，查该库收放之必同科道也，该库封开之必候科道也。规岂不善？而法玩于日久，奸生于务宽。迄于今，库官、书胥相沿以索取为应得，乘机盗若，即当巡视前而弊犹生焉，玩慢极矣。且铅铁不关科道，或者初意以事所不宜相烦，而终亦非法。臣会谕置堂簿一扇，将应放银，司查堂批，勿使库役作弊。法颇无谬，而各属相视不能行。今巡视诸臣已经提禁，殊觉改观⑩，而今后收放之日，量留执役，屏绝多人。又下库早⑪至，不令遇晚侵匿。一应⑫物料，但系⑬贮库者听巡视收放，库蠹之清方有日也，然此皆为合部之通弊论也。

---

① 音同"庆"，"肯綮"指筋骨结合的地方，比喻事物的关键。
② 原文系"訛"，今改为"讹"，以合简体文之规范，下文同，不再注。
③ 原文系"箧"，古同"箧"，音同"窃"，为"箱子一类的器物"，今改以合简体文之规范，下文同，不再注。
④ 原文系"豈"，今改为"岂"，以合简体文之规范，下文同，不再注。
⑤ 此处为"依次、顺次"之意。
⑥ 原文系"肅"，今改为"肃"，以合简体文之规范，下文同，不再注。
⑦ 原文系"復"，今改为"复"，以合简体文之规范，为"再、又"之意，下文同，不再注。
⑧ 原文系"叅"，古同"参"，今改以合简体文之规范，下文同，不再注。
⑨ 此处"宽贷"为"宽恕、饶恕"之意。
⑩ 原文系"觀"，今改为"观"，以合简体文之规范，下文同，不再注。
⑪ 原文系"蚤"，应为"蚤"之异体，古同"早"，今据上下文改。
⑫ 原文系"應"，今改为"应"，以合简体文之规范，下文同，不再注。
⑬ 原文系"係"，今改为"系"，以合简体文之规范，下文同，不再注。

至于商之最苦、最难、最不肯承认者，惟惜薪司柴炭一节①。此役既无委官、书办之侵渔，又有额定预支之当给，前司后库，极意矜怜②。只因各监索揩多端，积威惨③酷，一闻坐派，股栗胆④寒。故金报各商有力者，宁钻⑤托竟徼⑥中旨优免。其不能者，则有削发⑦投河，东逃⑧西窜⑨，以布旦夕之命耳，此金报之决难行也。夫金报既难，而召募可责其必来乎？内供烟爨⑩，势不可缺⑪，迩⑫且补苴⑬。

目前将一、二旧商、匠夫头、车户等役给银权⑭，令代办。委曲劝⑮认，惟恐其不从。赤体孱夫，又虞其花费，辗⑯转焦劳，万分无奈，而继⑰此则又乏人矣。

臣与司官议复，仿⑱科臣帮⑲贴之说，量于原价外，酌为增益。此项即从臣部自行挪⑳处，即尝帑藏匮乏，勉图支撑，无贻㉑辇毂㉒小民之扰。仍议移文该监，务要仰承圣

---

① 原文系"節"，今改为"节"，以合简体文之规范，下文同，不再注。
② 原文系"憐"，今改为"怜"，以合简体文之规范，下文同，不再注。
③ 原文系"憯"，古同"惨"，今改为"惨"，以合简体文之规范，下文同，不再注。
④ 原文系"膽"，今改为"胆"，以合简体文之规范，下文同，不再注。
⑤ 原文系"鑽"，应为"鑽"之异体，今改为"钻"，以合简体文之规范，下文同，不再注。
⑥ 音同"角"，为"求"之意。
⑦ 原文系"髮"，今改为"发"，以合简体文之规范。
⑧ 原文系"迯"，古同"逃"，今改以合简体文之规范，下文同，不再注。
⑨ 原文系"竄"，今改为"窜"，以合简体文之规范，下文同，不再注。
⑩ 音同"窜"，为"鼎欲沸之状"。
⑪ 原文系"缺"，应为"缺"之异体，今改以合简体文之规范，下文同，不再注。
⑫ 原文系"邇"，今改为"迩"，以合简体文之规范，音同"耳"，为"近来"之意。
⑬ 原文系"補苴"，音同"卜居"，为"补缀、缝补"之意，引申为弥补缺陷。今改为"补苴"，以合简体文之规范。
⑭ 原文系"權"，今改为"权"，以合简体文之规范，下文同，不再注。
⑮ 原文系"勸"，今改为"劝"，以合简体文之规范，下文同，不再注。
⑯ 原文系"展"，据上下文应为"辗"之通假，今改。
⑰ 原文系"繼"，应为"繼"之异体，今改为"继"，以合简体文之规范，下文同，不再注。
⑱ 原文系"倣"，古同"仿"，今改以合简体文之规范，下文同，不再注。
⑲ 原文系"幫"，古同"帮"，今改以合简体文之规范，下文同，不再注。
⑳ 原文系"那"，应为"挪"之通假，今改以合简体文之规范，下文同，不再注。
㉑ 音同"宜"，为"遗留、留下"之意。
㉒ 原文系"轂"，今改为"毂"，以合简体文之规范，"辇毂"，借指京城，下文同，不再注。

意痛洗前愆①，倍加优恤庶人，知只用其力，不费其财，不伤其命，谁无往②役之义？宁乏子来之诚，行令宛③、大二县，出示招徕④，必有起而应者矣。

然非特奉圣旨，则此法不信，或虐使仍前。彼嗤⑤嗤之民裹⑥足而去，望风而止耳。臣部千方百计总归无商，此时计无复之，惟有每季措处应办价银，具疏奏知。司官亲赍⑦赴监，听其或收与否，以明不误上供之需。或蒙圣慈原鉴，万一因之获⑧谴，臣等原为皇上保此孑遗⑨，不忍驱之糜烂之地。其心可白，其罪甘之也。

嗟嗟冬曹剧⑩任，时事纷挈⑪，原非一人所能专理。提纲挈领，臣得为政稽详慎出，诸司得为政发奸摘弊。实赖⑫巡视衙门，臣已愧不能尽厘。而巡视条议其所为防奸革弊者，皇上又概⑬置之若罔闻焉，何以振玩愒⑭而儆人心也？除条议中可径行者，臣一面札付各属照行外，伏乞敕下。臣部通行各司属遵照，不得复以相沿旧例为辞，及时一一厘正。并发先后诸臣条议、章疏，一并着实修举，勿徒为纸上之空谈，庶时艰可济，而于国计裨益匪浅鲜矣。

万历三十七年三月口⑮日。⑯

---

① 音同"千"，为"罪过、过失"之意。
② 原文系"徃"，古同"往"，今改以合简体文之规范，下文同，不再注。
③ 原文系"宛"，应为"宛"之异体，今改。
④ 原文系"狭"，古同"来"，此处原文"徕"之通假，今改以合简体文之规范，下文同，不再注。
⑤ 原文系"唵"，古同"嗤"，今改以合简体文之规范，下文同，不再注。
⑥ 原文系"裵"，古同"裹"，今改以合简体文之规范，下文同，不再注。
⑦ 原文系"賫"，今改为"赍"，以合简体文之规范，下文同，不再注。
⑧ 原文系"獲"，今改为"获"，以合简体文之规范，下文同，不再注。
⑨ "孑遗"音同"杰宜"，为"遭受兵灾等大变故多数人死亡后遗留下的少数人"。
⑩ 原文系"劇"，今改为"剧"，以合简体文之规范，下文同，不再注。
⑪ 原文系"挐"，古同"挈"，今改以合简体文之规范，为"牵引、纷乱"之意，下文同，不再注。
⑫ 原文系"賴"，古同"赖"，今改以合简体文之规范，下文同，不再注。
⑬ 原文系"槩"，古同"概"，今改以合简体文之规范，下文同，不再注。
⑭ 音同"忾"，为"荒废"之意。
⑮ 原文此处无字。
⑯ 至此底本版心（或称中缝）标为"卷二"。

①工科给事中　臣马从龙等　谨

提为：

看详章奏事，据②工部揭帖为部帑匮极，清查积弊以昭成宪，以济急需。事纠③发湖广解官，布政司都事郑④士毓解管⑤该省料银四千四百六十两，却改作本色，希图以滥恶搪⑥塞进内，明分羡余。

又据丁字库太监曹壅等一本，为本折，自有成例，部司偶欲纷更，乞敕该部，照旧办送，以济大工。大典事奉圣旨，该省所解本色钱粮，自有成规，部司如何意欲擅自纷更？着照旧办，送该库供用，毋得紊乱⑦。

工部知道臣等随查圣旨，该湖广布政司麻、铁等料，应解丁字库

者，于万历三年提改折色银一万三千六百三十一两零，闰加八百三十四两零。近年混解本色，原系奸弊，速当改正，岂可遂据以为例乎？若只承讹袭⑧舛，郑士毓之罪尚有可原，乃怂⑨愿⑩内监辄⑪行渎⑫奏，久假不归，反斥部司为欺给。该部参一小吏，乃猖獗如此，恶用三尺为哉！内监指布政司批文一折字为证，不知巡抚咨文内开载本折，极明洞若观火矣！除郑士毓听该部咨行，抚按提问要见奸弊根由，起自何时？承行吏书有无扶捏？因何纷更紊乱？从重究⑬治外，目下仍解折色于节慎库交收，确守《会典》成规，庶与明旨符合。

臣等因慨于解官之弊，不只此

---

① 此处起底本版心（或称中缝）又标为"卷一"。
② 原文系"攄"，古同"据"，今改为"据"，以合简体文之规范，下文同，不再注。
③ 原文系"糾"，古同"纠"，今改以合简体文之规范，下文同，不再注。
④ 原文系"鄭"，今改为"郑"，以合简体文之规范，下文同，不再注。
⑤ 原文系"晋"，为"管"之异体，今改。
⑥ 原文系"塘"，应为通假，据上下文意，此处改为"搪"。
⑦ 原文系"亂"，今改为"乱"，以合简体文之规范，下文同，不再注。
⑧ 原文系"襲"，今改为"袭"，以合简体文之规范，下文同，不再注。
⑨ 原文系"慫"，今改为"怂"，以合简体文之规范，下文同，不再注。
⑩ 原文系"愿"，应为"愿"之异体，今改以合简体文之规范，下文同，不再注。
⑪ 原文系"輙"，古同"辄"，今改以合简体文之规范，下文同，不再注。
⑫ 原文系"瀆"，古同"渎"，今改以合简体文之规范，下文同，不再注。
⑬ 原文系"宄"，为"究"之异体，今改。

也。凡各省领解钱粮到京，即有一种积棍通同衙门吏书，惯窝骗诱之为邪，解官廉慎者有几？鲜不与之同污①？甚至一解有短少银三、四百两者，语之则曰：原发短少，何敢与上官争言？涕泣哀诉，因而幸免者多矣！此辈指称使费治装甚厚，反并正项攘窃之。且既不难诬其上官，则其回本省必曰某库某官收压太重，赔累难堪，是两处污人名节矣！若系内监衙门更不可言，以其值饵中人，余皆群②蚁③附膻④而尽耳。及有急需，又行召买，帑藏安得不告匮乎？

臣等请通行各省直，凡解京钱粮系折色者，银成大锭⑤，依钦颁法马锭五十两。务要足色足数，不许中锭零搭滴珠，长边⑥印封两重，用物料护，不许擦损。仍给鞘单二本，一投部，一投库，该库验系原物，与速收，勿多重分毫。如印封有损，或不如原式，即行查究，尽法惩治，勿得听其请托，侥幸咆⑦儒小惠，致亏公帑⑧。若内库应解本色者，凡可封缄⑨之物，俱令彼处有司印信封记，略如解银法，验试厅留心查核。其私自折银入京打点朋分者，参送法司重究，庶小民膏脂不耗于若辈之手，而内府亦充矣。然解官不有真正赔累者乎？臣等知其故矣！其人廉谨，不肯扶同，则内监恶之，群小恶之，百计鱼肉，使守法者无所容，则自不得不折而入于彼之笼络中矣！此在经管衙门明察而护持之耳。臣等敢并及之，以为厘弊节财之助奉圣旨。

万历四十年四月初四日

---

① 原文系"汙"，古同"污"，今改以合简体文之规范，下文同，不再注。
② 原文系"羣"，古同"群"，今改以合简体文之规范，下文同，不再注。
③ 原文系"蟻"，今改为"蚁"，以合简体文之规范，下文同，不再注。
④ 原文系"羶"，古同"膻"，今改以合简体文之规范，下文同，不再注。
⑤ 原文系"鋌"，应为"錠"之异体，今改为"锭"，以合简体文之规范，下文同，不再注。
⑥ 原文系"邊"，古同"边"，今改为"边"，以合简体文之规范，下文同，不再注。
⑦ 原文系"咆"，应为"咆"之异体，今改以合简体文之规范，下文同，不再注。
⑧ 原文系"帑"，应为"帑"之异体，今改。
⑨ 原文系"緘"，今改为"缄"，以合简体文之规范，下文同，不再注。

巡视厂库、工科等衙门　给事中等官，臣何土晋等　谨

提为：

钦遵明旨①，略摘厂库弊端，并陈厘剔责成之要，以仰裨国计事。该前巡视科臣摘发②库弊，奉旨处分各官。内云本部工程浩大，近来经管员役欺冒③多端，殊非法纪。以后着巡视等官不时稽查④参处，务清奸蠹⑤，该部知道钦此。臣等先后接差，业⑥已谬叨。巡视仰惟明旨，烛欺冒之多端，责巡视之稽查，且令不时参处，以清奸蠹，其严于国计何如者？

臣等敢不夙夜凛凛，勉图报塞。惟是水衡诸弊，千头万绪，未易更仆⑦，而就其中欺冒之最甚者，无

如预支一事。臣等请先摘预支之弊，而后及他蠹可乎？窃照该部一切工料，势不能不取办于商、匠诸役。而商、匠诸役欲图接济，势不能不取给于预支。其预支也，有原提、有年例、有传造、有预估、有小修，其各工有日报、有月报、有循环，其会计有对同、有实收、有扣销、有找给，法非不密，而无奈⑧滥请者之因，缘于竽牍⑨也。又无奈滥给者之密，移于左右也。其惯⑩者、疏⑪者不能查，而猫鼠同眠，簠⑫簋⑬不饬⑭者，且滋其蔓也。远不具论，即万历三十年至今，营缮司冒领预支银一十四万二千四百九十两有奇，虞衡司冒领预支银八万六千六百两有奇，都水司冒领预支银一十一万二千九百七十两

① 原文系"旨"，应为"旨"之异体，今改以合简体文之规范，下文同，不再注。
② 原文系"發"，古同"發"，今改为"发"，以合简体文之规范，下文同，不再注。
③ 原文系"冐"，古同"冒"，今改以合简体文之规范，下文同，不再注。
④ 原文系"察"，应为"查"之通假，今改以合简体文之规范，下文同，不再注。
⑤ 原文系"蠧"，古同"蠹"，今改以合简体文之规范，下文同，不再注。
⑥ 原文系"業"，今改为"业"，以合简体文之规范，下文同，不再注。
⑦ 原文系"僕"，古同"僕"，今改为"仆"，以合简体文之规范，下文同，不再注。
⑧ 原文系"奈"，古同"奈"，今改为"奈"，以合简体文之规范，下文同，不再注。
⑨ 音同"杆读"，指代"书札"，《庄子·列御寇》曰："小夫之知，不离苞苴竽牍。"
⑩ 原文系"憒"，今改为"愦"，为"昏乱、糊涂"之意。
⑪ 原文系"疎"，古同"疏"，今改以合简体文之规范，下文同，不再注。
⑫ 音同"斧"，为古代祭祀时盛谷物的器皿，长方形，有足，有盖，有耳。
⑬ 音同"鬼"，为古代盛食物的器具，圆口，双耳。
⑭ 原文系"飭"，古同"飭"，今改为"饬"，以合简体文之规范，下文同，不再注。

有奇,屯田司冒领预支银五万一千一百八十两有奇,合之则三十九万三千二百四十六两余也。

夫此数十万金钱,谁匪民膏?谁匪公帑?而竟屑越于诸奸之溪壑。彼当年之请者、给者,其愦耶?疏①耶?而不能察耶?抑猫鼠之难问,而篁篡之可疑耶?数者有一焉,皆官箴所不载也,臣等不能为之解也。按月而比,半属逃亡,半属市丐,累岁而追逋②者,自逋③领者复领,殊可浩叹。今若不设法以清已往,以杜将来。窃恐预支二字,便是水衡之尾闾④,该库之漏卮⑤,而后且莫知所底也。

臣等悉心筹划⑥,欲清已往,宜令工部四司先将拖欠各役,逐名查审⑦,果力尚能完,不妨留用,或人亡产尽,姑与注销,其余则有截追之法。彼方借口于给新完旧,孰知其借旧以骗新,彼又几幸于挪乙补⑧甲,孰知其媒甲以图乙,故截住行追,毋容再领,一法也。又有扣抵之法,此有完,而彼有负数,或相当完宜找,而负宜偿⑨。例应移会,故扣明准抵,毋容互推,一法也。又有带销之法,夫夫匠未有能尽革者也,今日革,而兴⑩工必且复用,明日用而工食即可,带除给八销二,则人情不苦,亦一法也。又有带比之法,夫吏书未有不通同者也,新役或容量免,积猾必究,烹分一体比追,则前件易结,亦一法也。凡此皆所以清已往也,欲杜将来,其法更有详者。

夫历年未支之领状,前官停给之实收,司库中不无充栋。葛藤缠扰,因开城社之幸门,岁月滋深,借

① 原文系"疎",古同"疏",今改以合简体文之规范,下文同,不再注。
② 音同"晡",为"逃亡"之意。
③ 音同上,此处为"拖欠、拖延"之意。
④ 原文系"閭",今改为"闾",以合简体文之规范,下文同,不再注。
⑤ 原文系"巵",古同"卮",今改以合简体文之规范,下文同,不再注。
⑥ 原文系"畫",据上下文应为"划"之通假,今改,下文同,不再注。
⑦ 原文系"審",应为"審"之异体,今改为"审",以合简体文之规范,下文同,不再注。
⑧ 原文系"補",今改为"补",以合简体文之规范,下文同,不再注。
⑨ 原文系"償",今改为"偿",以合简体文之规范,下文同,不再注。
⑩ 原文系"興",今改为"兴",以合简体文之规范,下文同,不再注。

作翻身之蹊径，种种弊端悉由于此。宜令工部四司备查四十二年以前领状、实收共若干，内有原未领，亦有领未全者；内有未找给，亦有半找给者，俱截日停止通行，复①核销其旧领，验②其实收，真则易新领而补支，赝③则据法律而参送，移会巡视衙门，分别揭示，以绝诸奸觊觎夤缘之念，是之谓清其源。

该部所遵行者，《会典》耳，《条例》耳，《水部备考》耳。迩来刑余为政，铺垫日增。在内监，每越例而求动能取旨；在外廷，实引经而诤反至留中。于是丝④纶与功令不符，新例与旧章互异，从违莫决，争执⑤徒烦。若臣等巡视传舍不常，胥役每乘机而去借往牍靡据，临期多搁⑥笔而踌躇，不有刊规，谁为永鉴？宜令工部四司将《条例》诸书查照今昔事宜，逐款校雠⑦，酌议增减，某项应遵祖制，某项应奉新纶，悉行改正，提请圣裁。永为划一章程，庶免纷纭枘⑧凿⑨。臣等亦拟摘其大凡，并先后诸臣条议。凡有裨于节省者，汇刻《厂库须知》一册，新旧交代，执以相传，则预支之缓急多寡一览洞悉，即神奸能复影射乎？是之谓定其制。

往岁该部提议月终实收，年终会查，法最简便。奉有钦依，乃今多惮而中止。臣等更议一领状新式，以要前法之必行。凡领状后，接粘一纸，备开某项工料，原额若干，已领若干，今请若干。其今领之数必完及八分，方许再领。而八分完数，以其总填入领内，以其撒载入循环。俟下次领到，查其总撒

---

① 原文系"覆"，此处改为"复"，以合简体文之规范，下文同，不再注。
② 原文系"駖"，应为"验"之异体，今改为"验"，以合简体文之规范，下文同，不再注。
③ 原文系"膺"，应为"赝"之通假，今改为"赝"，以合简体文之规范，下文同，不再注。
④ 原文系"絲"，今改为"丝"，以合简体文之规范，下文同，不再注。
⑤ 原文系"執"，今改为"执"，以合简体文之规范，下文同，不再注。
⑥ 原文系"閣"，应为"搁"之通假，今改为"搁"，以合简体文之规范，下文同，不再注。
⑦ 原文系"讐"，今改为"雠"，音同"酬"，"校雠"指校对文字。
⑧ 音同"瑞"，为"榫头，用以插入另一部分的榫眼，使两部分连接起来"。
⑨ 原文系"鑿"，今改为"凿"，以合简体文之规范，下文同，不再注。此处"枘凿"为"方枘圆凿"的简语，喻格格不入。

分数，合则挂①给，不合则驳回。其前领二分未完，仍于续领内带销。由是，领千必销千，领万必销万，捐一时磨对②之劳，省日后无穷之弊，何至经年累月一对同之难出乎？

至于会查一法，不但各工宜与四司会，四司宜与该库会也。如大工十库，各巡视衙门，凡与厂库钱粮有干涉者，四司并宜移会，互查明白，方许奏缴。其会查底册及一应系③关文簿，应比照各部例造一册。库另提司官一员，专管稽核，以防窃换、洗补诸弊，斯该部最吃④紧事也。即厂库文移填委，总系钱粮，关防宜慎，亦不可不令该部酌议一封识之所，是之谓扼其要。

往例岁终奏缴，另有查参拖欠一疏。然只及商匠而不及官吏，辄未几而弁髦⑤之何也？官无专责，法不必行，即日日查参，无益也。自今宜着⑥为令，如非常营建，提定一官为终始者，功过俱当。另议钱粮，自有责成，无庸置喙。其余四司监督，业以一官营一职，凡任内请给银两，必本官尽数完销，部司复查无异，移会巡视，方许与接管交代。如果拖欠数多，冒支有据，每岁终，容臣等比照考成事例，移会该部，将本官及经承吏书酌入查参疏⑦内，其欠役与经承，即听本官自比，若能依限追完，仍不碍其考沟⑧升⑨迁⑩之格。惟内有事变突临，势难终局者，宜将已未完数目备造，对同五本，一留本官，一送接管，一送部司，一送巡视，一送工垣。查无别弊，听其离任，至于

---

① 原文系"掛"，今改为"挂"，以合简体文之规范，下文同，不再注。
② 原文系"對"，今改为"对"，以合简体文之规范，下文同，不再注。
③ 原文系"繁"，应为"繫"之异体，今改为"系"，以合简体文之规范，下文同，不再注。
④ 原文系"喫"，今改为"吃"，以合简体文之规范，下文同，不再注。
⑤ "弁髦"音同"变毛"，原指"古代的一种帽子"，古代贵族子弟行加冠礼时用弁束住头发，礼成后把弁去掉不用。后指代"没用的东西"，又喻"轻视"。
⑥ 原文系"著"，此处应为"着"之通假，今改。
⑦ 原文系"疎"，应为"疏"之通假，今改。
⑧ 原文系"溝"，应为"溝"之异体，今改为"沟"，以合简体文之规范，下文同，不再注。
⑨ 原文系"陞"，古同"升"，今改以合简体文之规范，下文同，不再注。
⑩ 原文系"遷"，今改为"迁"，以合简体文之规范，下文同，不再注。

拮据勤劳,更自风清弊绝,诸司内尽①不乏人。该部堂廉访的确,宜咨铨部,破格优擢,以示风励。使人知严罚在前,异数在后,谁不悚然加愍乎？是之谓重其责。

凡此皆所以杜将来也,盖预支清而厂库之弊思②过半矣。然臣等又以为余银之弊多端,不可不革也。该库岁报羡余,不过千金有零。而贴解冬衣、布花及该部堂司公费、工食等项,约用三千余两,皆取足于余银,而不知余银实未尝有也。吏胥借报羡之名,每重入而轻出,管③库因堂司之取,或假公以济私,于是乎害中于下,众口之所不平者,或一兑而差数两,或一兑而差数十两,则何以抗颜于上矣。害中于上,前官之所交盘者,或一匣而少数十两,或一匣而少数百两,则又何以有辞于下矣。上与下俱受余银之害,而独诸胥饱余银之

利,皇上亦何爱于千金,而开此无穷弊窦哉？况余银一革,则出入皆原封,敲兑无高下,舆情尽畅④,百蠹俱清。皇上名虽岁少千金,而不知所得更倍于几千金也,如该部以贴解工食等银必不可矣⑤。

臣等业有银钱九一兼支之议矣。查该部给钱旧例,以五百五十文准银一两,故夫匠不愿⑥领钱,以致库中贯朽。今议随时定数,大约六百文以外,各役无不愿者。搭一分于十数之中,以通钱法;扣三文于一钱之内,以抵余银。四司一体通行,积羡还归公用,明告之君父,而非私面质之商匠。而不㤲是在该部司,一洗从前陋习耳。

臣等又以为事例之弊多端,不可不核也。国家时诎,举赢权开援纳已非政体,而持筹者复宽之,以示招徕,包揽者遂乘之,以图侥幸。于是赴司出帖,则挪移项款视原

---

① 原文系"儘",今改为"尽",以合简体文之规范,下文同,不再注。
② 原文如此,据上下文或为"斯"之通假。
③ 原文系"筦",古同"管",今改以合简体文之规范,下文同,不再注。
④ 原文系"鬯",为"古代祭祀用的酒,用郁金草酿黑黍而成",亦同"畅",此处据上下文改,以合文意。
⑤ 原文系"巳",应为"巳"之异体,此处据上下文改为"矣"。
⑥ 原文系"願",今改为"愿",以合简体文之规范,下文同,不再注。

提。故作朦胧，赴库纳银，则铅锡杂投，致给放频滋物议。甚且有原纳吏役而巧窃儒监之咨文，甚且有银不到库而假冒吏工之印信，彼其恃包揽而阴阳播弄，致①不可方物矣。

夫若辈操蹄望岁，梯之为荣进，而窟之为渔猎者也。今犹强半赝售，国家亦何利焉？即责之倾锭凿名。该司出帖时，先验足而后移挂号，亦不为过。倘放之日，查出低假，径提原纳员役与看银吏役，并坐以法，庶几洒②然一变。然非成锭，非镌③名，胡由认也？若每季工部曾咨过若干名，吏部准咨到若干名，该库上纳过若干名，三处会查，断不可少而行移，则工部该司为政矣。

近议户七工三，每岁户开八月，工开四月，此开彼停，久④宜为例。如欲两部同开总算⑤，取此与彼，头绪混淆，反多不便。况例款随时增减，两部互有异同，所当并一裁订而申明者也。

臣等又以为外解之弊多端，不可不饬⑥也。国家一应物料，取自外解，顾⑦有折色，有本色，所从来矣。折色纳于节慎库，其弊有倾换，有挂欠，有倒批。臣等任劳任怨⑧，所得而禁革者也。本色纳于内库，该监惟铺垫是图，解官辄通同为市。于是有原解折色，而故买滥，恶抵充改，纳本色者。有原解本色，而匿其精，以自鬻⑨易，其伪⑩以投库者。又有本、折俱不入库，全与该监瓜分，反兑⑪出库中之物以为验，而径取批收去者，弊

---

① 原文系"至"，应为"致"之通假，今改。
② "底本"系此字，"续四库本"为"酒"，应误。
③ 原文系"鑴"，今改为"镌"，以合简体文之规范，下文同，不再注。
④ 原文系"尢"，应为"久"之异体，今改以合简体文之规范，下文同，不再注。
⑤ 原文系"筭"，古同"算"，今改以合简体文之规范，下文同，不再注。
⑥ 原文系"餝"，应为"飭"之异体，今改为"饬"，以合简体文之规范，下文同，不再注。
⑦ 原文系"顧"，今改为"顾"，以合简体文之规范，下文同，不再注。
⑧ 原文系"怨"，应为"怨"之异体，今改以合简体文之规范，下文同，不再注。
⑨ 音同"遇"，为"卖"之意。
⑩ 原文系"僞"，今改为"伪"，以合简体文之规范，下文同，不再注。
⑪ 原文系"税"，据上下文应为"兑"之通假，今改。

至此而极矣！法至此而穷矣！

　　夫祖宗之制，虽本、折兼用，然必以会有、会无之数定外解、召买之规，勿令缺乏，亦勿令朽蠹。其初岂不甚善？何至今日。而中涓①把持，明系会有，捏称会无；明该折色，强争本色。如近日解官张明经、王德新等以折纳本，正费查驳，而内库银硃数万斤为该监王朝用盗卖，且见告矣。

　　皇上每深信若辈，寄以管②钥③之司，宁知其人系虚名，出多旁窦，出入俱不可问，而内库所存仅仅朽蠹之余耳。不亦重负皇上，而令人发指哉？今宜令该部移会巡视库藏衙门，将历年解到物料，分别管收。除在的数各若干，每季一查，使会有、会无不混挠④于该监。岁终一报，使应折、应本，且额定于提。知拔本塞源⑤，计无逾此。第会无而解本色，每多低假不堪。又须该部明开款样，移文各省直抚按衙门，遴委廉能佐贰⑥官，督买物料，必用印封进内；督造军器必刻官、匠姓名。其解官即用承委官，到京查验，有不如式者，轻则追换，重则提参。庶责无可卸，而外解皆有实济。倘外解一时难凑，该部不妨量行召买，总期上佐公家之急，下堤⑦耗蠹之觞而已。

　　臣士晋昔叨：是役曾竭。管窥条、陈二疏，该部俱照款提复，略见施行。而都民所最苦者，莫如商役。臣实以贴役调停，首议裁革，迄今且七年，不报商矣，都民稍获生聚之安。然未闻违误上供，妨碍部事，则商之永不必报甚明也。嗣

----

① 官名，亦作涓人。《汉书·曹参传》载："高祖为沛公也，参以中涓从"。颜师古注："中涓，亲近之臣，若谒者、舍人之类。涓，洁也，言其在内主知洁清洒扫之事，盖亲近左右也"。据此，则中涓之官与谒者、舍人相似。后世一般用作宦官之代称。
② 原文系"筦"，古同"管"，此处改以合简体文之规范。
③ 原文系"鑰"，今改为"钥"，以合简体文之规范，下文同，不再注。
④ 原文系"撓"，今改为"挠"，以合简体文之规范，音同"铙"，为"扰乱、搅动"之意，下文同，不再注。
⑤ 原指背弃根本，后喻从根本上解决。
⑥ 原文系"貳"，今改为"贰"，以合简体文之规范，下文同，不再注。
⑦ 原文系"隄"，古同"堤"，此处为"提防"之意。

后如有通同内监，妄言金报者，皆欲朘①商自润而动摇根本，不忠于②陛下者也。臣原疏具在诸，得而折之。夫即□□③之可罢，而知该部事未有不可为者也，此臣等所以复有今日之疏也。今疏若行在共事诸贤同，得以同心，受相成之益，即奸胥猾吏亦必以戢④志宽法网之诛，迹虽不便，所全固已多矣。

不则严纶方历，殷鉴非遥。臣等亦何敢博⑤长厚之名而自溺其职乎？伏乞圣明俯赐省览。如果葑菲可采，即敕下该部议复施行，未必非节省之一助，国计之永固也。臣等曷胜惶悚激切待命之至。

万历四十三年三月初六日
此疏随该工部照款提复。

工部厰库须知

---

① 音同"绢"，此处为"剥削"之意。
② 以下内容"底本"、"北图珍本"俱有遗缺，今据续四库本补出。
③ 此处两字模糊不清。
④ 音同"及"，此处为"收敛、收藏"之意。
⑤ 原文系"愽"，古同"博"，今改以合简体文之规范，下文同，不再注。

工部署部事右侍郎　臣林如楚等　谨

提为：

钦遵明旨，略摘厂库弊端，并陈厘剔责成之要，以仰禆国计事。营缮、清吏等司，案呈奉本部，送该巡视厂库、工科等衙门给事中等官何士晋等，揭帖前事等因，除具提外，备①揭到部送司。该臣等看得水衡钱粮千头万绪，其最要者，始则预支之当严，终则实收之当核。原有定规不容淆淆②，惟是日久弊生，人情滋玩。虽臣等任事以来，极力稽查，有犯必惩③，然与其穷治于事后，毋④宁禁戢⑤于未然。

今该巡视科道条陈妥确⑥，隐⑦括周详，所当亟为举行者，但事关因革，非奉明旨申饬，恐无以肃人，心垂永久。谨逐款详议，胪列如下⑧：

一曰清预支之源。

巡视谓年来给发太滥，以至拖欠数拾万之多，量其可完与否，欲立截追、扣抵、带销、带比之法。先经臣等摘其奸猾⑨，之尤如刘辂⑩、洪仁参送追究讫⑪。今应如所议，逐一清查，分别追、扣、带销、带比，定以一年之限，务期限内通完，以销前件。仍令各司与该库备查各役完过钱粮，或出实收未给领状，或给领状未经放完。查明会同巡视衙门酌议，某项宜给，某项宜停。其实收未出者，监督各官速为出给，听各该监察科道严核。应准者准，应裁者裁。通前未了悉为归结，仍行揭示，以杜弊端。嗣后请发预支，务查工程约该若干，先请三分之一，必一分全完，始再酌给，

① 原文系"備"，今改为"备"，以合简体文之规范，下文同，不再注。
② "淆淆"音同"混淆"，义亦相同。
③ 原文系"懲"，今改为"惩"，以合简体文之规范，下文同，不再注。
④ 原文系"母"，此处据上下文应为"毋"之异体，今改，下文同，不再注。
⑤ 音同"及"，为"阻止、停止"之意。
⑥ 原文系"確"，今改为"确"，以合简体文之规范，下文同，不再注。
⑦ 原文系"檃"，古同"隐"，"檃括"为矫正竹木弯曲或使成形的器具，引申为"剪裁改写"。亦作"隐括"。
⑧ 原文系"左"，因系繁体竖排，今为简体横排，故改为"下"，下文同，不再注。
⑨ 原文系"獝"，应为"猾"之异体，今改以合简体文之规范，下文同，不再注。
⑩ 原文系"輅"，今改为"辂"，以合简体文之规范，下文同，不再注。
⑪ 原文系"訖"，今改为"讫"，以合简体文之规范，下文同，不再注。

永免追比之扰。

一曰定年例之制。

巡视谓年例之请发者，向以《条例》为则。顾今内监越例而求外廷，引经而诤。况祖制与新纶不同，新例与旧章互异。宜定划一，请自圣裁，以免纷纷争执。臣等查得《条例》诸书，其传刻已数十年矣，今昔不同，因革顿异。中涓每额外以滥求，部司且去浮以就约。宫府相持，有同聚讼。应如巡视所议，逐款清查校订，或因旧，或从新，定为规则。并先后诸臣条议，有关系①者汇刻《须知》一册，使当事之人一览无遗。无论职②掌内洞如观火，即迁③转更代各差之事，且无不明习也。

一曰扼钱粮之要。

巡视谓往时月终实收，年终会查，法最简便，乃今中止。今议一领状，新式状后接粘一纸，备开原额及先领、今领之数。查完过八分，并循、环总撒相符，方准再领。未完二分，逐限带销。至于会查，如大工、十库等衙门，凡与厂库钱粮相关，四司并宜移会，查明奏缴，另立册库专官以慎关防。臣等先经如巡视所议，其领状新式行令各役遵行外，所议循、环④二簿，即截出、实收簿也。应令四司及监督各置二簿，印钤备开，原估与先领已完之数为旧管，其今领钱粮必完及八分，以细数填入循、环，以总数填入新领，同送巡视查核明确，准作实收，方许再给。未完二分，仍于下次带销，俟工完差竣，即将此簿通前复算，如无他弊，准作对同，循存厂库，环发本差，各备查照。不但钱粮难冒，且使工作易完，真一举两得之策也。若岁终会查一节，应令四司各差将各项钱粮，或收纳，或给发，或派办等数目，备造青册，俱于十二月初三日齐⑤送各该巡视监察衙门。互相查明无弊，各书"查讫"二字，印钤发回⑥存司，

---

①　原文系"繫"，今改为"系"，以合简体文之规范，下文同，不再注。
②　原文系"職"，今改为"职"，以合简体文之规范，下文同，不再注。
③　原文系"遷"，今改为"迁"，以合简体文之规范，下文同，不再注。
④　原文系"環"，今改为"环"，以合简体文之规范，下文同，不再注。
⑤　原文系"齊"，今改为"齐"，以合简体文之规范，下文同，不再注。
⑥　原文系"囬"，古同"回"，今改以合简体文之规范，下文同，不再注。

以为日后比对实收账①本。庶奏缴不为虚设，其收贮底册，向来文卷，皆付吏书，日久不难去籍。近该臣等四司，各另设一册科，置数橱②柜③。一吏一书，专管抄誊④，日行文移，印钤底簿。各另择一空房，改为册库，收贮备查。掌印官亲为启闭，眼同封识，稽查⑤已严⑥，专官可无设也。

一曰重考成之责。

巡视谓：官无专责，法不必行。凡四司监⑦督任内请给钱粮，尽⑧数完销，始准接管交代。岁⑨终考核，内有事变突临，势难终局者，宜将已、未完数目备⑩造，对同五本，送接管部司。巡视、工垣各一本，自留一本，查无别弊，听其离任。臣等以为，司官之于各弊，既以矢心振刷，而部堂之于各属，又已刻意稽查，则殿最劝⑪惩⑫。本部自应不爽⑬而睹闻记载，科院自有公评，即年终考核法不详于此矣。惟是各官，既以监督为职，则当以竣事为忠。盖⑭一差有一差之首尾，一事有一事之本末。往⑮时经手钱粮，每遇差回升⑯转⑰，辄⑱含糊而去。及至弊端摘发，后悔无及。今后凡系本官任内请给钱粮，必期一一完销。如有未完，即令本官将

---

① 原文系"张"，应为通假，据上下文意，此处改为"账"。
② 原文系"厨"，应为通假，据上下文意，此处改为"橱"。
③ 原文系"櫃"，今改为"柜"，以合简体文之规范，下文同，不再注。
④ 原文系"謄"，今改为"誊"，以合简体文之规范，下文同，不再注。
⑤ 原文系"察"，今据上下文改为"查"，以合简体文之规范，下文同，不再注。
⑥ 原文系"嚴"，今改为"严"，以合简体文之规范，下文同，不再注。
⑦ 原文系"監"，今改为"监"，以合简体文之规范，下文同，不再注。
⑧ 原文系"盡"，今改为"尽"，以合简体文之规范，下文同，不再注。
⑨ 原文系"歲"，今改为"岁"，以合简体文之规范，下文同，不再注。
⑩ 原文系"備"，今改为"备"，以合简体文之规范，下文同，不再注。
⑪ 原文系"勸"，今改为"劝"，以合简体文之规范，下文同，不再注。
⑫ 原文系"懲"，今改为"惩"，以合简体文之规范，下文同，不再注。
⑬ 原文系"爽"，应为"爽"之异体，今改以合简体文之规范，下文同，不再注。
⑭ 原文系"蓋"，今改为"盖"，以合简体文之规范，下文同，不再注。
⑮ 原文系"徃"，古同"往"，今改以合简体文之规范，下文同，不再注。
⑯ 原文系"陞"，古同"升"，今改以合简体文之规范，下文同，不再注。
⑰ 原文系"轉"，今改为"转"，以合简体文之规范，下文同，不再注。
⑱ 原文系"輙"，为"辄"之异体，今改问"辄"，以合简体文之规范，下文同，不再注。

欠役与经承吏书自行追比。追完之日，待部司复核相同，然后移会巡视查明，听其交代。而带比吏书者，以各役纯完①，工程迟②速，吏书自知之真，其严于承行，正所以杜其通欠也。内有事变③突临④，势⑤难终局，或数本清楚，接管愿交者，仍以已、未完数目备造，对同五本开送，查明离任。则各官虽去任，之后亦得安枕，别无粘带之虞矣。

　　巡视又谓：余⑥银不可不革。以银钱⑦九一兼支，随时定数。既通钱法，复⑧剩余钱可充公费。臣等以为库银支放，出入宜平。惟是向积⑨余银，盖为贴解及公费而设，所取无几，乃领银各役恒以短少为词。今如所议，凡库中支放，以九分给银，即与原封，以一分给钱，随时定数。大约钱以市价为则，于内扣下三文，即作羡余，以抵公费，明扣明除，上下两便。其买铜鼓铸，各宜于见充，铺户抢⑩选，殷实互相保结，听其自愿给批派办。每年严⑪限责成，以图永利，再不许外役钻⑫求，堕⑬其骗局。

　　巡视又谓：事例之弊多端，不可不核。欲援纳者，倾锭凿⑭名。每季工部、吏部、该库三处会查上纳人数，并议户七工三、开纳日期

---

① 原文系"頑"，据上下文应为"完"之通假，此处改。
② 原文系"遲"，今改为"迟"，以合简体文之规范，下文同，不再注。
③ 原文系"變"，今改为"变"，以合简体文之规范，下文同，不再注。
④ 原文系"臨"，今改为"临"，以合简体文之规范，下文同，不再注。
⑤ 原文系"勢"，今改为"势"，以合简体文之规范，下文同，不再注。
⑥ 原文系"餘"，今改为"余"，以合简体文之规范，下文同，不再注。
⑦ 原文系"錢"，今改为"钱"，以合简体文之规范，下文同，不再注。
⑧ 原文系"復"，今改为"复"，以合简体文之规范，下文同，不再注。
⑨ 原文系"積"，今改为"积"，以合简体文之规范，下文同，不再注。
⑩ 原文系"掄"，今改为"抢"，以合简体文之规范，下文同，不再注。
⑪ 原文系"嚴"，今改为"严"，以合简体文之规范，下文同，不再注。
⑫ 原文系"鑽"，今改为"钻"，以合简体文之规范，下文同，不再注。
⑬ 原文系"墮"，今改为"堕"，以合简体文之规范，下文同，不再注。
⑭ 原文系"鑿"，今改为"凿"，以合简体文之规范，下文同，不再注。

及例款①，裁订划②一。臣等以为输锭③搏④官，欲赊利厚。应如所议，责其倾锭以免零星凿名，以防低假。每季三处会查，仍送厂库比对，号⑤簿以杜奸伪。至于户开八月，工开四月，此开彼停，尤为妥便。其事例条款，向以陆⑥续增开，弊窦甚多，而两部亦互有参⑦差。今缮司已逐一裁订应削、应改，宜会同合一，以便遵行。

巡视又谓：外解之弊多端，不可不饬。纳折色者，杜其倾换⑧、挂欠等弊；纳本色者，杜其滥恶、抵充等弊。臣等以为各省外解，原系惟正之供，岂容低假？惟是领解员役，巧于规利，致生弊端。应如所议，凡解折色者，验鞘若或改倾短少，照例查参；解本色者，不得以假易真，改折为本，及滥恶搪塞。违

者本部与巡视据实参提，其十库收贮物料，令该库每季分别管收。除在造册报部，庶不匿有为无，多生影射。若果缺乏，应召买者，该司仍移会十库。科道查其库中缓急，酌议定夺，不得轻听库监揭催，致滋冒费。至于军器等项，抚按衙门行令备刻官匠姓名，以便查验。领解即用经承委官政，以专责成，而杜规避。

巡视又以金报商役为都民大害，向曾具疏，立有帮贴调停，首议裁革，今行之七年，民生乐业。臣等以为辇毂之下，永绝金报，实为无穷之福。嗣后有妄议报商，摇⑨动根本者，听巡视科道与本部提参。但新役投充各司官，须审其身家殷实，仍令见在富商保结，方准承办⑩。不得轻听请托，使积棍营

---

① 原文系"欵"，古同"款"，今改以合简体文之规范，下文同，不再注。
② 原文系"畫"，为"画"之繁体，此处为"划"之通假，今改以合简体文之规范，下文同，不再注。
③ 原文系"鐺"，今改为"锭"，原为"钱串"之意，引申为成串的钱。后多指银子或银锭。
④ 原文系"愽"，古同"博"，此处应为"搏"之通假，今改以合简体文之规范，下文同，不再注。
⑤ 原文系"號"，今改为"号"，以合简体文之规范，下文同，不再注。
⑥ 原文系"陸"，今改为"陆"，以合简体文之规范，下文同，不再注。
⑦ 原文系"叅"，为"参"之异体，今改为"参"，以合简体文之规范，下文同，不再注。
⑧ 原文系"换"，今改为"换"，以合简体文之规范，下文同，不再注。
⑨ 原文系"摇"，为"摇"之异体，今改为"摇"，以合简体文之规范，下文同，不再注。
⑩ 原文系"辦"，今改为"办"，以合简体文之规范，下文同，不再注。

明代万历刻本

工部厰库濬知

四七

充,希图领银,拖欠致烦比较。且今四司原不乏人,即缮司见缺大工、铺户。已①经会议通融于部内,见商吴应麒、任一清等供役,临期无误,是又不必多收,以启②幸③窦也。

以上各款,或清既往,或杜将来,或严稽核,或祛耗蠹,或裕国计,或安民生。总之有裨将作,所当一一见之施行者,呈乞复议。具提等因,案呈到部,该臣等看。得法之弊也,贵乎厘剔事之立也,要在责成粤稽官制。工部掌工役、农田、山泽、河渠之政令,而厂库一差,司存出纳,尤其重者。立法之初,何尝④不纲提目揭,井然有条?乃自二十年来,门殿经始,陵坟⑤嗣兴,年例加增,要津传乞。在事者,或谓势难猝办,人无备责,稍宽出入,罔核初终,取快一时,因阶⑥为厉⑦。爰迫建造中停,官更吏换,人多饰诈,事每藏奸。于是绳纽弛于上,衔⑧勒疏⑨于下,侵冒乘其惰偷通。负生于迟久,工非称廪用。总销花究若水之横溃旁溢,巨可提防。而水衡⑩之岁积,遂萧索而无余矣,岂非厘剔无方,责成未至故耶?

今巡视科道躬履目击⑪,首摘预支之害,并及条例、实收、考核与余银、事例、外解等项,其责成也对症⑫投剂,切中膏肓;其厘剔也摘节拔根,毫芒不漏⑬。诚于将作大有裨,所当永修俾勿替者也。既经诸司看议,会呈前来,相应提请,伏

---

① 原文系"巳",应为"已"之异体,今改以合简体文之规范,下文同,不再注。
② 原文系"启",今改为"启",以合简体文之规范,下文同,不再注。
③ 原文系"倖",古同"幸",今改以合简体文之规范,"幸窦"犹"幸门",指奸邪小人或侥幸者进身的门户。
④ 原文系"甞",古同"尝",今改以合简体文之规范,下文同,不再注。
⑤ 原文系"墳",今改为"坟",以合简体文之规范,下文同,不再注。
⑥ 原文系"階",今改为"阶",以合简体文之规范,下文同,不再注。
⑦ 原文系"厲",今改为"厉",以合简体文之规范,下文同,不再注。
⑧ 原文系"銜",古同"衔",今改以合简体文之规范,下文同,不再注。
⑨ 原文系"疎",古同"疏",今改以合简体文之规范,下文同,不再注。
⑩ 原文系"衝",应为"衡"之异体,今改以合简体文之规范,下文同,不再注。
⑪ 原文系"撃",今改为"击",以合简体文之规范,下文同,不再注。
⑫ 原文系"證",古同"症",今改以合简体文之规范,下文同,不再注。
⑬ "底本"原文如此,"续四库本"为"摘节救根,万终不满",今从"底本"。

乞敕下。臣部督令所属,逐款着实举行,应咨会者咨会,应示谕者示谕。庶法纪修明,人心警省,积弊清而国计无损,新图懋而天工①久厘矣!臣等可胜②,恳③切待命之至。

---

① "底本"为"工","续四库本"作"王",应误,今从"底本"。
② 原文系"勝",今改为"胜",以合简体文之规范,下文同,不再注。
③ 原文系"懇",今改为"恳",以合简体文之规范,下文同,不再注。

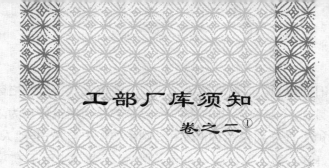

工部厂库须知
卷之二①

厂库议约②

工科给事中　臣何士晋　谨议
工科右给事中　臣徐绍吉
工科给事中　臣刘文炳
广东道监察御史　臣李嵩　同③订

约则：

　　一议交代。科院到任官吏，先期具仪注，至日遵行。所有各项册籍，另造简明数目一本。任满，科院查点明白，同印钥④册，库钥当日面交。

　　一议共事。旧制进署下库，科院俱同，非徒示公，亦便商榷⑤，后因事烦分日。至万历戊申，本科提明复同进署，而下库则仍分，今沿为例。

　　一议关防。每月三、八日入署，是早听事人役缴牌承印例也。然印不随行，未免遗虑。今议于印而重纸封，固花押为识。往来承役仍给票限时，出取库官之照验，入取本宅之圆牌，以防意外。

　　一议旧⑥牍。凡大翻身黄江，诸弊多乘新任倥偬⑦，将远年停阁实收，领状朦胧巧售。今议，科院

---

① 原文无，今据"底本"版心补出，以方便阅读。
② 原文为"巡视厂库须知"。
③ 原文系"仝"，据上下文应为"同"之通假，今改。
④ 原文系"鑰"，今改为"钥"，以合简体文之规范，下文同，不再注。
⑤ 原文系"確"，此处据上下文应为"榷"之通假，今改。
⑥ 原文系"舊"，今改为"旧"，以合简体文之规范，下文同，不再注。
⑦ 音同"空总"，指事情纷繁急促。

一更,首查旧存簿领。应给者造入循环,准其另挂;不应给者,即时涂附,移会注销。仍分别揭示俾①诸人共晓,则奸谋自阻。

一议外解。各省直外解钱粮,到投②批文札付。应验其年月有无违限,数目有无洗补,印文有无假冒。无弊方准挂号,有弊则檄。司、坊官鞫③实酌轻重提参。

一议事例。营、都二司所出库帖,应照新式明开某援某例,摘录本例全文,以便查对。其银须足色,倾锭凿名,多者五十两为一锭,少者尽④其纳数为一锭。司吏于帖内注有验明字样,方准移挂。帖到仍着厂库经承,据例磨对。其随任、乞年、查回、起送等项,最易影射。并取其保结吏札、原籍文书手本,亲赍⑤投验,有碍则驳回,司吏难辞其罪。

一议互查。事例之弊,千蹊万径。非尽援纳员役自为之,而强半则由包揽夫包揽;非他人即衙门积猾,惯于舞文,巧于窃⑥符,串结吏、礼、工三部诸胥猗角而瓜分者也。故有纳吏而窃监儒,遥⑦授而冒实历。它一年而混数年,其假库收、假印信,玩弄股掌,视如儿戏。必每季工部移文二部,将咨收名数与节慎库三处对查,前弊斯杜。

一议挂销。外解事例有挂必有销。乃有销数不与挂数合者,弊在该库。应于收银时,取批帖为验;销号时,取收簿为验。彼此互照而情穷矣。惟是弊有在挂销之外者,如外解于批文内改多作少,以少数入库而复以多数回销;又有不挂不销,银未入库而倒批以去。在省直则云已解,在部司则云未完。两无照会,摘发何由,此其弊甚神甚大,不可言也。今议巡视衙门,于解批投挂之日,即给一票。

① 音同“比”,为“使”之意。
② “底本”原文如此,“续四库本”作“投到”,今从“底本”。
③ 音同“居”,为“审问犯人”之意。
④ 原文系“儘”,今改为“尽”,以合简体文之规范,下文同,不再注。
⑤ 原文系“賷”,应为“赍”之异体,今改为“赍”,以合简体文之规范,下文同,不再注。
⑥ 原文系“竊”,今改为“窃”,以合简体文之规范,下文同,不再注。
⑦ 原文系“遙”,应为“遙”之异体,今改为“尽”,以合简体文之规范,下文同,不再注。

票式首列由语次，则计开一行，为某事据某省直，或某府、州、县差，某解某年，某项钱粮，共若干。一行限某月、日纳库，下注本解不许违限，库役不许留难。一行某月、日收讫，仍限某月、日赴署，于本号下注"完讫"二字。一行某月、日注完讫，仍限某月、日赴部，领批文回销。一行限某月、日，该省直某衙门官吏查对批票，数目相同，随具文将原票缴部，仍送巡视衙门。查原号注销，如有互异，并①行查究。夫此一票也，前与后对，内与外对，司与库对，司库、内外、前后又无一不与巡视对。即批文可假，缴票难移。省直各衙门仍于岁终备②造一册，申报已解、未解的数于部司。部司移会巡视，以总稽其完欠之实。虽有神奸，恐不能复施其伎俩，而挂销之法始备。

一议预支。铺窑③、灰车、夫匠等役，向来垂④涎预支。钻⑤营百出，冒监多端。本科特创⑥一领状新式，复置循环截出、实收二簿。先将本工原估⑦及以前领过领支，办过物料，做过工程，备载于簿。领之前为旧管，今自本科接管起，如某年、月、日请预支若干。两挂给印钤填入簿内，仍限此银于某月、日到工所。监督验收明白，即注某月、日收足字样于簿内为照，庶⑧无私领花销之弊。嗣后再请预支，必工科完及八分，以总数填入领状，以细数填入循环。先送本司算明钤注，仍将领簿同日送署，查果合数，方许第二次新领挂号。其前次未完二分，仍于下次带销，推之三次、四次，以至原估银完。咸照此法，并不许于原估外透支，其循、环二簿一样填写。循留⑨巡视备查，环发本差备照。然三日投到者，至八日方发。留此数日，督

① 原文系"並"，今改为"并"，以合简体文之规范，下文同，不再注。
② 原文系"備"，古同"备"，今改以合简体文之规范，下文同，不再注。
③ 原文系"窒"，应为"窑"之异体，今改，下文同，不再注。
④ 原文系"埀"，古同"垂"，今改以合简体文之规范，下文同，不再注。
⑤ "底本"、"北图珍本"此字模糊不清，据"续四库本"补出。
⑥ 原文系"創"，今改为"创"，以合简体文之规范，下文同，不再注。
⑦ 原文系"佑"，据上下文应为"估"之别字，今改，下文同，不再注。
⑧ 原文系"庻"，古同"庶"，今改以合简体文之规范，下文同，不再注。
⑨ 原文系"畱"，应为"畱"之异体，古同"留"，今改以合简体文之规范，下文同，不再注。

令厂库书役细加磨算，有差讹即宜禀驳，如通同隐庇，查出一体究罪。仍各注查对姓名于册内，以示责成。俟他日工完，此簿竟可作实收，何等简便！若曰八分完数，恐有虚①报，指视甚众②，谁能掩之？

一议年例。监局年例钱粮，近因中官提请太滥，取旨太易，揆③之《条例》所载大不相同。本科特疏④提明，令诸司裁酌划一之规。自后宫中、府中各宜遵守，更不容妄有争执，即奉特旨传派，亦宜比例以自存职掌可也。至于各项小修及公用纸札、各役工食，虽有实收堂簿内，亦有可停、可缓之工，应扣、应减之数，概行找给，亦是幸门。除纸札、工食数最零星，另置一册，通限月终挂给。其余俱造入四司循环，以凭查核。如有不应给者，径行停驳，毋拘成案。

一议考成。原提所谓考成，非求多于在事也。盖向来预支、混发、拖欠数多，追比徒烦，分毫莫吐。且因交代之不明，动见弹章之波及，为国为身，两属不便。故议责成当事与经承吏书，凡任内放过钱粮，如依新式截出实收，安得有欠？万一有欠，听其勒限追完，方许交代。不则岁终查参欠役，且得并议其经承，所以示欠者不得不完正，欲使发者不得不慎，此考成之大指也。若遇升迁事故，钱粮原无不明，备造⑤册揭五本，一送接管，一送部司，一送巡视，一送工垣，一留自照。互查无异，径行离任，则去后别无粘带，他人自难推卸，相成之益不更大乎？

一议对同。各工对同，往⑥例取委官原报循环，磨算比对，摘其差讹、虚冒诸弊。轻则或驳正，或裁减；重则不免于参提。第迩来委官多系夤⑦进，其不通同捏报者有

① 原文系"虗"，古同"虚"，今改以合简体文之规范，下文同，不再注。
② 原文系"衆"，应为"眾"之异体，今改为"众"，以合简体文之规范，下文同，不再注。
③ 音同"葵"，为"度，揣测"之意。
④ 原文系"疎"，古同"疏"，今改以合简体文之规范，下文同，不再注。
⑤ "底本"、"北图珍本"无此字，今据"续四库本"添。
⑥ 原文系"徃"，古同"往"，今改以合简体文之规范，下文同，不再注。
⑦ 音同"银"，指攀缘上升，常喻拉拢关系，向上巴结。

几？所恃监督得人，则对同无大剌谬①。且欲舍循环而核细撒，非监督日行之底簿，无足凭也。至于裁减规则，有夫去十之二，匠去十之一者；又有夫去十之一分，匠去十之五厘者，此其多寡之数似难定拟，俱②视监督之料理何如耳？若料价、运价皆亦会估案在，总之无以冒亏③公，无以剥亏下，对同之法尽矣。

一议行移。四司及各差文移往来，旧只用一名帖，而稽迟沉匿。窃换之弊，何从察之？近与四司监督，约各置一簿，每有公移，开列朱语，立一前件专④差传送，随取其某日收讫字样，亲注于前件之下，使彼此皆得稽查，而名帖竟可除去。至于日行移会手本，亦另置一簿，随到随填，更批数语于内，令书役遵行。如三日手批，八日限销。通⑤限，罪坐书役。

一议册库。署中向无册库，案卷漫失，且诸胥有所不便，辄恣意窃毁⑥之，稽核无从，弊窦百出。今既提明就署左数楹，列栅扃⑦牖⑧改为册库，内置十橱⑨，检从前故牍挨年编号，什袭其中。嗣如充⑩栋，不妨递⑪增要，无使漫失窃毁之患，复滋于异日。亦惟是巡视者谨持其钥，而躬临启闭。仍委库官昕夕⑫摄防之，则显⑬攻狐兔之窟，阴消城社之魂⑭，胥于此库有赖矣。

---

① 音同"辣缪"，亦作"剌缪"，指违背常理，不合情理。
② "底本"、"北图珍本"无此字，今据"续四库本"添。
③ 原文系"虧"，应为"虧"之异体，今改为"亏"，以合简体文之规范，下文同，不再注。
④ 原文系"耑"，古同"专"，今改以合简体文之规范，下文同，不再注。
⑤ "底本"、"北图珍本"原文如此，为"超过"之意，"续四库本"作"有违"，今从"底本"。
⑥ 原文系"燬"，古同"毁"，今改以合简体文之规范，下文同，不再注。
⑦ 原文系"扄"，古同"扃"，今改以合简体文之规范，下文同，不再注。
⑧ 原文系"牅"，古同"牖"，今改以合简体文之规范，下文同，不再注。
⑨ 原文系"厨"，古同"橱"，今改以合简体文之规范，下文同，不再注。
⑩ 原文系"尢"，应为"充"之异体，今改以合简体文之规范，下文同，不再注。
⑪ 原文系"遞"，古同"递"，今改以合简体文之规范，下文同，不再注。
⑫ 音同"心希"，为"朝暮"，谓终日。
⑬ 原文系"顯"，今改为"显"，以合简体文之规范，下文同，不再注。
⑭ 原文系"䰟"，应为"魂"之异体，今改以合简体文之规范，下文同，不再注。

一议部单。向来领状一经挂号，即投库候发。然领多而发不及，缓急多寡又宜裁酌。故本科于戊申年接差，复议取司查堂阅一单，每于下库之前，四司掌印将明日应发钱粮，再加详定，汇①单呈堂批注。送库巡视者只就单内查发，非单所载，一切不行，放完即将单领粘附一卷。此不惟巡视绝瓜李之嫌，且令堂司专出纳之责，以明职掌，以杜请托，则单之为也。

一议收放。每月四、九日下库，先收后放，此旧规也。惟解领员役各利于速，而吏胥或操挽②越之权，则出入宁免需索之弊。今断以巡视挂号及堂司单到，为前后收放之序。库簿内明开某一件该银若干，或该钱若干，科院某日挂号，堂司某日发单，由前及后，并不容越次。且各解执有纳票，限定月日到库缴验，如有挽越，其弊不在各解，即在库胥，究明重处。

一议挂欠。事例之纳借邀各器，非责逋于窭人子也。倾锭凿名，自无容欠。其外解者，省直之平与内库之平，原较若划一，非私③倾窃换，及剪边去铢，欠亦何由？夫欠而补似为宽政，乃延挨日，久遂有补不及原数者，又有补不入原匣者，甚有乘科院之互更，没奸胥之囊橐④者。库贮之缺，大率坐此。今著为令，不足色、足数不收。如收有不足，不当时补完，不许封本匣。彼虽喙长三尺，同事者持之，力而行之，久挂、欠当自绝矣。

一议银色。该库钱粮非上供，即将作安。得杂以低假，乃灌铅挂锡，屡屡见告至事例，而物议哗⑤然矣。今通行各省直，凡起解银两，必凿州县官匠姓名，仍用印封钤识。其事例亦比外解倾锭凿名，倘收时印封私动竟合，查参即放后，姓名具存，何难提究？而该库看银吏役并注名于匣单，亦无辞于

---

① 原文系"彙"，古同"彙"，今改为"汇"，以合简体文之规范，下文同，不再注。
② 原文系"攪"，应为"攬"之异体，今改为"挽"，以合简体文之规范，下文同，不再注。
③ 原文系"私"，应为"私"之异体，今改以合简体文之规范，下文同，不再注。
④ 原文系"橐"，应为"橐"之异体，为"口袋"之意，今改以合简体文之规范，下文同，不再注。
⑤ 原文系"譁"，古同"哗"，今改以合简体文之规范，下文同，不再注。

连坐。若仅仅一檠①样而能辨色之真赝，恐无是事也，此镣②名之不容已③也。

一议敲④兑。天平畸轻畸重，弊在针眼。惟针眼涩⑤则高下可以匠心，惟敲兑偏则多寡无不应手。出入失平，需索满志，所从来矣。今督匠将机心更造，务令圆活，而又收放必两头均兑，即有欺头易之而无不平也。又每兑必重敲十下，即有关键⑥重之而无不转也。又敲兑必该库官吏与解领员役掣签⑦互换，即有私嘱以不测用之而无可售也。兑完仍将原平封库，勿容奸胥暗设机窍⑧于中。从前诸弊，想当尽遣。

一议防察。吏胥之钻营库役者，非独包揽事例，需求外解。而偷窃之巧更自不赀，其术难更仆也。闻往时有制一通身衣者，所盗银两从袖中直入袜内。今令短衫裸臂，庶几身无厚藏，乃法马⑨之潜换有弊焉。其呈验者数少，而称兑者数多也，此借商匠以为窃者也。诸胥之杂沓有弊焉，一人看银，一人敲兑，其余抢攘，皆乱我指视也，此丛左右以为窃者也。银匣之出入有弊焉，或以支存而混称空匣，或以全匣而暗置别隅⑩，其在日暮尤易也，此乘倦忽以为窃者也。察之者，目到、耳到、口到、手到、心到，无一渗漏则几矣。

一议余钱。往时借羡余为名，天平左放，右收一秤，已差四、五两，敲兑出轻入重，一人常差数十两。究竟朝廷所得几何？部司所用几何？徒令宵小属餍⑪，可恨

① 音同"檠"，指灯架、烛台。
② 原文系"鐽"，今改为"镣"，以合简体文之规范，下文同，不再注。
③ 原文系"巳"，应为"己"之别字，今改以合简体文之规范，下文同，不再注。
④ 原文系"猷"，应为"敲"之异体，今改以合简体文之规范，下文同，不再注。
⑤ 原文系"澁"，古同"涩"，今改以合简体文之规范，下文同，不再注。
⑥ 原文系"鍵"，应为"键"，今改以合简体文之规范，下文同，不再注。
⑦ 原文系"籖"，古同"签"，今改以合简体文之规范，下文同，不再注。
⑧ 原文系"窾"，今改为"窍"，以合简体文之规范，下文同，不再注。
⑨ 原文如此，应为"砝码"之古体，此处不改。
⑩ "底本"、"北图珍本"为"偶"，"续四库本"作"隅"，此处据上下文从"续四库本"。
⑪ 原文系"靥"，今改为"餍"，以合简体文之规范，下文同，不再注。

也。今本科提革余银，嗣后奏缴，勿宜复言报①羡。而部司公费以银钱九一兼支之法，扣除钱抵之，仍遵照先年提准事理，一应余钱支用，俱赴巡视衙门挂号，库官另置一簿，登报开销。其公费规则曾经前巡视议减，兹复移四司复订，刻定一册，另置署中及该库备照。凡册②所不载，不得擅增、擅取，亦远嫌急公之谊也。第观吏胥敲兑之间，终有攫取锱铢之意。不知此法一定，凡银之浮入而缩出者，皆积于无用者也，岂舌能荧③惑？妄希变乱④将来，抑术有神通，仍可窃归囊橐耶？请以一言矢之。自提定余钱后，设有再索余银为商匠病者，明神其鉴在。

一议覆兑。余银既革敲兑，宜平计解领员役，无所用其买嘱矣。第商、匠人等与库胥相为窟穴者也。得微有兑出反重，而以正数归商匠，以浮数取自润者乎？此孔一开，非索于外之溢，人即盗乎？内之正供谓：宜将取放银两，先兑明原数，而后支放。放完复兑，明支存而后结算，如支存短少，即责令敲兑诸役赔补。盖原发既明诸役，更何词展辩也。若于敲兑时间行不测之法，蓦挈一秤亲自复敲验，有欺弊，库役与领役以通同论罪，仍没其应领之数还⑤官，则法严知畏，谁敢复蹈前车耶？

一议日总。每下库一次，交盘一册、收放二册、事例二册俱取出登填，事完封识，诚慎之也。惟是一日之内，总收若干，总放若干，支存若干，其取放者旧贮若干，新收若干，头绪既烦，数目易混，故必另置一册，名为日总。令库书逐项开载，不许遗漏差讹，巡视者随缄之。匣内存为后来磨算之底簿，由是积至一月，即结一月；总积至一季，又结一季，总则百不失一矣。

一议挪借。四司钱粮，各有额数。迩来擅自挪借，主者不闻，遂令一库之内杂乱不清，且致骗领之

---

① 原文系"報"，今改为"报"，以合简体文之规范，下文同，不再注。
② "底本"、"北图珍本"无此字，今据"续四库本"添。
③ 原文系"熒"，今改为"荧"，"荧惑"指眼光迷乱，迷惑，以合简体文之规范，下文同，不再注。
④ 原文系"亂"，今改为"乱"，以合简体文之规范，下文同，不再注。
⑤ 原文系"還"，今改为"还"，以合简体文之规范，下文同，不再注。

奸营求日甚，殊非分辖责成之意。今后除典礼军兴[1]有必不能不借者，各司关白停妥，移会给发，仍应立限补还。其余四司，原有四吏在库，责令分管各司钱粮，不许一概擅挪，擅则罪及该吏。庶诎者可以杜浮滥，赢[2]者可以备非常，亦守财之善物也。

一议交盘。岁终奏缴所报出入之数，率据案抄眷[3]，即监督更差。其盘验只于一人经手钱粮，而前此旧贮不问也。无论狗盗之雄，先年有从兵部穴地入库者，即本科偶掣旧存一匣试之，内短少辄至四百金，其可委之为河南南阳耶？向来挂欠不入原匣，余银间借正支积弊，相沿已非一日。然补者、还者毕竟归于何处，因一匣而疑一库，因一人而疑众人，引绳批根，害且滋蔓。业经再三移会，请四司呈堂，约日各将库存项下银两尽数通盘，如有短少，作何抵补？如无抵补，作何支放？此系该库大弊，及今不一查明，长此安穷也。本科有鉴于此，特申明会查之法，不但四司宜与该库会，更宜与大工、十库、各巡视会。缘此放彼销，彼无此买，首尾相关必互核，斯无遗漏，而况该库自贮之物。奈何惮数日之辛劳，虑前人之嫌怨，遂贻不白之局，为后来口实耶？每岁限一通盘，断[4]不可少。

一议近习。工部各衙门吏书与厂库吏书向来线索相通，未有作弊而可诿于不知情、不分赃者。故连坐之禁，宜严也。然事发只一参送，而不革其顶首。若辈供扳则有买求，认罪则有帮贴，三木视为奇货，囹圄等于福堂。未几脱网，仍挟重赀别营一窟，而扬扬明得意矣，岂法至若辈而果穷耶？计其顶首各不啻数千金，若辈所贪恋而不忍割者，独此耳。自今除新役及轻犯外，如果系衙门积蠹，惯作翻身飞海诸弊者，一经参提，即先革其顶首，并穷其同谋分赃之人，审有实迹，不论何衙

---

[1] 原文系"興"，今改为"兴"，以合简体文之规范，下文同，不再注。
[2] 原文系"贏"，应为"嬴"之异体，据上下文为"赢"之通假，今改以合简体文之规范，下文同，不再注。
[3] 原文系"謄"，今改为"眷"，以合简体文之规范，下文同，不再注。
[4] 原文系"斷"，今改为"断"，以合简体文之规范，下文同，不再注。

门,一体参革。夫①曲庇左右,恶名也,谅贤者所不愿受也。

一议报商。铺商买办物料,乏则报金,其初固未尝不乐就也。自内监苛求铺垫,吏胥勒索例规,而关领之价尽夺为浮费,及追比无奈,则身家妻子随之,铺商之苦于是乎不忍闻矣!且欲报一家,而望门吓②诈,先已贻害数十家,此點③胥狐假之为也。即报有数十家而中旨传免,究竟不能得一家,此又阉坚孝顺之为也。故本科于戊申受事,金报届期不揣,建为贴役之议,只令四司各募勤慎惯练者数人,给以见价,赝④克买办。迄今六七年,未⑤闻违误正供。而都民且稍获安枕,则商之不必报,亦已见于前事矣。但闻惜薪司各役因有帮贴,遂启垂涎。诸市棍有纷纷黉进者,是在当事慎择而严杜之,

以永肩不报之法,都民幸甚。

一议会收。盔、王二厂所辖硝黄、盔甲、刀枪⑥、铳⑦药⑧、战车诸物料,戊字库所收外解盔甲、腰刀、弓箭、弦条各军器,俱设有监督,亦俱预以内官。惟内官利在铺垫,每致监督掣肘,而器料俱不如初。巡视者与监督约日会收,按成法而稽验之。硝黄必须盆净,盔甲、刀枪必须坚锐⑨,火药必须迅利,战车必须便捷,弓箭弦必须遒劲,有不合原式者,或驳、或参,具有往例。近更议硝黄不入内库,以防挽换;军器刻官匠姓名,以严责成一切包揽。神棍各该衙门访拿究遣,庶有裨于实用,每验毕,即批入会收簿,以凭稽查出给。

一议铸钱。宝源局值四司鼓铸之役,所患者,铜难精,商难召。

---

① "底本"、"北图珍本"为"大","续四库本"作"夫",据上下文此处从"续四库本"。
② 原文系"嚇",今改为"吓",以合简体文之规范,下文同,不再注。
③ 原文系"黠",应为"點"之异体,今改以合简体文之规范,下文同,不再注。
④ 原文系"膺",应为"赝"之异体,今改以合简体文之规范,下文同,不再注。
⑤ 原文系"木",据上下文应为"未"之别字,今改以合简体文之规范,下文同,不再注。
⑥ 原文系"鎗",古同"枪",今改以合简体文之规范,下文同,不再注。
⑦ 原文如此,音同"振",义不详,估计为古代用于制造弹药的火药。
⑧ 原文系"藥",今改为"药",以合简体文之规范,下文同,不再注。
⑨ 原文系"銳",应为"锐"之异体,今改以合简体文之规范,下文同,不再注。

近议分隶①四司，各任其责，良有深见。巡视者与监督验收，必以真正四火黄铜为率，其铜当堂熔②化。每包除正耗十三斤③三两外，再熔折者，责商赔补。然熔太久则亏商，熔太速则亏炉役，斟酌审视，以烟之青白为度，此验铜之则也。第④巡视所面⑤熔者，十百之一二耳。其余非监督耐烦躬亲熔化，彼炉役有不以低假搪塞乎？夫铜低，则折少而铸多，此炉役之利而钱法之大不利也。慎之在监督矣。

一议铅铁。铅、铁二物，工料急需，向来巡视多不会收，即监督亦忽为细务，低假、短少势所不免，且闻有盗卖于各商者，此亦一漏卮⑥也。嗣今凡外解铅铁等物，宜照例会同验收，有前弊即行摘发，收完仍于簿内注⑦经收官吏姓名，

日后支放取簿质对，庶令经手者知所畏忌。至于库门及四围墙⑧垣，务须修葺坚峻，严加封识。每晚有工部司属轮流点闸，更宜拨的当余丁二名，在铁库大门下守宿⑨巡警，庶无他虞。

一议陵工。山陵、桥梁等役，距京既远，查闸较难。必提有专官移驻工所，夙夜身亲监督，庶可责其成功。乃其所移会、巡视者不过应收木、石、砖、瓦、灰土诸料，及支领之工价，无与事竣之对同耳。查物料，虽有会估成例，如方石可改用浮石，则省费为多；黄土⑩不计斤而计方，则虚⑪冒特甚。又宜临时斟酌，未可尽凭往例也。工价对同，亦应照新置循环，用截出实收一法，易于销算。惟委官作官，书办太多，蝇营狼噬，耗蠹非浅。且

---

① 原文系"隸"，古同"隶"，今改为"隶"，以合简体文之规范，下文同，不再注。
② 原文系"鎔"，今改为"熔"，以合简体文之规范，下文同，不再注。
③ 原文系"觔"，古同"斤"，今改以合简体文之规范，下文同，不再注。
④ 原文系"茅"，应为"第"之异体，今改以合简体文之规范，下文同，不再注。
⑤ 原文系"靣"，古同"面"，今改以合简体文之规范，下文同，不再注。
⑥ 原文系"卮"，古同"卮"，为"古代酒器"，今改以合简体文之规范，下文同，不再注。
⑦ 原文系"註"，今改为"注"，以合简体文之规范，下文同，不再注。
⑧ 原文系"牆"，今改为"墙"，以合简体文之规范，下文同，不再注。
⑨ 原文系"宿"，应为"宿"之异体，今改以合简体文之规范，下文同，不再注。
⑩ 原文系"圡"，应为"土"之异体，古同"土"，今改以合简体文之规范，下文同，不再注。
⑪ 原文系"虗"，古同"虚"，今改以合简体文之规范，下文同，不再注。

不用见属,而用候缺,吏议难加,何所不攫。则量裁人数,更委本属,以季报官,评责之监,督察才守,而殿最之,斯劝惩昭,工自集矣。

巡视厂库　工科给事中　李　瑾

为：

体贴节慎二字，以裕国用事

照，得本科道职兼巡视。凡隶贵部
钱粮，一出一入，例得预闻。倘有
侵冒等弊，不及觉察，即为帑藏之
蠹，巡视衙门与有责焉。曩[1]见贵
部提议月出实收，岁终会查，两款
诚剔蠹要诀矣。但数月以来，实收
未见，截出预支犹然混冒，得无经
书密而考成疏乎？合无将先后领
过钱粮、应办物料、应做工程已完
者，尽与实收。半完者截出实收，
未完者各开未完之由。仍速督并
滥冒者，明发滥冒之弊。勿听含糊
外，其有原议未悉与议外未及者，
本科道谊在同舟，相应备列后款，
合用手本前去工部营缮、清吏司，
烦为转行，三司一体查照，呈堂采
酌施行。

计开：

一　请银责在监督，为监督身
亲经历，虚实缓急所真知也。

今后一切不容已工料监督，须
从公估计实该银若干。即原估已
定，亦须就原估二分之中核实用银

若干，明白呈堂一次。先请银若
干，即计银督并，将收过料若干，完
过工若干，如限报部，方依次再请。
仍逐节出给实收，俟工竣，通计出
给对同。送巡视衙门一瞬了然，何
至令人迟疑。倘系接管前人未竟
然事，既到手，责即难诿，亦须查原
估若干，领过银若干，实收过若干，
斟酌多少，申明方请。如经管未
竣，别有升迁，务将请过银两与已、
末完工料造册报部，并移本科道
知会。

一　发银责在印君，为印君综
理一司操纵，予夺所独擅也。

今后除实收印领外，凡见工
程，请预支及铺商等役、买办等项，
须极力驳查，德怨俱忘，果费出难
已，方给印领。前领完至八分以
上，方准后领，仍逐领编号登簿，以
防他虞。其领内明写[2]总该银若
干，第一次预领若干。至二次仍写
原该银若干，已领若干，完过若干，
今第二次预支若干，备注领内，仍
用印铃，盖以为后日左券。其三
次、四次以逮十次，俱如之。大约

---

① 音同"攘"，为"以往，从前，过去的"之意。
② 原文系"寫"，今改为"写"，以合简体文之规范，下文同，不再注。

原估十分为率,每次只领二分,即事系紧急,不过三分。盖钱粮既盈千盈万,造办岂一朝一夕?目前既无混出,他日自易实收。

一 旧预支银当尽停。

夫预支之说,非为工繁事重而且急乎。乃领银数千,用不满百,成议累年,略无实绩,此其繁简、轻重、缓急可知矣。似此已领之银且多,虚冒而未领之银岂可再发?况在官方,执已领之实数以责商役;在商役,却借未领之虚数以应官府。牵①缠不断,支吾莫办。合将三十六年以②前预支尽行停止,只据领过实数扣比,其采领银数及全未领领状,该库监督移会该司,该司移会巡视,俱即注销,以清积牍,以杜滥冒。如谓见在动工,或实用数多,亦惟作速截出实收,一面扣销,一面找给,庶自清楚。

一 旧实收银当酌给。

夫未办一物,未动一工者,且讨预支矣,况既有实收。岂宜终岁逗留,以重商民之困,但为库藏不充,不得已急其所未完,反缓其所已完耳。合将三十六年以前,但有实收者,各司尽数查出,汇开一册,分年立总后,结一大总。内银百两上下,或以次数为率,一领不过两次。内银贰百两以上,或以十分为率,一次定给二分,仍通论月或论季,挨次推领,照分均给,酌议停当,备注册后。内有未给领状,自即便印给;未经挂号者,即谕赴挂;或有原人物、故家属未的及,虽有实收,原属混冒。一切隐情,俱要查实,总移本衙门知会,以凭揭示,庶法制划一,人心自定。不惟吏胥不敢行其私,即官府亦不得行其意,将负累者有接济之期,积猾者无夤缘之窦。

一 库钱当议搭支。

先年建议铸钱为钱之利,可当银之什五,所以裕国亦以便民。乃发银买铜之法,既非矣。而已铸之钱,朽贯库中,只给大工,夫匠余俱不用。说者谓当时钱贵,每银一两换钱五百文,遂据为成数矣。后稍

---

① 原文系"捧",应为"牵"之异体,今改以合简体文之规范,下文同,不再注。
② 原文系"巳",应为"已"之异体,"以"之通假,今改以合简体文之规范,下文同,不再注。

加五十文，才①五百五十文耳，较时值尚少百文。迄今领状不载，商役不愿胥此之故。不知物值随时可增，则增之可。如谓库藏额定户、工例同，然一领万千，虚浮尚多，即量搭钱亦可合。自今以后，除内供、外解并惜薪司、柴炭外，余俱银九钱一搭支，该司即明注领内，庶通宝非弃②物，商役不为厉。

一　年例当议缓急。

夫既谓之年例似宜发矣，然修造虽云旧规，而究竟多属故事；年分虽有定期，而责成终鲜实际。况大工迫手之时，正帑藏告匮之日，一切靡费，即不能尽为停革，独不可少示节制。合无将内外衙门一切年例，分别某项应缓而停，某项应急而办，某项应次缓而稍待，某项应次急而半给。内有前例未完，则后例岂可复开？旧者尚积无用，则新者何必听其滥派？立法稽查，先期严禁，则可以杜通同捏诓之端，可以塞铺商钻求之路。

一　各役工食零星支领，不惟繁琐③难稽，抑且纷扰库中，甚属未便。合无将一切应给工食，俱于四季之季月，该司齐给印领，仍类开乎本，移会挂号。次日下库，一刻通完，庶查核既便，衙门亦肃。

一　比较之法，宜严宜简。

如人持一簿，司各一本，本数愈多，头绪愈繁。且填注纷杂，前后参差，不惟翻阅未便，即竟日之力不能完矣。合将贵部一应铺商、夫匠，凡系一起者，只给稽考簿一扇。其簿由第二页④首行直写一某行头、某伙、某某；第二行计开；第三行某司一件，为某事，预支银若干，如预支未尽，即注先领若干；第四行前件连空两行，如工料全完，该司填注实收月日；如系半完，该见工自注截出实收月日；或通未完，不必注字。大抵贵简明，不贵冗杂。内有一人服役四司，四司不

---

① 原文系"纔"，古与"材、裁、财"通用，此处应为"才"之通假，今改以合简体文之规范，下文同，不再注。
② 原文系"棄"，今改为"弃"，以合简体文之规范，下文同，不再注。
③ 原文系"瑣"，应为"璅"之异体，今改为"琐"，以合简体文之规范，下文同，不再注。
④ 原文系"葉"，此处改为"页"，以合简体文之规范。

妨共用一簿。盖款①项各别，稽查自易，且一簿并列，影射难容，非独本科道比较之简要也。通将原簿更正，不必另造滋费。

---

① 原文系"欵"，古同"款"，今改以合简体文之规范，下文同，不再注。

工 科 给 事 中　臣何土晋　纂辑
广东道监察御史　臣李　嵩　订正
屯田清吏司主事　臣李纯元　考载
营缮清吏司主事　臣陈应元
虞衡清吏司主事　臣楼一堂
都水清吏司主事　臣黄景章
屯田清吏司主事　臣华　颜　同编

节慎库①条议②

　　四司轮差，主事一年，专管库藏。一应解纳、支发钱粮，皆以四司印信、关会及堂上批准字样为凭，更有巡视科院面同查核。本库但严锁钥，谨出纳而已。其应收、应发，款目皆在四司项下，兹不复具。具一、二条议而见行事宜，规③则皆可睹④矣⑤。

　　一谨收放。库中收入钱粮，如各省直料价、税银及员役援纳事例，俱有批文及库帖可查⑥，不致朦胧。惟支放各项，头绪棼⑦乱，恐难清稽。近依新例，各监督挂号讫，始于四司印给领状，又呈堂注阅。讫字样总单到库，方准支给，定无有影射而阑出者。但奸商诡计百出，吏书窟穴甚深，临时须磨勘应给与否，应给者亦须斟酌于缓急、多寡。间恐出库以后，奸商偿债糜费，缘手立尽。尔时悔其滥与晚矣。至呈久钱粮，即有证据，定属可疑，庋⑧阁不发不得以留难，议也。

　　一察银色。外解大锭，凿有州县官匠字样者，无可疑。间有无字者，须再三谛视，若丝粗⑨色黯及锐底而厚腹者，其中巨测⑩，即槌

① "底本"、"北图珍本"此部分置于本卷后，"续四库本"此部分位于最前，今从"续四库本"，以同后卷。
② 原文此处无"条议"二字，今改。
③ 原文系"𥳽"，应为"规"之异体，今改以合简体文之规范，下文同，不再注。
④ 原文系"睹"，应为"睹"之异体，今改以合简体文之规范，下文同，不再注。
⑤ 原文系"巳"，应为"已"之通假，据上下文改为"矣"。
⑥ 原文系"杳"，应为"查"之错字，今改以合简体文之规范。
⑦ 音同"分"，为"纷乱"之意。
⑧ 音同"轨"，指放东西的架子，亦有"置放、收藏"之意。
⑨ 原文系"麤"，古同"粗"，今改以合简体文之规范，下文同，不再注。
⑩ 原文系"侧"，应为"测"之通假，今改以合简体文之规范，下文同，不再注。

凿试之。事例银旧日低假特甚。近依新例，俱倾锭凿字，奸无所用，但须常守。此法不得因人言煽惑，废法徇①情，复滋前弊。旧日大锭有灌②铁者，近日例银有灌铅及黄土者。发商之后，纷纷告禀，主者无以置对，不可不慎。

一平秤兑。旧日兑入增数两，兑出则减之。只缘每年奏缴及衙门公费约数千金，皆取足，余银不得不有所轻重。官吏司秤兑者，因而高下其手，弊窦百端。近奏革余银于九一搭钱内，每钱节省三文，充公费用。出入之间，正大光明，公平兑准，分毫无差。一切清议可息，怨讟③可消，至当不易之法也。

一革找欠。事例上纳当日，兑销不致挂欠。外解钱粮有去铢、去边，致一秤少十数两者，或少数两者，许另日补找。前匣已经封锁，另设一补欠匣贮之。给发时遇有短少，逐一寻查补找，甚为烦碎。至年终交盘，逐匣寻补，尤担延可厌。定应责其足数，有不足者，即令补完，方准收入，直截之法也。

一杜挽④越。解纳、关领人等，欲速念重，钻托分上，希图⑤挽越，先后失伦，安在划一之守。今议应收、应领，俱以挂号前后为序，挨顺年月，不许紊乱。本库按籍收放，作速完局，如响应声，无所留难，自无所容其请托矣。

一议事例。援纳事例，世方借此以邀名器，奈何请托，纷纷求减色数。况此时入数既少，异日出数安能取盈？管库者将何处补？旧日犹有望于余银，今余银既革，正额岂得欠少分毫？今后事例中有不足色数者，定不准收。即有士夫束脩，可以钱粮正额为辞。原非之额外，但使秤兑公平，禁除一切库中杂费，亦未始无法中之情也。

---

① 原文系"狥"，应为"徇"之通假，今改以合简体文之规范，下文同，不再注。
② 原文系"贯"，应为"灌"之通假，今改以合简体文之规范，下文同，不再注。
③ 原文系"讟"，音同"读"，为"怨恨、诽谤"之意。
④ 原文系"纔"，据上下文应为"攙"，今改为"挽"，以合简体文之规范，"挽越"指越出本分。如越职、越权等，下文同，不再注。
⑤ 原文系"畱"，今改为"图"，以合简体文之规范，下文同，不再注。

一肃吏胥。该吏之钻当库役者，原图包揽事例，通同窃取；次则于秤兑时，作意低昂，为欺骗需索计耳。今事例倾锭凿字，无所施其包揽。出匣、入匣时，短衫鼻裤①，衣袖高卷②，一人受事，余人不得混搅，遮映主者注目察之，即善窃者无藏匿处。看兑天平，俱凭揢签，或一宗更换数人，或一人兑完数宗，机权不测，绦旋③在我。又令将天平活转，敲针④相对，解领员役当面看验，或可无弊矣。

一戒昏暮。每四、九下库，或入库稍迟，收放不完，以火继之。夫公庭白昼⑤防范稍疏，犹惧有见金不见人者。秉烛光明几何？乘昏暗而窃之，固所时有，且出此纳彼，宁无错乱、遗失之虞？今白之巡视入库，宜卜其早⑥，日出视事，

日晡⑦可以卒业，定不继烛，以滋奸弊。

一酌挪借。四司错粮，偶值缺乏，辄相挪借以缓急。虽属同舟之谊，然彼此不相关白，祗⑧移会库中挪移销算，遂啧⑨有烦言，令出纳者相顾无色。夫钱粮虽同贮一库，原有分属挪借不已，赢者易诎，非常法也。又奸商明知缺乏，急于果腹，朦胧出领，一经挂号，即通同库中吏书指称旧例，扬扬攫取而去，宁计其非本司物哉！今后偶有缺乏，非有军国重大事务，不妨停阁，以待本司外解之至。即欲挪借，各司关白停妥，移会到库，然后给发。

一办奸商。铺商关领钱粮，随到随给。外解原系足色，例银近鲜

---

① 原文系"裈"，今改为"裤"，以合简体文之规范，音同"昆"，古代指裤子，下文同，不再注。
② 原文系"捲"，古同"卷"，今改以合简体文之规范，下文同，不再注。
③ 原文系"鏃镟"，应为"绦镟"之繁体，而"镟"同"旋"，今改为"绦旋"，以合简体文之规范，为系鸟的绳和环，又比喻钳制束缚。
④ 原文系"鍼"，今改为"针"，以合简体文之规范，下文同，不再注。
⑤ 原文系"晝"，今改为"昼"，以合简体文之规范，下文同，不再注。
⑥ 原文系"蚤"，据上下文应为"早"之通假，此处改。
⑦ 音同"逋"，指"申时，即午后三点到五点"。
⑧ 音同"芝"，为"恭敬"之意。
⑨ 原文系"嘖"，今改为"啧"，以合简体文之规范，音同"责"，指"争辩，人多嘴杂"，下文同，不再注。

低假，似可无言矣。间有奸商希图拖欠，求免督责于监督前，诡称库银俱系铅铜，领银又多使费，监督多其苦而宽之，谁为主藏不自为政？使穷商至此极耶！夫巡视揭有明示，银低假者，即刻面禀更换，非有威棱①厉禁，何不执禀？而退有后言。总单到库，即日支发，各商自敲天平，对针而止，更何求于库中各役？而轻财妄施，恐各商不若是之愚也。棍徒、无赖，一切浮言，今后果有低假、轻少等情，则责在本库。若无故妄肆诽谤，将无作有，定须重惩，以熄刁风。

一严守卫。库藏百万之储，原关国计，宜为凛凛。庶民居积千金，亦必固扃②鐍③周楼，疏以备不虞，况天府储胥可谩④藏耶？近阅视库中瓦甓⑤墙堵，铁门深锁，或可无他。然闻先年有从兵部夹道、穴地而入者，狗盗之窥伺，何所不至，不可谓过计也。原设巡逻库内以该吏一名，并卫官、余丁守之。今该吏只⑥以家人充当各役，或半为乌有外，巡风恐亦习为故事，枕铃铎而卧耳。库官职司⑦库，若漫无干系者，脱有疏虞，谁任其咎？此本库所深虑，而窃望巡风者之交儆也。

管库屯田清吏司主事　臣李纯元　谨议
工　科　给　事　中　臣何士晋　谨订

---

① 音同"危仍"，又作"威棱"，为"威力、威势"之意。
② 音同"赏"，为"户"之意。
③ 音同"绝"，指箱子上安锁的环形钮。
④ 原文系"謾"，今改为"谩"，以合简体文之规范，音同"蛮"，为"欺骗，欺诳，蒙蔽"之意。
⑤ 音同"辟"，古指"砖"。
⑥ 原文系"祇"，据上下文应为"祇"之别字，今改为"只"，以合简体文之规范，下文同，不再注。
⑦ 此字原文漫漶不清，据上下文疑为"厂"字，今不改。

工 科 给 事 中　臣何士晋　纂辑
广东道监察御史　臣李 嵩　订正
营缮清吏司郎中　臣聂心汤　参阅
营缮清吏司主事　臣陈应元
虞衡清吏司主事　臣楼一堂
都水清吏司主事　臣黄景章
屯田清吏司主事　臣华 颜　同编

营缮司

掌工作之事，一切营造皆由掌印郎中酌议呈堂，或用提请而分属于各差。今除各项制度、规则载在《会典》，掌自内府，不必胪列。列经费之大端及有当权宜置议者，于左分司为三山大石窝，为都、重城，为湾①厂。通惠河道兼管为琉璃黑窑厂，为修理京仓厂，为清匠司，为缮工司；兼管小修，为神木厂兼砖厂，为山西厂，为台基厂，为见工灰石作。所属为营缮所所正一员、所副二员、所丞二员、武功三卫、经历等官。年例钱粮，一年一次。

内官监成造修理　皇极等殿、乾清等宫，一应上用什物、家伙。

会有：

甲字库：

紫英石一十斤，每斤银三分，该银三钱。

硼砂二斤，每斤银五钱五分，该银一两一钱。

乙字库：

高头纸二十万张，每百张银一分九厘，该银三十八两。

栾②榜纸一千张，每百张银一钱二分，该银一两二钱。

---

①　原文系"灣"，今改为"湾"，以合简体文之规范，下文同，不再注。
②　原文系"欒"，今改为"栾"，以合简体文之规范，下文同，不再注。

纸筋①纸二千斤，每斤银六分，该银一百二十两。

黄白锡箔六千张，每百张银一分八厘，该银一两八分。

奏本纸三千张，每百张银五钱，该银一十五两。

丙子库：

荒丝一百斤，每斤银四钱，该银四十两。

串五细丝一百斤，每斤银一两四分，该银一百四两。

丁字库：

川漆五千斤，每斤银一钱六分，该银八百两。

生铁二千斤，每斤银六厘，该银一十二两。

生黄牛皮一千五百五十张，每张银三钱六分，该银五百五十八两。

白麻二万五千斤，每斤银三分，该银七百五十两。

白硝山羊皮八十张，每张银三钱七分，该银一十三两六钱。

通州抽分竹木局：

筮竹二百五十根，每根银八厘，该银二两。

长节竹木篾二十斤，每斤银一分，该银二钱。

猫竹二百根，各长二丈，围一尺一寸，每根银九分，该银一十八两。

软②竹篾三百斤，每斤银一分五厘，该银四两五钱。

散木一十根，各长一丈二尺，围三尺五寸，每根银一两一钱五分，该银一十一两五钱。

杉木六十根，每根折收柁木三根，共一百八十根，每根长一丈八尺，围四尺八寸，照估四号，银三两一钱，该银五百五十八两。

杉木连二板枋四十块，每块折收柁木二根，共八十根，各长一丈八尺五寸，围四尺八寸，照估五号，每根银三两，该银二百四十两。

以上二十一项，共银三千二百八十八两四钱八分。

召买：

天大青十二斤，每斤银二两，该银二十四两。

天二青十二斤，每斤银一两四钱，该银一十六两八钱。

---

① 原文系"觔"，古同"筋"，今改以合简体文之规范，下文同，不再注。
② 原文系"輭"，古同"软"，今改以合简体文之规范，下文同，不再注。

天三青十二斤，每斤银七钱，该银八两四钱。

石大青五十斤，每斤银七钱，该银三十五两。

石二青五十斤，每斤银四钱五分，该银二十二两五钱。

石三青五十斤，每斤银二钱八分，该银一十四两。

天大碌二十五斤，每斤银一钱二分，该银三两。

天二碌二十斤，每斤银一钱一分，该银二两二钱。

天三碌二十斤，每斤银九分二厘，该银一两八钱四分。

硇①砂大碌五十斤，每斤银一钱三分，该银六两五钱。

硇砂二碌五十斤，每斤银一钱一分，该银五两五钱。

硇砂三碌五十斤，每斤银九分，该银四两五钱。

硇砂枝条碌五十斤，每斤银九分五厘，该银四两七钱五分。

红熟铜丝一千五百斤，每斤银二钱一分，该银三百一十五两。

石大碌五十斤，每斤银七分，该银三两五钱。

石黄六十斤，每斤银四分二厘，该银二两五钱二分。

烧造土二万九千斤，每斤银六厘，该银一百七十四两。

杂油一千斤，每斤银二分三厘，该银二十三两。

松香一百斤，每斤银二分，该银二两。

黄藤四百斤，每斤银三分，该银一十二两。

棕毛一千斤，每斤银四分，该银四十两。

雄黄二十斤，每斤银三钱五分，该银七两。

铜青二十斤，每斤银六分，该银一两二钱。

干②胭脂二十斤，每斤银四钱，该银八两。

皮硝四千斤，每斤银五厘，该银二十两。

---

① 原文系"硇"，应为"硇"之异体，今改以合简体文之规范，"硇砂"也称"硇沙"，一种矿物，黄白色粉末或块状，味辛咸，是氯化铵的天然产物。工业上用来制干电池，焊接金属。医药上可做祛痰剂。

② 原文系"乾"，古亦为"干"之繁体，

熟牌铁七万斤，每斤银一分五厘，该银一千五百两。①

金箔九千贴，各见方三寸六分，每贴银四分五厘，该银四百五十两。②

水和炭一十万斤，每万斤银一十七两五钱，该银一百七十五两。缮工司拨囚搬运在外。

石灰三万斤，每百斤烧运价七分五厘，该银二十二两五钱。

蒲草五千斤，每百斤银三钱，该银一十五两。

砂罐一百个③，各高一尺，口径四寸，每个银一分五厘，该银一两五钱。

木炭一十三万斤，每万斤银四十二两，该银五百四十六两。

木柴二百三十万斤，每万斤银十八两五钱，该银四千二百五十五两。

榆木八十根，各长一丈三尺，每根银五钱④三分，该银四十二两四钱。

紫英石一十斤，每斤银三分，该银三钱。

硼砂二斤，每斤五钱五分，该银一两一钱。

奏本纸三千张，每百张银五钱，该银十五两。

川漆五千斤，每斤银一钱六分，该银八百两。

筸竹二百五十根，每根银八厘，该银二两。

长结⑤苦竹篾二十斤，每斤银一分，该银二钱。

猫⑥竹二百根，各长二丈，围一尺一寸，每根银九分，该银十八两。

软竹篾三百斤，每斤银一分五厘，该银四两五钱。

散木一十根，各长一丈二尺，围三尺五寸，每根银一两一钱五分，该银一十一两五钱。

杉木六十根，每根折收柁木三根，共一百八十根，每根长一丈八尺，围四尺八寸，照估四号，银三两一钱，该银五百五十八两。

---

① 此句原文如此，疑"十"误刻为"七"。
② 原文如此。
③ 原文系"箇"，古同"個"，今改为"个"，以合简体文之规范，下文同，不再注。
④ 原文系"千"，应为刻误，今改。
⑤ 原文系"節"，应为"節"之异体，今改为"节"，以合简体文之规范，下文同，不再注。
⑥ 原文系"貓"，应为"猫"之异体，今改以合简体文之规范，下文同，不再注。

杉木连二板枋四十块，每块折收柁木二根，共八十根，各长一丈八尺五寸，围四尺八寸，照估五号，每根银三两，该银二百四十两。

以上四十五项，共银八千九百二十两二钱一分。

前件，查得会库钱粮该银三千两零，召买该银八千九百二十两零，二项共银一万一千九百七十九两八钱一分。近会库者，俱行折价。查三十八、三十①九、四十年，俱照数全给在卷。至四十一年，内官监循例提请，随经科抄，该本司复议。得三殿未举，两宫未御，皇极门尚虚，什物、家伙②将安用之，已经于万历四十三年二月内，具提将前项银两减去三千九百七十九两八钱一分，只给银八千两，后可为例，即殿门竖柱。之后内监或借口复旧，亦须酌议。

内官监 苦盖 禁苑竹棚。

会有：

本监属厂放支：

楸③棍七千五百个，每百个银一钱二分，该银九两。

丁字库：

苘④麻四千斤，每斤银一分六厘，该银六十四两。

召买：

斜席一万九千四百领，每领银二分五厘，该银四百八十五两。

芦苇一万斤，每百斤银一钱七分，该银一十七两。

稻草二万斤，每百斤银一钱八分，该银三十六两。

以上三项，共银五百三十八两。

搭材匠工食银六两四钱。

内官监 成造抹地。扒除该厂节年，自行放支无名异⑤烧造土外。

会有：

芦沟桥抽分竹木局：

松木把柴三千六百二十根，查估只有杂木把柴，每根银八厘，该银二分八两九钱六分。遇闰加三百六十根，每根银八厘，该银二两

---

① 此处"三十"二字原文无，为便于阅读，今补。

② 原文系"火"，应为"伙"之通假，今改以合简体文之规范，下文同，不再注。

③ 原文系"揪"，应为"楸"之通假，今改以合简体文之规范，"楸"为落叶乔木，干高叶大，木材质地致密，耐湿，可造船，亦可做器具，下文同，不再注。

④ 原文系"檾"，应为"檾"之异体，古同"苘"，"苘麻"又名白麻，通称青麻、野苎麻、八角乌、孔麻，一年生草本植物，茎直立，茎皮的纤维可以做绳子。

⑤ 原文系"異"，应为"異"之异体，今改为"异"，以合简体文之规范，下文同，不再注。

八钱八分。连闰共银三十一两八钱四分。

召买：

木炭四千七十四斤，每万斤银四十二两，该银一十七两一钱一分。遇闰加二百七十一斤，每万斤银四十二两，该银一两一钱三分八厘二毫。连闰共银一十八两二钱四分八厘。

前件，查得十余年未行，应停。

内官监　成造细草纸。二年一行，物料分作两年送用。每年

会有：

缮工司取用，

白灰四万斤，每百斤银七分五厘，该银三十两。

召买：

纸筋纸五千斤，每斤银六分，该银三百两。外付屯田司买办，木柴四万斤，每万斤银一十八两五钱，该银七十四两。

司设监　修理竹帘。

会有：

台基厂：

杉木一十一根，各长三丈五尺，径一尺五寸，每根银五两五钱，该银六十两五钱。

山、台、竹木等厂：

松桄木一十六根，各长一丈八尺，径一尺五寸，每根银二两九钱，该银四十六两四钱。

以上二项，共银一百六两九钱。

召买：

松桄木一十六根，各长一丈八尺，径一尺五寸，每根银二两九钱，该银四十六两四钱。

前件，查得杉木应减三根，每根银五两五钱，减银一十六两五钱。松桄木共减六根，每根银二两九钱，减银一十七两四钱。二项共减银三十三两九钱，后以为例。查《条例》有杉木运价一两四钱，今亦并裁。

司设监　修理毡①帘②

会有：

台基厂：

杉木一十五根，各长三丈五尺，径一尺五寸，每根银五两五钱，该银八十二两五钱。

① 原文系"毡"，今改为"毡"，以合简体文之规范，下文同，不再注。
② 原文系"簾"，今改为"帘"，以合简体文之规范，下文同，不再注。

松桅木一十二根,各长一丈八尺,径一尺五寸,每根银二两九钱,该银三十四两八钱。

松木枋桅一十二根,各长二丈二尺,阔一尺二寸,厚八寸,每根银三两七钱,该银四十四两四钱。

以上三项,共银一百六十一两七钱。

召买:

松桅木一十二根,各长一丈八尺,径一尺五寸,每根银二两九钱,该银三十四两八钱。

松木枋桅一十二根,各长二丈二尺,阔一尺二寸,厚八寸,每根银三两七钱,该银四十四两四钱。

以上二项,共银七十九两二钱。

前件,查得杉木旧减三根,每根银五两五钱,减银一十六两五钱。松桅木旧减五根,每根银二两九钱,减银一十四两五钱。松木枋桅旧减五根,每根银三两七钱,减银一十八两五钱。今查松木枋桅修帘多属虚开,再减四根,减银一十四两八钱。四项共减银六十四两三钱,后以为例。查《条例》有运价二两零,今裁。

神宫监　修理社稷坛。春、秋二季办。

会有:

甲字库:

水胶四十斤,每斤银一分七厘,该银六钱八分。

丁字库:

黄麻二百斤,每斤银一分,该银二两。

白麻一百斤,每斤银三分,该银三两。

桐油一十五斤,每斤三分六厘,该银五钱四分。

料砖①厂:

二尺方砖四个,每个银六分,该银二钱四分。

缮工司:

石灰六百斤,每百斤一钱七厘,该银六钱四分二厘。

通州抽分竹木局:

猫竹四根,每根一钱二分,该银四钱八分。

松木七根,每根银一钱六分,该银一两一钱二分。

水竹软②篾四十斤,每斤银一

---

① 原文系"磚",今改为"砖",以合简体文之规范,下文同,不再注。
② 原文系"輭",古同"软",今改以合简体文之规范,下文同,不再注。

分,该银四钱。

单料杉板二块,每块银八钱八分,该银一两七钱六分。

以上十项,共银一十两八钱六分二厘。

召买:

墨①煤四十斤,每斤银五厘,该银二钱。

纸筋纸七十斤,每斤银八厘,该银五钱六分。

斜席四百领,每领银一分五厘,该银六两。

青坩土一百五十斤,每百斤银六分,该银九分。

楸棍二百个,每百个银一钱二分,该银二钱四分。

矾②红土一百五十斤,每斤银五厘,该银七钱五分。

以上六项,共银七两八钱四分。

锦衣卫 成造銮③驾库鸣鞭,另有皮云履一项,或十余年,或五、六年取用一次,数目或六十双④,或二十双。以取用年份⑤久,近临期酌定每双价一钱五分。

黄绒鸣鞭二十把,稍靶全。

麻鞭二十把,稍靶全。

白羊甸皮靴材二十双,线底衬⑥全。

毡袜⑦二十双。

合用物料

会有:

甲字库:

水花珠一十四两,每斤银四钱三分五厘,该银三钱八分。

丙字库:

中白绵四两,每斤银五钱,该银一钱二分五厘。

白串五丝三十斤,每斤银七钱,该银二十一两。

荒丝一斤,每斤该银四钱。

---

① 原文系"墨",应为"墨"之异体,今改以合简体文之规范,下文同,不再注。
② 原文系"礬",应为"礬"之异体,今改为"矾",以合简体文之规范,下文同,不再注。
③ 原文系"鑾",今改为"銮",以合简体文之规范,下文同,不再注。
④ 原文系"雙",今改为"双",以合简体文之规范,下文同,不再注。
⑤ 此字"北图珍本"不清,据"续四库本"补出。原文系"分",应为"份"之通假,今改以合简体文之规范。
⑥ 原文系"襯",今改为"衬",以合简体文之规范,下文同,不再注。
⑦ 原文系"襪",今改为"袜",以合简体文之规范,下文同,不再注。

丁字库：

严漆一斤，该银一钱二分五厘。

川白麻一百八十斤，每斤三分，该银五两四钱。

坠①头铁七十五斤，每斤银一分六厘，该银一两二钱。

以上七项，共银二十八两六钱三分。

召买：

黄络绒一百四十斤，每斤银七钱，该银九十八两。

白羊甸皮靴裁二十双，底裹衬全，每双银二钱六分，该银五两二钱。

生挣牛皮一张，该银四钱。

木炭一百斤，每万斤银三十五两，该银三钱五分。

白羊毛毡袜二十双，每双银八分，该银一两六钱。

檀②木五根，各长六尺，径四寸，折得四根八分，每根银三钱二厘，该银一两四钱四分九厘。

金箔二十四贴，各见方三寸，每贴二分八厘，该银六钱七分二厘。

以上七项，共银一百七两六钱七分。

匠工四百七十工，每工五分七厘，该银二十六两七钱九分。

成造三法司刑具，每年二次。

会有：

山、台、竹木等厂：

散木五根，各长一丈三尺五寸，围三尺，照估五号，每根银九钱三分，该银四两六钱五分。

竹板三百八十片，每片银三厘，该银一两一钱四分。

以上二项，共银五两七钱九分。

召买：

榆木六根，每根银一钱五分，该银九钱。

拶③指八十把，每把银一分，该银八钱。

铁锁头四十把，每把二分五厘，该银一两。

---

① 原文系"墜"，今改为"坠"，以合简体文之规范，下文同，不再注。

② 原文系"橝"，应为"檀"之异体，今改以合简体文之规范，下文同，不再注。

③ 音同"咎"，为"压紧"之意，"拶指"为旧时用刑具夹手指。

铁索四十条,铁镣①四十副,共重铁十斤,每斤银三分,该银二两四钱。

麻绳一百八十条,共重四十斤,每斤银二分六厘,该银一两四分。

以上五项,共银六两一钱四分。

长枒七十六面,每三面准匠一工,计二十二工半,每工银五分七厘,该银一两二钱八分。

方枒二十五面,每三面准匠二工,计一十三工半,每工银五分七厘,该银七钱六分九厘。

木肘六十六副,每副准匠一工,计一十三工,每工银五分七厘,该银七钱六分九厘。

以上三项,共银二两八钱八厘。

前件,查得每半年,只给铺户银六两五钱一分,买办挦指、铁锁、铁索、麻绳、竹板等项应用外,删去八两二钱二分八厘,不得多支。

尚宝司　宝绦②,折送工价银三两四钱五分。

钦天监　历③日,折送匠价银三十四两,遇闰加银二两二钱。三十年礼部奉旨传添五两六钱。

司苑局　修理采运船,折送工价银一十两八钱,准都水司付。

长陵等陵　荡④晒果⑤品、斜席⑥,折送价银五十四两。

神宫监　修理社稷坛,正月、八月,折送匠价工食银各一十一两七钱六分。

临清砖厂　烧价,每年二次。据通惠河堂呈,内银数差官解发,运价该厂长短载银,内支银半,余节慎库找给。

通惠河　经纪运砖脚价,除通

---

① 原文系"鐐",应为"镣"之异体,今改以合简体文之规范,下文同,不再注。
② 原文系"繅",今改为"绦",以合简体文之规范,下文同,不再注。
③ 原文系"曆",今改为"历",以合简体文之规范,下文同,不再注。
④ 原文系"盪",古同"荡",今改以合简体文之规范,下文同,不再注。
⑤ 原文系"菓",古同"果",今改以合简体文之规范,下文同,不再注。
⑥ 原文系"蓆",古同"席",今改以合简体文之规范,下文同,不再注。

惠河自动粮民、砖料、水脚折缺银给领外，如不足，节慎库找给。近年雇①运停止。砖少，脚价亦少，俱未找给。

修理京仓。万历十八年大修三十六座内鼎②，新建造二座，因旧为新三十四座，遇闰月加三座，二十五年提减一十二座，每年只修二十四座为额。

会有：

黄松木等七项，共银一千二百九十二两六钱二厘外，遇闰加军余瓦片银六十四两八钱。

召买：

椐木、松椽等十五项，共银一万六千八百八十五两八钱四分八厘七毫。夫匠工价并运价，共银二千四百四十六两一钱八分六厘，此系全修三十六座年份③例。今议减只修二十四座，其物料、夫匠数，亦照此减去三分之一。查与近例数目不能尽合，难拘为例。

前件，查得修仓一役，每年有鼎新，有因旧、为新不同，而费之多寡因之。如万历三十九年，实用银一万二百七十五两零。四十年，实用银一万五百四十六两零。四十一年，实用银八千五百八十两零。其大较也。内除户部军夫米折银二千七百两，抵作夫匠工价。其铺户物料价银均派四司协办。近因木价腾涌，铺商亏赔不堪。准科院会议，每银一两递增二钱。盖目击其苦，聊为矜恤④。但以工部官修户部仓，件件掣肘，年年争执，不如以银归并各仓自修，彼此便利，真不朽之论也。其详载修仓厂。

二年一办。

司礼监 金箔，折价银五百两。甲、丙、戊、寅、壬年。

三年一办。

司礼监 修理经厂。子、午、卯、酉年。

会有：

大通桥 查发：

白城砖三千个，查会估，每个银二分九厘，该银八十七两。又每个运价四厘五毫，该银一十三两五钱。

斧刃砖三千个，照估每二个折

---

① 原文系"僱"，古同"雇"，今改以合简体文之规范，下文同，不再注。
② 原文系"鬲"，为"鼎"之异体，今改以合简体文之规范，下文同，不再注。
③ 原文系"分"，据上下文应为"份"之通假，今改以合简体文之规范。
④ 原文系"邺"，古同"恤"，今改以合简体文之规范，下文同，不再注。

白城砖一个,每个银二分九厘,该银四十三两五钱。又每个运价二厘二毫五丝,该银六两七钱五分。

竹木、山台等厂:

大松木二百四十根,各长一丈六尺,围四尺六寸,每个银一两六钱,该银三百八十四两。

大柁木一百二十根,各长二丈二尺,围五尺五寸,每根银三两四钱五分,该银四百一十四两。

大散木二百四十根,各长一丈六尺,围五尺,每根银二两二钱六分,该银五百四十二两四钱。

以上五项,共银一千四百九十一两一钱五分。

召买:

大松木二百四十根,各长一丈六尺,围四尺六寸,每根银一两六钱,该银三百八十四两。

大柁木一百二十根,各长二丈二尺,围五尺五寸,每根银三两四钱五分,该银四百一十四两。

大散木二百四十根,各长一丈六尺,围五尺,每根银二两二钱六

分,该银五百四十二两四钱。

大桁条木七百二十根,各长一丈六尺,围五尺,每根银二两二钱六分,该银一千六百二十七两二钱。

石灰一十五万斤,每百斤银一钱七厘,该银一百六十两五钱。

片瓦六万片,每百片银一钱八分,该银一百八两。

以上六项,共银三千二百三十六两一钱。

前件,木价并①无增减,应照旧。

四年一办。

锦衣卫　成造象毡,酸浆②召买银四十五两三钱四分二厘三毫六丝。巳、酉、丑年都水司付查,三十九年内,只领一十六两二钱七分九厘二毫。今六科郎娄主事已议裁,呈堂久讫。

供用库　油桩③召买银一百三十两。申、子、辰年都水司付。

前件,议在水司项下,原价开五十两,于会估之额,已十倍矣。万历十七年,又增八十两,则价至一百三十两矣。该监

---

① 原文系"竝",古同"并",今改以合简体文之规范,下文同,不再注。

② 原文系"漿",应为"浆"之通假,今改为"浆",以合简体文之规范,下文同,不再注。

③ 原文系"椿",今改为"桩",以合简体文之规范,下文同,不再注。

之滥索,不太①甚乎？相应执争,不足为例者也。

五年一办。

内官监 造东西舍饭店 家伙,乙、庚年。

会有:

本监:

竹簸箕十二个,每个银八厘,该银九分六厘。

竹刷帚②四十把,每把银五厘,该银二钱。

竹箸③四百把,每百把量给银二钱,该银八钱。

笊④篱四十把,每把银五厘,该银二钱。

竹笋十二个,每个银一钱,该银一两二钱。

本监 成造条桌⑤、板凳、锡汤壶、水桶等项。

丁字库:

白圆藤二十五斤,每斤银四分,该银一两。

锡八十四斤,每斤银八分,该银六两七钱二分。

熟建铁五百七十三斤,每斤银二分,该银一十一两四钱六分。

白麻四十斤,每斤银三分,该银一两二钱。

桐油三十五斤,每斤银三分六厘,该银一两二钱六分。

通州抽分竹木局:

猫竹三十根,各长二丈二尺,围一尺二寸,每根银九分,该银二两七钱。

筵竹三百八十根,每根银八厘,该银三两四分。

竹木、山⑥等厂:

杉木连二板枋九块,各长一丈六尺,阔一尺七寸,厚七寸,每块银一两九钱,该银一十七两一钱。

散木一十根,各长一丈四尺,围四尺二寸,每根银二两一钱,该银二十一两。

---

① 原文系"大",据上下文应为"太"之通假,今改以合简体文之规范。
② 原文系"箒",古同"帚",今改以合简体文之规范,下文同,不再注。
③ 原文系"筯",古同"箸",今改以合简体文之规范,下文同,不再注。
④ 音同"赵","笊篱"指用竹篾、柳条、铅丝等编成的一种构形用具,能漏水,可以在汤水里捞东西。
⑤ 原文系"卓",应为"桌"之通假,今改以合简体文之规范,下文同,不再注。
⑥ 指山西大木厂。

以上十四项,共银六十七两九钱七分六厘。

召买:

杉木连二板枋九块,各长一丈六尺,阔一尺七寸,厚七寸,每块银一两九钱,该银一十七两一钱。

散木一十根,各长一丈四尺,围四尺二寸,每根银二两一钱,该银二十一两。

木柴一千七百一十九斤,每万斤银一十八两五钱,该银三两一钱八分。

木炭一千二百一十九斤,每万斤银一十二两,该银五两一钱一分九厘。

以上四项,共银四十六两三钱九分九厘。

前件,①

不等年办。

司设监 成造修理细车。己巳、戊寅、丁亥年,大约十年。

会有:

甲字库:

无名异一百一十八斤十二两,

每斤银四厘,该银四钱七分五厘。

竹木、山、台等厂:

松柁木七十五根,各长一丈八尺,径一尺五寸,每根银二两九钱,该银二百一十七两五钱。

以上二项,共二百一十七两九钱七分五厘。

宝源局:

铁车穿二百个,无估。

铁车铜②七百五十根,无估。

召买:

松柁木七十五根,各长一丈八尺,径一尺五寸,每根银二两九钱,该银二百一十七两五钱。

榆木二百七十五根,各长一丈六尺,径一尺二寸,每根银七钱五分,该银二百六两二钱五分。

椴③木三百二十五根,各长七尺五寸,径七寸,每根银二钱,该银六十五两。

檀木车轴五十根,各长八尺,径六寸,每根银九钱四分,该银四十七两。

榆木辕条一百根,各长二丈,

---

① 此处原文如此,后无文字。

② 原文系"鋼",今改为"铜",以合简体文之规范,下文同,不再注。

③ 原文系"椵",应为"椴"之通假,今改以合简体文之规范,下文同,不再注。

径一尺二寸，每根银一两一钱，该银一百一十两。

榆木车头一百个，各长二尺五寸，径一尺五寸，照槐木车头估，每个银三钱五分，该银二十五两。

枣木车辋九百块，各长二尺五寸，径六寸五分，厚三寸五分，每个银一钱五分五厘，该银一百三十九两五钱。

青薪木水屑五十根，各长五尺，径五寸，每根银一钱五分，该银七两五钱。

红土一百五十斤，每斤五厘，该七钱五分。

水和炭一十五万二千斤，每万斤银一十七两五钱，该银二百六十六两。

红真牛皮七十五张，每张银五钱，该银三十七两五钱。

青薪木辐条一千八百条，各长二尺八寸，径三寸五分，厚二寸五分，照槐木二号辐条，估折九百八十八个，每条银二分七厘，该银二十六两六钱七分六厘。

预备颠损更换。

檀木车轴二十五根，各长八

尺，径六寸，每根银九钱二分，该银二十三两。

枣①木②车辋四百五十块，各长二尺五寸，径六寸五分，厚三寸五分，每块银一钱五分五厘，该银六十九两七钱五分。

青薪辐条九百条，各长二尺八寸，径三寸五分，厚二寸五分，照槐木二号轴条，估折四百八十八条，每条银二分七厘，该银一十三两一钱七分六厘。

以上十五项，共一千二百六十四两六钱二厘。

前件，木价并无增减，然亦从来未行。

承运库　织染所　酒糟银五百二十一两三钱。丁、丑、甲、庚、寅年，准都水司付。

国子监　进士题名碑。
会有：
虞衡司：
白榜纸二千四百张，每百张银五钱，该银十二两。

---

① 原文系"棗"，应为"棗"之异体，今改为"枣"，以合简体文之规范，下文同，不再注。

② 原文系"末"，应为"木"之错字，今改为以合简体文之规范，下文同，不再注。

召买：

绵莘席一百三十五领，每领银四分，该银五两四钱。

苘麻七十七斤八两，每斤银一分六厘，该银一两二钱四分。

木炭五十斤，每百斤银三钱五分，该银一钱七分五厘。

匠头镌①字，每科工食五两五钱一厘二毫。

打刷碑文四百张，墨腊②、工食银十六两。

石搭瓦匠并夫工食，共银六两九钱五分。

外中书科花币③银一十二两，应删。

办酒席银二两以上，共银十九两二钱六分六厘五毫。万历十九年，刘主事堂呈为据。

每碑一座，开价二十五两，运价一百两，夫价一十二两五钱。

以上共银一百三十七两五钱。万历四十二年，本司说堂帖为据外，镌刻题名文章，及竖碑工食，临期酌给，但逢辰、戌、丑、未年支。

前件，看得题名勒碑盛典④，每年当行，而并责于一时则费侈，今八科一时备矣。其中开运夫价，往例浮滥太甚。本司于万历四十二年，议有成规，减削近半，后可为例。

礼部　铸印局　领匠价银四两。

水和炭一千斤，该银一十三两五钱。

内官监　传造中分棺，每次十副。

召买物料银三百九十五两一钱九分八厘。

夫匠工食银九十二两。

运价银二十两七钱六分一厘。

司礼监　二等太监病故造葬⑤。

夫匠、物料银五十六两二钱五分。

内官、御马等监　三等太监并

---

① 原文系"鑴"，今改为"镌"，以合简体文之规范，下文同，不再注。
② 原文系"臘"，今改为"腊"，以合简体文之规范，下文同，不再注。
③ 原文系"幣"，今改为"币"，以合简体文之规范，下文同，不再注。
④ 此二字"底本"、"北图珍本"无，据"续四库本"补出。
⑤ 原文系"塟"，古同"葬"，今改以合简体文之规范，下文同，不再注。

侯、伯病故造葬。

　　芦席、夫匠银二十四两。

　　侯、伯并夫人病故造葬。
　　芦席、夫匠银一十二两。

　　驸马父病故开矿①合葬。
　　芦席、夫匠折价银一十二两。

　　驸马父病故造坟安葬。
　　芦席、夫匠折价银二十四两。

　　以上驸马二项，查《条例》无载。查三十年间，帖库领银簿内，间或有之。今亦载入，以备查考。

　　宗人府　领纂修玉牒②背等匠五名，工食每月每名银一两五钱，每季共银二十二两五钱。《条例》漏下此款，亦无定年，但遇纂修方支。四十一年正月初一日起，宗人府经历司手本，按季取工食。

　　以上各监局、各工所、会库一应物料，除会有者照旧取用，其会

无者召商买补，临期照依原估价值。移会至各项木植运价，俱临时酌量地里远近，照依估册算给，不能预定。

　　公用年例钱粮。
　　一年一次。

　　先关后补勘合　司礼监工食银四两八钱。四年轮为首，加银一两二钱。司礼监写字领，四司同。

　　工科精微簿籍，纸札③、硃盒、笔砚等项银一两五钱。工科吏领，四司同。

　　本司笔墨、木炭银一十二两。本司关领，四司同。

　　本司裱背匠装订簿籍、绫壳④、刷印等项工食银五两。裱背匠领，四司同。

　　清匠司　造年终奏缴匠价、文册、纸张工食银六两。清匠司领。

---

①　原文系"礦"，今改为"矿"，以合简体文之规范，下文同，不再注。
②　原文系"表"，据上下文应为"裱"之通假，今改以合简体文之规范，下文同，不再注。
③　原文系"劄"，古同"札"，今改以合简体文之规范，下文同，不再注。
④　原文系"殼"，今改为"壳"，以合简体文之规范，下文同，不再注。

　　节慎库　主事差满,交盘钱粮造奏缴文册、纸张工食银一两九钱五分二厘五毫。库官领,给造册书办。

　　堂上、司务厅等处,炙砚木炭银二十二两。年终杂科领送。

　　巡视厂库科道,查盘仓厂造册,奏缴纸张等项,银一两五钱六分六厘。又造册工食银三两五钱四分。

　　巡视厂库科道,年终查盘节慎库造册,奏缴纸札等项,银二两六钱二分。又造册工食银五两一钱九分。各司数目不同。

　　科道书办,年终查盘修仓,节慎库公所饭食银五两。

　　节慎库　年终造四柱文册,纸张银一两三钱六分,工食银八两一钱三分。

　　工科　录本吏工食银三两六钱,遇闰加银三钱。

　　吏部　验封司　预支笔炭银三十三两五钱二分三厘四毫,今减十两,只支二十三两五钱二分三厘四毫。

　　礼部　精膳司　预支笔炭银六两四钱六分五厘六毫。

　　礼部　精膳司　领本部司务厅笔炭银三两二钱四分七厘。

　　礼部　祠祭司　领笔炭银一十三两五钱五分。

　　礼部刊刻天下,王府名封、梨板、纸张、工食等项银六十四两。以上八项各司无。

　　四季支领。

　　内阁　打扫,四季折送匠价银,每位每季一十八两。

　　纂修各馆　打扫,四季折送匠价银,每季一十两八钱。

　　史馆　打扫,四季折送匠价银,每季七两二钱。

　　诰敕①房　打扫,四季折送匠价银,每季五两四钱。

---

①　原文系"勅",古同"敕",今改以合简体文之规范,下文同,不再注。

制敕房　打扫,四季折送匠价银,每季三两六钱。

精微科　打扫,四季折送匠价银,每季七两二钱。

尚宝司　打扫,四季折送匠价银,每季一十八两。

印绶监　打扫,四季折送匠价银,每季一十四两四钱。

文书房　打扫,四季折送匠价银,每季二十八两八钱。

混堂司　打扫,四季折送匠价银,每季三十六两。

誊①黄主事　打扫,四季折送匠价银,每季三两六钱。

本部清匠司　打扫,四季折送匠价银,每季三两六钱。以上十二项,三司无,皆本司关送。

本司巡风、斋宿油烛银,四季每季一两二钱五分。四司同。今定本司关领,分送各司官取,收帖附卷。

本司印色、笔墨等项银,四季每季一两一钱二分。本司柜②吏领办,免派铺户,四司同。

本司写揭帖等项纸价银,四季每季八钱。本司杂科书办领,四司同。

清匠司　笔墨等项银,四季每季三两三钱五分。本差领。

缮工司　笔墨、银珠③银,四季每季三两。本差领。

巡视工程,科院每月每份④纸札银二两二钱二分。

各工工程堂上,每堂每月纸札银一两一钱七分。

大工提督工程太监,每员每月纸札银二两二分。

大工管理工程太监,每员每月纸札银一两二钱九分二厘,工程不兴,各减去二钱九分二厘。

大工奏事司房太监二份,每月每份纸札银二两二分。

小工司房官只一份,每月一两二钱九分二厘。工程既小,纸札太多,应减五钱四分二厘,只给七钱五分。以上六项,本司领送。

本司掌印　带⑤管工程,每月纸札银一两。本差领。

监督司官,每月纸札银五钱。

自巡视款起,至此工完则止,《条例》不载。

---

①　原文系“謄”,今改为“誊”,以合简体文之规范,下文同,不再注。

②　原文系“櫃”,今改为“柜”,以合简体文之规范,下文同,不再注。

③　原文系“硃”,今改为“珠”,以合简体文之规范,下文同,不再注。

④　原文系“分”,今改为“份”,以合简体文之规范,下文同,不再注。

⑤　原文系“帶”,应为“带”之异体,今改以合简体文之规范,下文同,不再注。

不等月分。

工科 抄呈号纸银，正月、五月、九月各七钱，遇闰加七钱。工科吏领。

节慎库 余丁工食，三月、六月、十月、十二月各九两，遇闰加银三两。库丁领。

本司 上半年、下半年造奏缴钱粮、文册、纸札等项银，各六两五钱。本司杂科书办领。

轮该春季。俱四司同。

承发科 填写精微簿银三两六钱。承发科吏领。

工科 抄誊章奏，纸张、工食银七两六钱八分，遇闰加三两六钱。工科抄誊吏领。

赁西阙朝房银四两。本司关领，移送阙房，取回①文附卷。

知印印色银一两五钱。大堂知印领。

本科 写本，工食银五十两六钱，遇闰加十六两八钱六分。本科本头领。

本科 提奏本纸银二两。本

科本头领。

三堂 司务厅 纸札、笔墨银九两八钱六分。本司关领解送②，取回文附卷。

节慎库 烧银、木炭银一两五钱七分五厘。库官领。

巡视厂库科道 纸札银八两八钱八分。照季节送科道，取回文。

巡视厂库科道 到库收放钱粮、茶果、饭食银九两六钱二分五厘。库官领。

节慎库 关防印色、修天平等项银三两。库官领。

三堂司厅 四司书办工食银三十两六钱，遇闰加十两二钱。杂科领散。

三堂四司 抄报工食银一十二两六钱，遇闰加四两二钱。抄报吏领。

节慎库 纸札并裱背匠等项，工食银一十一两五钱。库官领。

上本抄旨意官，工食银九两，遇闰加三两。旨意官领。

精微科吏，工食银一两八钱，遇闰加六钱。精微科吏领。

内朝房官，工食并香烛银二两

---

① "底本"作"逥"，应为"续四库本""廻"之异体，今改为"回"，以合简体文之规范，下文同，不再注。

② "底本"为此字，"续四库本"作"過"，简体即"过"，今从"底本"。

一钱,遇闰加七钱。内朝房官领①。

工科办事官,工食银五两四钱,遇闰加一两八钱。工科办事官领。

报堂官三人,工食银三两五钱,遇闰加一两一钱六分六厘。三堂报堂官领。

不等年分。

进考成银五钱。甲、丙、戊、庚、壬年进考成吏领,四司同。

本司 桌围、坐褥银五两。子、午、卯、酉年,杂科书办领,四司同。

本司 刷卷、工食、纸张银二两五钱。寅、申、巳、亥年,杂科书办领,四司同。

节慎库 余丁草荐②银二两。亥、卯、未年,余丁领,四司同。

节慎库 余丁皮袄③银十九两八钱。辰、戌、丑、未年,库丁领。

科道 会估、酒席、纸札银九两三钱七分六厘。申、子、辰年一次,有会估方支,无则止,四司同。

户部 赋役黄册,折工食一十二两一钱三④分。庚年各司无,每黄册七张准一工,青册八张准一工,草册二十张准一工,约给此数。

造器规式。以下共二十九项,皆系校尉服用,遇临御封典,不时传造。

成造鹅⑤帽一项,

会有物料四项,共银六分三厘三毫八丝九忽五微。

召买物料五项,共银二分七厘九毫二丝七忽五微。

漆布台工食银二分。

椴木盔头,每千顶用五十个,每个约银七分,该银三两五钱。

成造抹金铜带一条,

会有物料二项,共银一钱九分一厘八毫七丝五忽。

召买物料十四项,共银一钱一分四厘九毫六丝八忽七微。

铜匠工食银五分。

钉带工食银五分。

油鞓⑥二厘。

---

① 原文无此字,应为遗缺,今补。
② 原文系"薦",今改为"荐",以合简体文之规范,下文同,不再注。
③ 原文系"襖",今改为"袄",以合简体文之规范,下文同,不再注。
④ 此字"底本"、"北图珍本"系"三","续四库本"作"二",今依"底本"。
⑤ 原文系"鵞",古同"鹅",今改以合简体文之规范,下文同,不再注。
⑥ 音同"厅",为"古代皮革制成的腰带"。

成钉铜带一条,

会有物料四项,共银一分九厘一丝四忽。

召买物料四项,共银三分五厘九毫七丝三忽。

工食银三分。

修理铜带一条,添高事件、结头等项。

会有物料三项,共银二分九毫二丝一忽九微。

召买物料十一项,共银七分九厘六毫九丝六忽二微。

铜匠工每条修理一半以上者,每工给银三分,不及一半者,依①次递减。

钉抹金铜带,工食银三分。

油鞥,工食银二厘。

油漆②带鞥一条、副,

会有物料四项,共银二厘五毫六丝。

召买物料三项,共银一厘一毫四丝一忽四微。

工食银二厘。

油漆创金帽一顶,

会有物料三项,共银九厘八毫三丝七忽五微。

召买物料八项,共银一分九厘二毫五丝九忽九微。

工食银二分五厘。

油画雨衣一件,

会有物料七项,共银五分五厘二毫四丝二忽五微。

召买物料七项,共银二分七厘四毫五丝。

画花工食银六分。

油雨衣工食银三分。

成造绢雨衣一件,

会有物料三项,共银一两九钱七分二厘九毫六丝。

裁缝工食银七分。

印花夏布只逊,每件银四分。

印花夏布踢裙,每副银一分。

只逊染价,共银六钱三分四厘。

成造明盔一顶,

会有物料一项,共银二钱四分。

---

① 原文系"以",据上下文应为"依"之通假,今改以合简体文之规范,下文同,不再注。
② 原文系"漆",应为"漆"之异体,今改以合简体文之规范,下文同,不再注。

召买物料二项,共银四厘五忽。

锃①磨盔一项,

　会有物料四项,共银一分二厘二毫三丝。

　召买物料四项,共银三分六厘九毫三丝。

盔襻②,

　会有物料一项,共银三毫一丝八忽。

　召买物料四项,共银八分二厘一毫八丝。

成造摆③锡甲一副,

　会有物料四项,共银一两二钱八分六厘。

　召买物料九项,共银三钱一分五厘二毫五丝五忽。

成造黑油腰刀一把,

　会有物料二项,共银一钱二分一厘一毫二丝四忽。

召买物料二项,共银四厘五忽。

锃磨刀一把,

　会有物料五项,共银三分四厘六毫二丝八忽。

　召买物料四项,共银八分二厘五毫四丝。

小拴　每副,

　会有物料一项,该银五厘。

　召买物料四项,共银三分三厘七毫七丝五忽。

成造朱④红漆弓一张,

　会有物料六项,共银一钱五分三厘四毫三丝四忽。

　召买物料十项,共银一钱五分八厘三毫五丝七忽。

成造长箭三十枝,

　会有物料四项,共银一钱三分六厘六毫六丝四忽。

---

① 原文系"鋥",今改为"锃",以合简体文之规范,音同"赠",指"器物等经过擦磨或整理后闪光耀眼",下文同,不再注。

② 音同"盼",指"扣住纽扣的套"。

③ 原文系"攞",今改为"摆",以合简体文之规范,下文同,不再注。

④ 原文系"硃",今改为"朱",以合简体文之规范,下文同,不再注。

召买物料五项,共银一钱二分六厘三毫七丝一忽。

成造葵花撒袋一副,
　会有物料七项,共银一钱五分七厘九忽。
　召买物料八项,共银七钱三分七厘七毫三丝。

成造鞓带一条,
　会有物料五项,共银一钱七分九厘九毫六忽。
　召买物料一项,共银四毫四丝。

修理明盔一项,
　会有物料六项,共银一分二厘二毫一丝八忽。
　召买物料五项,共银五分四厘八毫七丝。

盔襻,
　召买物料三项,共银五分七厘四毫五丝八忽。

修理甲一副,
　会有物料三项,共银一钱六分五厘八毫二丝五忽。
　召买物料六项,共银二钱九分

一厘一毫五丝。

修理腰刀一把,
　会有物料六项,共银五分二厘九毫五丝三忽。
　召买物料八项,共银一钱一分四厘二毫三丝四忽。

修理长箭三十枝,
　会有物料四项,共银一钱四分九厘四毫三丝六忽。
　召买物料二项,共银二分一厘四毫四丝。

修理弓一张,
　会有物料五项,共银六分八厘一毫五丝二忽。
　召买物料七项,共银二分二厘二毫九丝五忽。

修理撒袋一副,
　会有物料六项,共银三分一毫五忽。
　召买物料五项,共银一钱二分六厘三毫五忽。

修理鞓带一条,
　会有物料四项,共银二分七厘九毫三丝七忽。

召买物料二项，共银七分七厘二毫四丝。

成造明盔、明甲、腰刀、弓箭、撒袋等件，每副九十八工，每工银五分七厘。

修理明盔、明甲、腰刀、弓箭、撒袋等件，每副三十二工，每工银五分七厘。

成造节慎库木匣一个，
会有物料一项，该银一钱六分

一厘六毫四丝二忽。
召买物料四项，共银三分。
工食银八分五厘五毫。

自成造鹅帽起，至木匣止，俱有会库钱粮。如会有者会无，即召商①买办，临期照依原价移会。

成造节慎库木鞘一个。
召买物料一项，该银一钱五分。
工食银三分。

---

① 原文系"啇"，应为"商"之异体，今改以合简体文之规范，下文同，不再注。

营缮司　外解额征：

顺天府，

料银二千七十五两二钱二分六厘九毫九丝。

永平府，

料银八百三十两九分七毫九丝。

保定府，

料银二千七十五两二钱二分六厘九毫六丝。

河间府，

料银二千四百九十两二钱七分二厘三毫四丝。

真定府，

料银二千六百九十七两七钱九分五厘六丝八忽。

顺德府，

料银一千三十七两六钱一分三厘四毫一丝。

广平府，

料银一千四百五十二两六钱五分八厘八毫七丝二忽。

大名府，

料银一千四百五十二两六钱五分八厘八毫七丝二忽。

南直应天府，

料银五千一百八十八两六分七厘四毫。

苏州府，

料银九千三百三十八两五钱二分一厘三毫二丝。

松江府，

料银八千三百两九钱七厘八毫四丝。

常州府，

料银七千二百六十三两二钱九分四厘五毫六丝。

镇江府，

料银五千一百八十八两六分七厘四毫。

庐①州府，

料银三千一百一十二两八钱四分六毫四丝。

凤阳府，

料银三千一百一十二两八钱四分六厘四毫。

淮安府，

料银三千一百一十二两八钱四分六毫六丝。

扬②州府，

料银三千一百一十二两八钱四分六毫四丝。

徽州府，

---

①　原文系"廬"，今改为"庐"，以合简体文之规范，下文同，不再注。
②　原文系"楊州"，今改为"扬州"，以合简体文之规范，下文同，不再注。

料银五千一百八十八两六分七厘四毫。

宁国府，

料银三千一百一十二两八钱四分六毫六丝。

池州府，

料银二千七十五两二钱二分六厘九毫六丝。

太平府，

料银二千七十五两二钱二分六厘九毫六丝。

安庆府，

料银二千六百九十七两七钱九分五厘五毫。

广德州，

料银八百三十两九分七厘九毫。

和州，

料银四百一十五两四分五厘三毫九丝。

滁州，

料银四百一十五两四分五厘三毫九丝八忽。

徐州，

料银四百一十五两四分五厘三毫九丝八忽。

浙江，

料银一万三百七十六两一钱三分四厘八毫。

山东，

料银九千三百三十八两五钱二分一厘五毫二丝。

江西，

料银一万三百七十六两一钱三分四厘八毫。

山西，

料银四千一百五十两四钱五分八厘九毫六丝八忽。

陕西，

料银四千一百五十两四钱五分三厘九毫二丝。

广东，

料银九千三百三十八两五钱二分一厘。

河南，

料银八千三百两九钱七厘八毫四丝。

四川，

料银六千二百二十五两六钱八分八厘八丝。

湖广，

料银九千三百三十八两五钱二分一厘。

福建，

料银九千三百三十八两五钱二分一厘三毫。

杂料。

顺天府，

匠班银七百零一两五钱五分。

苇夫银九百两。

苘麻银三两二钱四分。

苇课银共五千六百两四钱二分六厘九毫八丝五忽。

皇木车价银共二千八百两。

永平府，

匠班银一百五十四两三钱五分。

保定府，

匠班银三百八十两。

砖料银六百两。

河间府，

苇课银四百七十四两一钱二分八毫一丝一忽二微。

河道　桩①木、苇草、苘麻、砖灰、子粒、赁基,共银五百三十六两一钱五分九厘三毫。

匠班银一百六十八两七钱五分。

砖料银六百两。

苘麻银三十四两四钱七分。

真定府，

匠班银三百一十七两七钱。

砖料银六百两。

苘麻银九两。

顺德府，

匠班银一百五两七钱五分。

广平府，

匠班银一百三两九钱五分。

砖料银六百两。

苘麻银八两七钱三分。

大名府，

匠班银三百一十八两四钱五分。

砖料银六百两。

苘麻银四十四两八分二厘。

南直应天府，

匠班银三百九十八两二钱五分。

砖料银九百两。

苏州府，

匠班银一千八百一十三两九钱五分。

砖料银九百两。

松江府，

匠班银一千五百零一两二钱。

砖料银九百两。

常州府，

匠班银六百一十七两八钱五分。

砖料银九百两。

---

①　原文系"椿"，据上下文应为"桩"之别字，今改为"桩"，以合简体文之规范，下文同，不再注。

镇江府，

匠班银二百六十五两。

砖料银九百两。

庐州府，

匠班银二百七十五两七钱。

砖料银一千四百四十两。

凤阳府，

匠班银四百七十两二钱五分。

砖料银一千四百四十两。

顺天府，

匠班银四百七十九两二钱五分。

砖料银一千四百四十两。

苘麻银一十七两七钱六分六厘。

扬州府，

匠班银七百八十四两七钱五分。

砖料银一千四百四十两。

苘麻银四十一两四分。

徽州府，

匠班银八百九十六两八钱五分。

砖料银七百八两。

宁国府，

匠班银二百八十六两二钱。

砖料银七百八两。

池州府，

匠班银一百五十一两六钱

五分。

砖料银七百八两。

太平府，

匠班银五百七十一两五钱。

砖料银七百八两。

安庆府，

匠班银四百七十二两零五分。

砖料银七百八两。

广德州，

砖料银一百八十两。

和州，

匠班银五十二两六钱五分。

砖料银一百八十两。

滁州，

匠班银二十二两五钱。

砖料银一百八十两。

徐州，

匠班银三百两零一钱五分。

砖料银一百八十两。

苘麻银一十七两五钱五分。

浙江，

匠班银八千五百四十八两。

山东，

匠班银三千九百六十三两六钱。

砖料银三千二百四十两。

苘麻银一百七两四钱六分。

山西，

匠价银六千一百五十四两六

钱五分。

陕西，

匠班银三千七百三十九两零五分。

河南，

匠班银三千七百二十九两一钱五分。

砖料银三千二百四十两。

茼麻银九十五两七分六厘八毫五丝。

直隶大同中屯卫①，

茼麻银一两。

直隶沈②阳中屯卫，

茼麻银三两六钱。

山东临清卫，

茼麻银三十一两五钱。

---

① 原文系"衛"，今改为"卫"，以合简体文之规范，下文同，不再注。

② 原文系"潘"，今改为"沈"，以合简体文之规范，下文同，不再注。

营缮司 条议：

一①　各衙门皆有皂隶，即有工食，惟本部四司无之。无工食，不得不借口饭钱，专事需索。今议各司皂隶，除掌印者照旧，其余酌定各数，每名月给工食六钱。即于余钱内支给，使无身家之忧，安心服役，而后禁革之法可行。

一　铺、车、夫、匠等役，凡领物料、工价、钱粮，原有二八使费，虽云陋规，然行之前人，见之章奏，未能顿裁。除皂隶已给工食不论外，其余立一递减法。如该使费一两者，今年减去三钱，下年减二钱，向后年减一钱，以至于无。始归清楚，即内监铺垫，亦然。

一　各衙门吏书，例有顶首，挟重赀以供役，正欲借此以酬子母，即舞文弄法，所不暇计者。今后立一递减法，必于各吏书役满顶参之时，查其原有顶首若干，今次每一百两减银三十，下次再减二十，又下次再减一十，以千计者，亦同此法。减至三人，而顶首自轻，得失之念亦轻，奸弊不期寡而自寡矣。

一　工程请给预支，例也。迩来法网严明，谁肯多请多给？而预支之名不除，终是陋规。今后凡遇工兴②，酌估十分中先给二分，名为预支。自后必上有物料，役有工价，半月一算一给，不许延久，是谓截给。见钱实收，簿上亦改正；见给名色，而后事体清楚。俾各役不得借口，希图冒领。

一　钱粮支发，若有旧案可据，一翻③阅间，缓急多寡，可印证也。乃旧案不藏之官舍，竟收之吏书私寓，至官更吏改，挪移改换，百弊丛④生。今议每司各置册库一所，以册科掌之。凡有行过事情，登记册籍，将原卷挨年顺月收藏库内，以备日后参考。

一　瑠璃黑窑烧造。一应砖、

---

① 古文中类此处"一"，不表数目、次序，表示以下段落的并列，故此处加空格，与正文隔开，方便阅读，下文同，不再注。
② 原文系"興"，今改为"兴"，以合简体文之规范，下文同，不再注。
③ 原文系"緐"，古同"翻"，今改以合简体文之规范，下文同，不再注。
④ 原文系"叢"，今改为"丛"，以合简体文之规范，下文同，不再注。

瓦等料，系官殿所需之物。往时经费不无浮滥，今酌柴土计夫匠，殊多节省，但不论物料美恶、造作、精粗，只取充数，何能经久？自后必照近议，琉璃一匠五夫，黑窑一匠三夫，分别责成。倘①复滥恶搪②塞，除不准算价外，仍以烧造，不如式，罪之。庶砖瓦堪耐，费不虚糜。

一　临清厂每年烧造年例，砖一百万个。运至大通桥砖厂堆放，年年不问旧存多寡，循例而烧。且有十余年，已烧之砖、已领之价，至今砖不起运者。本司于四十二年查明，砖厂贮有三百余万个。厂无隙地，而外解砖价又不及半。业经提减原额四十万个，并只窑户雇运。即今再减十万个，未为不足，省至十年，可积银十数万两。倘大工肇举，或取用过多，厂存无几，又查原额补烧，而非执减数为定则云。

一　买办各项物料，价值载在会估，然亦与时低昂。往例年一行之，自三十七年后，会估法废，未免偏肥、偏枯，官商两碍③。以后或以两年为限，共④同科道，备细酌定，上下公平。庶措办易，而督责易行。

一　楠、杉采运甚艰，则其取用，亦当爱惜。以后各工，必不得已者，方用楠、杉。如可通挪，宁以柽木伐之。盖用一柽木，价不过数两与⑤十数两，而用一楠木，非百、仟⑥，其价不止者。则改用省费，若霄壤然。

一　工程重大，关系内廷，兼用提督，内监犹可言也。其余原系工部职掌，只用外官足矣。如近日重城、翼房等工，皆监督独为之。成功易，而节省多，其已示⑦明效

---

① 原文系"儻"，古同"倘"，今改以合简体文之规范，下文同，不再注。
② 原文系"禟"，应为"搪"之通假，今改以合简体文之规范，下文同，不再注。
③ 原文系"礙"，今改为"碍"，以合简体文之规范，下文同，不再注。
④ 原文系"公"，据上下文应为"共"之通假，今改以合简体文之规范，下文同，不再注。
⑤ 原文系"與"，今改为"与"，以合简体文之规范，下文同，不再注。
⑥ 原文系"什"，据上下文应为"仟"之别字，今改以合简体文之规范。
⑦ 原文系"試"，据上下文应为"示"之通假，今改以合简体文之规范，下文同，不再注。

也。以后提差、司官不许带①及内监，即内监不得径自开送。

一　金砖派烧于苏、松七府，花石采办于徐州等处，以供殿门之用，即一砖一石所费不赀②。彼时当事者过为早③计，兼提数太浮，其失已不可追及。至砖石到京，只凭解官投文本部而收贮之，权听诸内监，故径运至鼓楼下之备用。铸、钟二厂有同一掷，部官不得过而问焉，更为可异④。去年本司清查前弊，差官赴天津通湾沿河一带寻觅，则抛毁殊甚。曾移会监察李御史提参，行提原解官及车户人等追究外，但此后补解之石与将到之砖，岂可复蹈前辙，不择近地另为安顿耶？今查大通桥原系贮砖之所，仍以金砖另堆在内，花石改收近厂。不惟管理便，取用近，即脚价亦省，而内监于何恣其需索也！惩前饬后，可复以未来工程擅自提派，而已到美材，坐视消耗耶？

一　经手钱粮不明，监督不得径自离任，顷条议、复疏已详言之矣。惟是奸弊起于委官，尤起于上下书办。盖日报循环，皆彼掌记，增改小数，虚冒价值，此正弊之圂⑤也。委书与委官猫鼠呈报，而监督之书办容私不禀，何为正官独受其累乎？嗣后一应实收，未出委官，不许离差。书役不得私顶，务销算无弊，方准更换。盖亦拔本塞源，责成之一端也。

营缮清吏司　掌印郎中　臣聂心汤　谨议
工科给事中　臣何士晋　谨订

---

① 原文系"帶"，今改为"带"，以合简体文之规范，下文同，不再注。
② 原文系"貲"，今改为"赀"，以合简体文之规范，下文同，不再注。
③ 原文系"蚤"，此处据上下文应为"早"之通假，今改以合简体文之规范。
④ 原文系"異"，应为"异"之异体，今改为"异"，以合简体文之规范，下文同，不再注。
⑤ 音同"鹅"，原指"用来诱捕同类鸟的鸟"，引申为"诱饵、诱因"。

工部厂库须知
卷之四

工科给事中　臣何士晋　纂辑

广东道监察御史　臣李　嵩　订正

营缮清吏司郎中　臣聂心汤　参阅

营缮清吏司郎中　臣徐尔恒

营缮清吏司主事　臣陈应元

虞衡清吏司主事　臣楼一堂

都水清吏司主事　臣黄景章

屯田清吏司主事　臣华　颜　同编

三山大石窝

营缮司注差郎中有敕书，有关防，有公署，专掌烧造、开运各工灰石之事，动工则本差往莅①事焉。钱粮出本司工价，本差出给实收，见行事宜。

石料折方规则：

今有石一块②，长一丈，阔二尺，厚二尺，折方四丈。折方则以长一丈为主，以阔二尺乘之得积数二丈，又以二丈为主，以厚二尺乘之，共得折方四丈矣。余可类③推。

开石工价规则：

大石窝，

白玉石折方，每一寸准匠一工，给银七分。

青白石折方，每六寸准匠一工。

寿④宫、明楼、柱石、碑座等开价，

---

① 原文系"莅"，古同"莅"，今改以合简体文之规范，下文同，不再注。
② 原文系"塊"，今改为"块"，以合简体文之规范，下文同，不再注。
③ 原文系"類"，今改为"类"，以合简体文之规范，下文同，不再注。
④ 原文系"壽"，今改为"寿"，以合简体文之规范，下文同，不再注。

券[1]石折方，十丈以上，每五寸准匠一工。

折方十五丈以上，每四寸五分准匠一工。

折方二十丈以上，每四寸准匠一工。

折方三十丈至五十丈，每三寸准匠一工。

马鞍山，

青砂石折方，每一尺一寸准匠一工。

紫石折方，每六寸准匠一工。

寿宫、明楼等处，青砂大石开价，

折方四丈以上，九寸准匠一工。

折方七丈以上，八寸准匠一工。

折方十丈以上，七寸准匠一工。

折方十五丈以上，六寸准匠一工。

以上四项已属加数。

白虎涧豆碴石，每一尺一寸准匠一工。

牛栏山青砂石，每一尺一寸准匠一工。

石径山青砂石，开运到城上各工所，每折方一丈，银一两。

石径山青砂柱顶、街条等石，运到沙河等处，每一丈开运，比照入城工所外，共加银四钱。

以上二项开运，合算。

运石脚价：

各山石料运至各工地，有远近，石有大小、新旧，估内号数颇繁，难以概开。惟计里、计尺，递加增减，磨算皆可类推。其折方只以一块折成方数，不得以零星小石积算，但按新旧会估。多有丈尺，递减有额，而估价多寡稍无定额者，意当时别有所为，恐不得执以为据。估者须详，如近时论车、论卦之法，则此例益不足拘，但亦略堪比照耳。

各处运石地里数：

大石窝至城一百四十里，至沙河桥一百七十七里，至山陵陆路二百四十里。

---

① 原文系"券"，应为"券"之异体，今改以合简体文之规范，下文同，不再注。

马鞍山至城计五十里,至沙河桥九十六里,至山陵一百四十里。

白虎涧至城一百五里,至沙河桥、朝宗桥人行径路三十六里,车路五十九里,至山陵七十里。

牛栏山至城一百五里,至沙河六十八里,朝宗桥远二里,至山陵一百里。

怀柔厂至山陵九十里。

方石每方堆垛①长一丈,高五尺,阔五尺。自八角山等处运至桥南西岸三官庙前,至河中旧堤一带交卸者,每方给匠运价三两四钱。自旧堤迄南至河东堤,每方给银四两。自东堤至尽南高坡者,每方给银四两五钱,大约计里增减。

① 原文系"粱",应为"垛"之异体,今改以合简体文之规范,下文同,不再注。

大石窝 条议：

一　采石工价。旧照丈数准工给银，但丈尺易溷，分毫积成寻丈，必须精核，方可实给。

一　运价旧亦照估，顿给脚价。但其数稍浮，实滋破冒。今议不分大小料，惟计日、计挂，查确给银。如每日行车几辆，每辆用骡几挂，每挂给银几钱。日查日给，不惮烦琐，较之会估，可省二三，而查之宜严，俾不令捱日混挂以至侵欺，则监督责也。前任有自雇车骡之说，亦为有见，但雇与不雇，总不出车户之手，惟清其出银之源，而破冒自弭矣。

一　出给实收。旧以事非经手，积至十数年而不出者，吏胥实利于因循蒙①弊也。今必须役完，便出一事即结一事之局，一人即了一人之案，方祛积弊。若石票送监察衙门，亦期限刻发回，即有迁转，不妨交盘明白，彼此知会，而后谢

事，庶不为诸胥并监督借口也。

一　各工灰料提用。马鞍山烧造以本山坚实可用，非若军庄等处，杂灰比也。近灰户多纳杂灰，妄称本山，以希重价，相应设法查禁。

一　夫役旧例。一匠五夫，每夫一名，长工五分，短工四分，但夫役纷纭，易于隐瞒，稍不加意查点，即有走卯混报等弊。今议凡遇开运，必须日行亲查，多不出一匠三夫，此在监督临时节省也。

一　铺户钱粮。旧因工兴会收，寄顿半属乌有。今后凡遇开运合用，麻铁、滚木等项物料，计用若干，只收若干，必不预为寄顿，致滋糜费。

营缮清吏司　督理郎中　臣徐尔恒　谨议
工科给事中　臣何士晋　谨订

---

① 　原文系"蒙"，应为"蒙"之异体，今改以合简体文之规范，下文同，不再注。

都重城

营缮司注差员外郎，有关防公署，专司修理城垣之事。凡都重城遇有坍塌，查明呈堂，会同科院堪估修理，不拘年份，工料亦随时多寡，无定则云。

修理用砖、灰规则：

重城每阔一丈，计高四十五层，每层用砖七个，进深四层，共用砖一千二百六十个。石灰每砖一个，旧估用灰三斤，共用灰三千七百八十斤。近用灰不过每砖二斤，工数难定。

都城一丈，约抵重城四丈，砖灰照算。

拦①马墙每阔一丈，计高一十五层，每层双砌，共用砖二百一十个。每砖一个，用灰一斤，共用灰二百一十斤。

前件，三项砖、灰皆系每丈全估数，若有旧砖堪用，可查数扣除新砖。若城脚有坚牢几层不动，亦堪查数扣除新砖，并减灰料工匠。

用夫匠规则：

重城砌砖之高，有四十五层至五十三层者。每一丈用瓦匠三名，自下而上三分之，下一段可砌九层，中一段可砌八层，上一段可砌七层，以渐上渐难于用力。用匠三名，约五日计十五工，可砌完一丈。加匠三十名，可砌完十丈。用夫，每匠二、三名不等。

都城进身②既深，背里亦厚，工亦量增三分之一。

凡用白城砖，取之大通桥砖厂，石灰取之马鞍山。其价并夫匠做工，具照成估算给。

---

① 原文系"攔"，今改为"拦"，以合简体文之规范，下文同，不再注。
② 原文如此，一般中国古代建筑术语为"进深"，此处依原文，不改。

工 科 给 事 中　臣何士晋　纂辑
广东道监察御史　臣李　嵩　订正
营缮清吏司郎中　臣聂心汤　参阅
营缮清吏司主事　臣陈应元　考载
虞衡清吏司主事　臣楼一堂
都水清吏司主事　臣黄景章
屯田清吏司主事　臣华　颜　同编

修仓厂

营缮司注选主事三年,专管京仓修理事节。经提过,每年小修属户部,大修属本部。凡本部办料钱粮,则四司协派。其雇募夫匠,则户部有军夫所纳米折银,听本差移司,转行支给。每次工完奏缴委用,为各卫经历。

修仓事宜:

万历十八[①]年大修。三十六座内,鼎新建造二座,因旧为新三十四座,遇闰月加三座。因二十四年议减十二座,每年以二十四座为准。近年鼎建停造。

会有:

通州抽分竹木局并巩[②]华城等处取用,

黄松木五十七根,每根银一两八分,该银六十一两五钱六分。抵散木用。

长柴五百根,每根银二钱三分,该银一百一十五两。抵松橼用。

松橼五百三十四根,每根银二钱三分,该银一百二十二两八钱二分。

甲字库,

泥兜[③]布十二匹,每匹银一钱,该银一两二钱。

丁字库,

苘麻三千八百四十斤,每斤银一分,该银三十八两四钱。

---

① 原文此处起至"修仓厂条议"止,数字为"壹贰叁肆"等大写,为方便阅读,俱改。汉字的数字至晚到西汉就是"一二三四"等,"壹贰叁肆"等十字是明朝洪武年间才开始用来做数字。明太祖朱元璋在查阅户部账目时发现有人造假,比如把"一"写为"二"、"三"、"十"等,便下令改革,以防止账目中作弊,于是便有了"壹贰叁肆"等十字对数字的指代。
② 原文系"鞏",今改为"巩",以合简体文之规范,下文同,不再注。
③ 原文系"兠",应为"兜"之异体,今改以合简体文之规范,下文同,不再注。

白麻三百六十斤，每斤银二分六厘，该银九两三钱六分。

以上六项，共银三百四十八两三钱四分。近时多会无召买。

召买：

柁木四百六十五根，各长二丈一尺至一丈七尺，围四尺至三尺五寸，该银一千五百六十三两六钱零二厘。旧料在外。

松椽七千一百一十二根，该银一千五百七十七两二钱六分六厘。旧料在外。

黑城砖三十九万八千四百个，每个银一分六厘，该银六千三百七十四两四钱。

系提增拦土、堰地，总数逐年奏缴，清册存据。如有旧砖，在此数内扣除。

减角砖三千八百四十个，每百个银二钱一分五厘，该银八两二钱五分六厘。

筒瓦三千八百四十个，每百个银一钱四分，该银五两三钱七分六厘。

勾头八十八个，每①十个银二分，该银一钱七分六厘。

散木八百九十七根，各长一丈八尺至一丈三尺，围三尺五寸至二尺二寸，该银七百五十三两七钱八分三厘八毫。旧料在外。

白灰七十二万斤，每百斤银一钱一分五厘，该银八百二十八两。

青灰八千五百九十四斤，每百斤银六分，该银五两一钱五分六厘四毫。

铁钉三千七百一十一斤，该银一百一十一两三钱三分。

芦苇一十三万二千斤，每百斤银一钱七分，该银二百二十四两四钱。

石径山开运柱顶石三百二十一块，该银四十九两二钱五分三厘八毫。

厫②门土亲石二十四块，该银二十八两五钱一分二厘。

湾河运价银二百八十九两零二分六厘。

大仓瓦系窑军岁办四十九万二千片，遇闰加三万六千片，窑户停办，不出价。

---

① 原文系"母"，据上下文应为"每"之别字，今改以合简体文之规范，下文同，不再注。
② 原文系"厫"，古同"廒"，指贮藏粮食等的仓库，今改以合简体文之规范，下文同，不再注。

以上一十四项，共银一万一千八百十八两五钱三分八厘。

木石、瓦搭、桶箔等匠，计工一万一千四百二十四工，共该银六百八十五两四钱四分。此系长工算数，如遇短工，照例扣减。

织箔①夫、供作夫，每厂供作提准九百六十八工，织箔夫三十九工，共二万四千一百六十八工，该银九百六十六两七钱二分。此系长工算数，如遇短工扣除，其木茬②旧料，照例扣抵。

土坯每厂一万五千个，共三十六万个，每百个银五分，该银一百八十两。

以上三项，共该银一千八百三十二两一钱六分，通共银一万三千九百九十九两零三分八厘。

前件，一应物料，俱照二十四座见行。数目开算，已将《条例》原额逐项减正。其每年修造，除额定夫匠、苇灰无旧可因外，凡木植等项，随旧料多少为加减，难以拘定成例。大约因旧为新，每座共算银五百一十七两零，若鼎新建造，费则倍增，其鼎新规则，另开后。

一应木价，万历四十三年会估，每两加二钱。

鼎新建造额则：

每厂，

金柱柁木十二根。

双步梁柁木十二根。

三架梁柁木六根，鐁③柁木五根。

檐④柱并厂门柱散木十四根。

鐁木随桁枋、厂门板、将军柱下槛散木二十根。

厂门桁条散木一根。

桁条并大瓜柱散木二十三根。

出稍桁条散木十四根。

单步梁散木十四根。

气楼过梁散木二根。

气楼松椽三十四根。

上挂松椽三百二十根。

檐松椽一百六十根。

黑城砖一万六千六百个。

减角砖二百个，同瓦二百个。

---

① 音同"伯"，为"用苇子、秫秸材料等编成的帘子"。
② 原文系"楂"，古同"茬"，"木茬"指伐木后留下的树桩，今改以合简体文之规范，下文同，不再注。
③ 原文系"鐁"，音同"改"，徽语、西南官话中指"锯开"。
④ 原文系"簷"，应为"簷"之异体，今改为"檐"，以合简体文之规范，下文同，不再注。

勾头四个,大仓板瓦三万片。

白灰三万斤,青灰五百斤。

土坯一万五千个,柱顶石二十六个。

厂门土亲石一块,苘麻一百六十斤。

白麻十五斤。

箔十五扇,用芦苇五千五百斤。

泥兜布半匹。

四、五、六、七寸钉一千三百个。

木匠二百四十工,石匠二十一工。

瓦匠一百四十八工,箍桶匠三工。

搭材匠五十五工,织箔匠九工。

织箔夫三十九工,夫九百一十八工。

前件,系鼎新一定额料,若因旧为新,则临时堪估多寡,不能预定。其连修二、三座者,木植又每递减,亦在临时酌量。

料价工价:

金柱柁木,每根长二丈一尺,围四尺,价银四两。

双步梁柁木,每根长一丈九尺,围三尺七寸,价银三两。

三架梁柁木,每根长一丈九尺,围四尺,价银三两四钱。

鐍柁木,每根长一丈七尺,围三尺五寸,价银二两四钱。

檐柱并厂门柱散木,每根长一丈四尺,围三尺,价银一两一钱四分。

鐍木随桁枋,并厂门板、将军柱,并抱下槛散木,每根长一丈四尺五寸,围三尺五寸,价银一两三钱五分。

桁条并大瓜柱散木,每根长一丈四尺,围二尺五寸,价银七钱五分。

出稍桁条散木,每根长一丈八尺,围二尺五寸,价银一两三钱五分。

厂门桁条散木,每根长一丈七尺,围二尺六寸,价银一两。

单步梁散木,每根长一丈三尺,围二尺七寸,价银五钱。

气楼过梁散木,每根长一丈三尺,围二尺二寸,价银四钱二分。

气楼椽松木,每根长一丈,围九寸,价银一钱二分。

上挂椽松木,每根长一丈一尺,围一尺一寸,价银一钱九分。

檐椽松木,每根长一丈三尺,

围一尺四寸,价银二钱九分。

以上木植,如围圆大小,计寸增减。其运价俱照估,各色木植,算车出给,新议每两加二钱。

柱顶石,每个见方一尺一寸至二尺止,厚五、六寸至八寸止,折方每尺价银一钱。

廞门土亲石,长一丈一尺,阔一尺五寸至二尺止,厚五、六寸至八寸止,折方每尺价银一钱。

减角砖,每个长八寸五分,阔四寸五分,厚一寸五分,每百个价银二钱一分五厘。

黑城砖,每个长一尺四寸五分,阔七寸,厚三寸五分,每个价银一分六厘。

筒瓦,长七寸,阔四寸,每百个价银一钱四分。

勾头瓦,每十个价银二分。

土坯,每百个价银五分。

白灰,每百斤银一钱零二厘,近年会估,增一分三厘,该银一钱一分五厘。

青灰,每百斤价银六分。

泥兜布,每匹价银一钱。

芦苇,每百斤价银一钱七分。

四、五、六、七寸钉,每斤价银三分。

苘麻,每斤价银一分。

白麻,每斤价银二分。

木、石、瓦、搭匠长工,每工银六分。

短工,每工银五分五厘。

夫长工,每工银四分。

短工,每工银三分五厘。

修仓厂 条议：

一 公料计以复旧规。凡工程先料计，而后与工。然修者不料，料者不修，防混冒也。已①经先年具提应修廒座，别委司官一员，同诣各仓堪估。将堪用旧料若干，应添新若干，逐一查明，造册呈堂，而后本差受事焉。年来此法尽废，不过工部修仓与户部管仓两主事面估，侵失前人防微之意。今岁户部京粮厅开送过职，随即移会缮司，共同各仓监督应用。新旧共同确订，该委官自不敢生侵冒之心矣。

一 定报簿以时，协济查修仓。先年曾议完一联，即知会厂库、科院、巡仓衙门查勘，随经议拟②各廒鳞次与工，亦同时报竣，非完此一联而又续修彼一联也。定于十③一月会阅，十二月奏缴。职反复思之，阅廒以省成也。容可仍往例，然饩④廪期称事也，岂可无的据拟？每委官设立文簿一扇，将收过木植、灰砖一一登记。每遇请给、预支，即照簿开送，缮司填写领状，结尾一遵厂库、科院。近行格式，则既无透支莫诘之滥，亦无接济不给之苦，庶可稍苏贫役之一二也。

一 定官攒以防混失。查修仓例委各卫经历，颊⑤多推避，缘奔走督率，半年无暇。一入仓门，官攒往往处以不堪，至所收官料，委官虽能记其数，不能防其失，至验不堪用，退回物料。即委官亦以非己责任，置之若弃，此铺商、灰窑所以痛心疾首，莫能控诉也。拟呈堂移咨户部，行各仓监督。选贤能仓官一员，专理在仓物料经纪，其出入之数，盖以经历而约束，仓中歇家斗脚，风马牛不相及也。一责本仓仓官董其事，则法易行而人知畏。果有竭力奉公，一洗夙蠹者，应与该委经历，一体移会巡仓门，

---

① 原文系"巳"，据上下文应为"已"之别字，今改以合简体文之规范，下文同，不再注。
② 原文系"擬"，今改为"拟"，以合简体文之规范，下文同，不再注。
③ 原文系"拾"，今改为"十"，以合简体文之规范，下文同，不再注。
④ 原文系"餼"，今改为"饩"，以合简体文之规范，为"古代祭祀或馈赠用的活牲畜，赠送人的粮食或饲料，赠送食物"，下文同，不再注。
⑤ 原文系"頮"，古同"靧"或"靧"，此处或为"屡"之异体，今暂不改。

破格优叙①，似亦甚便而易行。

　　一　禁帮贴以省赔累。查往例修仓，盖②部铺户二三十名尽送供役。每名一座或半座，众轻易举，赔累无多。且于应修人户，即注定来岁稍有微润者之差准与咨补③，近年不行。此例，各户如赴汤火，有削发缢死而不顾者，且新派部夫多信积棍，包揽诱以帮贴，及至与工潜躲无踪。是部夫有帮贴之害，而仓工无帮贴之利，安得不及，今早防之也。议严禁帮贴，注补善差，庶积蠹不得踞修仓为窟穴，而铺夫亦不至望修仓为苦海矣。

　　一　裕工料以图永赖。查修廒一二年方上粮，七年后方盘。廒约以十年为期，保无他虞，方免于戾。每岁修完，即悬匾④以志时日，载在令典，诚惕之也。但修仓吃紧，始则患地基之不坚，故筑时不可省力；继则患上盖之不厚，故箔上不可省灰。至南松坚而圵⑤松脆，只以铺商赔累，遂有南六圵四之用，以圵松之价轻于南松。倘能增价，不妨尽⑥用南松也。总之，铺商、夫匠惟修仓最苦，而铺商之苦在木植赔多，夫匠之苦在朽木抵价。铺商例用四司料价，犹可按数请给。夫匠派定，户部米折每多愆期，吝与其间融通苏困，在当事亟议之可也。

营缮清吏司　管理修仓主事　臣陈应元谨议

工科给事中　臣何士晋　谨订

---

①　原文系"敘"，今改为"叙"，以合简体文之规范，下文同，不再注。
②　原文系"概"，据上下文此处应为"盖"之通假，今改。
③　原文系"補"，今改为"补"，以合简体文之规范，下文同，不再注。
④　原文系"扁"，据上下文应为"匾"之通假，今改。
⑤　音同"荡"，指高田。
⑥　原文系"盡"，今改为"尽"，以合简体文之规范，下文同，不再注。

工科给事中　臣何士晋　纂辑
广东道监察御史　臣李　嵩　订正
营缮清吏司郎中　臣聂心汤　参阅
营缮清吏司主事　臣李笃培　考载
营缮清吏司主事　臣陈应元
虞衡清吏司主事　臣楼一堂
都水清吏司主事　臣黄景章
屯田清吏司主事　臣华　颜　同编

缮工司

兼管小修。

营缮分司系注选，有关防，有公署，专管内府各监、局年例灰炭、钱粮。国初，凡法司问过囚徒，拨送工部搬运灰炭。嘉靖年间，准纳工价收贮节慎库动支、买办，然追比上纳，犹在缮工也。万历六年，刑部提准自行追比，但每年额解一千七百一十六两，迄今节年拖欠，至于三万余两。以致上供缺乏，无可抵应，则今日之当议者也。其小修原无专管，自万历三十五年，瞿主事始奉堂札，以本司事简，将小修事物归并管理。自是，缮工司逐兼有小修之名矣。

见行事宜：

凡缮工司年例、款项，分属四司；而收贮、解银，则屯田司主之《会典》。

内府灰炭，系拨囚搬运者，只有五项。旧例呈堂酌量批发，多不全给。车户运纳时，皆填给堪合，此正支也。其余别项，皆四司年例，而扣留额数以克之者。近以刑部拖欠，亦多所停阁。其灰炭价值照《会典》，水和炭每百斤银二钱，石灰每百斤银一钱五厘，《条例》所载，往往不一，具开列于后。

计开：

营缮司，正支一项。

内官监，水和炭二十五万斤，该银五百两。一年一次。

前件，《会典》、《条例》俱有，系正支，用堪合运纳。

内官监，成造细草纸，石灰四万斤，该银三十两。

前件，《会典》无，《条例》有，《会典》但言营缮司二年一次，石灰八万斤，不系拨囚搬运。《条例》则属之缮工，二年一行，物料分作两年送用，每年四万斤，每百斤七分五厘。据本司旧案，每百斤一钱五厘，该银四十四两。盖照《会典》之价，既非正支，当以《条例》为主耳。

太庙,四季、岁暮五次修理,每次石灰一千斤,青灰二百斤,该银一两一钱九分。每年五次。

前件,《会典》、《条例》俱无,《会典》但言营缮司每年四季,各石灰一千斤,青灰二百斤,不系拨囚搬运。且无岁暮之文,不知何年添作五次。近移营缮司,于该监行查矣。

神宫监　修理,

社稷坛二次,每次石灰六百斤,该银六钱四分二厘。每年二次。

前件,《会典》无,《条例》有,《会典》但言营缮司每年修理工料,春季二十两一钱,秋季二十两,不系拨囚搬运。《条例》则属之缮工,每百斤一钱七厘,别项灰价,视《会典》皆减,此项反增。

正阳　等九门打扫,石灰一万斤,该银一十两二钱五分。一年一次,九月内发。

前件,《会典》、《条例》俱无,据本司旧案有之。

钦天监,兜底①观象台,石灰二千斤,该银二两零五分。一年一次。

前件,《会典》、《条例》俱无,据本司旧案有之。

礼部　铸印局,水和炭四百斤,该银一两六钱。

前件,《会典》、《条例》俱无,据本司旧案有之。查此项原在屯田,不系营缮。近亦移文裁革矣。

虞衡司,正支二项。

兵仗局　修理军器,水和炭五十万斤,该银一千两。一年一次。

前件,《会典》、《条例》俱有,正额一百万斤,旧例拨囚全运。嘉靖四年,提准五分拨囚搬运,五分招商②买办,系正支,用堪合运纳。

宝钞司　供用草纸,石灰一十二万二千五百斤,该银一百二十八两六钱二分五厘。一年一次。

前件,《会典》、《条例》俱有,但《条例》所载灰数,只一十一万五千斤,每百斤价只七分五厘,该银八十六两二钱五分。系正支,用堪合运纳。

---

① 原文系"捴",据上下文应为"抵"之异体,此处为通假,今改为"底",以合简体文之规范。

② 原文系"啇",据上下文应为"商"之别字,今改以合简体文之规范,下文同,不再注。

酒醋面①局 修理炉灶②，石灰一千斤，青灰六百斤，该银一两六钱八分。一年一次。

前件，《会典》、《条例》俱无，据本司旧案有之。

都水司，正支二项。

供用库，石灰一万三千三百三十四斤，该银一十三两九钱九分九厘六毫五丝。一年一次。

前件，《会典》有而《条例》不载，查累年旧案，一万三千三百三十四斤该银一十四两五毫，系正支，用堪合运纳。

织染局，石灰七万斤，该银七十三两五钱。一年一次。

前件，《会典》、《条例》俱有，系正支，用堪合运纳。

司苑局 采莲船，石灰五百斤，该银三钱七分五厘。一年一次。

前件，《会典》无，《条例》有，每百斤七分五厘。

屯田司，

公、侯、伯、都督、各太监、命妇葬③祭石灰。

前件，《会典》载于别条。全葬，石灰七千五百斤，今给银二两一钱五分二厘五毫。半葬，石灰三千七百五十斤，今给银一两七分六厘二毫五丝。《条例》不载，其揪棍于神木厂取用，大峪山厂军人搬运。

小修虽有条记一颗，书办一名，号称专掌。然各处修理不一，间行别委，不专责之一人也。

衙门公用载本司项下，《条例》所有者，每季笔墨、银珠银，每季三两。

---

① 原文系"麨"，古同"麵"，今改为"面"，以合简体文之规范，下文同，不再注。
② 原文系"竃"，今改为"灶"，以合简体文之规范，下文同，不再注。
③ 原文系"葵"，应为"葬"之异体，今改以合简体文之规范，下文同，不再注。

缮工司　条议：

一　法司问过囚徒折色，旧例俱于缮工司上纳。

自万历六年，刑部提准，每年只解一千七百一十六两，而自留其余，以为公费。在缮工免于追比之劳，而在刑部资其盈①余之用，固亦两便之道也。奈何行之未几，正额并亏。自万历九年起，至四十一年，拖欠三万四千六百七十余两。每遇上供急需，堂札催办。惟票行灰户，先令运纳而已。乃运纳日积，而无价可领，灰户亦何罪之有？向来克应，尚有数家赔累，逃亡仅存其一。今欲将各项一概停阁，于灰户似亦少苏顾服用所需。

祖宗典制，为臣子者所司何事？而可置之支颐②无策乎？大率职掌所关，则思切瓶罍③之倚；责任不在，则徒为秦越之观。此人情之自然，未可为刑部咎也。当知此项所以属工部者，为当时做工、办料耳。既系折色，则运纳于刑部与运纳于工部，亦复何异？何不一并提归，而多一辗④转，以隔手之支贻掣肘之患，此变法而未精也。计莫若提归刑部，使各监局径往刑部催讨，当无便于此。若以事系改，行难邀谕⑤旨，彼此推诿，恐如近日修仓之议。则请自令以后，凡有问过囚徒，开具花名，按季移会。令本司得按籍而知多寡，额以外者，虽千百听若自留；额以内者，虽锱铢必行解过。不亦明白而清楚乎？不然定当议归，并之便矣。

一　各项钱粮，其《会典》、《条例》俱有者，正项也。

《会典》有，而《条例》偶无者，失于记载也。俱无者，或间一行之不为例者，也俱可不论。其《会典》无而《条例》有者，盖以往昔钱粮有余之时例。以二分供内府，一分资修理，故扣留以克四司数项之用。今匮诎已极，刑部每年所解，尚不

---

① 原文系"嬴"，为"赢"之异体，据上下文今改为"盈"，以合简体文之规范，下文同，不再注。

② 原文系"頤"，古同"颐"，今改以合简体文之规范，"支颐"指以手支撑下巴，下文同，不再注。

③ 原文系"罍"，应为"罍"之异体，今改。音同"雷"，为"古代一种盛酒的容器。小口，广肩，深腹，圈足，有盖，多用青铜或陶制成"，亦指"盥洗用的器皿"。

④ 原文系"展"，据上下文应为"辗"之通假，今改以合简体文之规范，下文同，不再注。

⑤ 原文系"俞"，据上下文应为"谕"之通假，今改以合简体文之规范，下文同，不再注。

足内府一项之数,安所得余银而扣留之?毋①乃以有余而取之不足乎?要之缮工所患,原不在此。倘刑部稍有解过此数项之费,宁有几何?在别衙门犹望之以同心协济,而安敢以肝胆自分胡越哉!

一 旧例,正项钱粮、车户运纳,内府俱填给堪合。

近以刑部拖欠数多,零星解近,并堪合而无之,似于关防疏矣。今已另刊新版,凡系运纳,虽为数不多,亦必呈堂填给。其例无堪合者,创置交单,开列数目。今灰户执向交纳所在,讨取收讫字样,方准给价,此亦稽核侵冒之一端也。

一 缮工司之有监,所以处囚徒也。

自囚徒归之刑部,此监之为虚设久矣。而原设看监、军牢等役,因仍未革,其后各司拖欠铺商,遂以此地寄顿,盖取其提比之便。本司不惟不知其事体,亦且不知其姓名,固毫无干涉者也。此而亲操锁钥,时加范防,如刑部提牢之为,不亦迂阔而不情,琐屑而多事乎?若置之不问,则又丛②奸之薮矣。其军牢人役,或需索酒食,或纵③令逃④走,或易置替身,为弊多端,难以悉举。故严之则似不当管,而管事既出于越俎;宽之又似当管,而不管迹反类于溺,职无一可者也。夫欠多罪大者,既参送法司无所事。此其欠少易完者,发之兵马司何等省事,又何必概置此地,徒以恣下人之弊窦哉!若必以提比,就近为便,或另委所官一员,令掌锁钥,庶职掌明而防闲亦易矣。

一 小修,旧无规则,为修理之不常也。

夫匠旧无估,计为工程之难定也,是则然矣。要之仓城大役,既有专职。号小修者,大率文武公廨⑤之类耳。虽各项不同,就中规

---

① 原文系"毋",据上下文应为"毋"之别字,今改以合简体文之规范,下文同,不再注。
② 原文系"叢",今改为"丛",以合简体文之规范,下文同,不再注。
③ 原文系"縱",今改为"纵",以合简体文之规范,下文同,不再注。
④ 原文系"迯",古同"逃",今改以合简体文之规范,下文同,不再注。
⑤ 音同"谢",为"旧时官吏办公处所的通称,即官吏办事的地方"。

制之广狭，间数之多少，建新插补之繁省，彼此参较，毋亦有小变，而不失其大常者乎。至于夫匠，原不能凭空而运，大率依于物料者也。匠以造料，夫以供匠，即料可以准匠，即匠可以准夫。即其中无料可准，如疏沟、运土之类，亦有丈尺可计，亦何至倍蓰①而无算哉！今小修虽分于众手，倘将实收各簿荟萃一处，置为总簿，令监督者得以斟酌加减，此亦无例中默寓②之例也。将人人励其精明，而事事归于节省矣。

一　弊端之起，大率多在预支。

近议完过八分，方许再领，称严密矣。如小修者，大约不越数百金，无经年不结之局，此尤易为清楚者。今量修理大小，大者分为三次，小者分为二次，将做过工程，上过物料，就应得之数，随时支给。大约价少于料，工浮于食，以留为异日实收之地，则上常操其找给之

权，而下无所容拖欠之窦，此截收之法。虽不设预支可也，又何弊之可防哉！

一　冒破。诸弊起于通同，欲清其原③，盖有道焉，曰收放之速是也。

夫料经时而不收价，弥④月而不领，于是债家困以子母。而书役操其缓急，弊安得而不生也？今议限定日期，凡物料既办，即刻与收。至于领银之时，出领挂号投库，虽有许多转折，大约不许过五日，则书役虽巧，安所容其沉匿留难？而借为需索之资哉！夫多寡容有虚实，而迟⑤速无关省费，故综核用于多寡之间，体恤行于迟速之际，此亦并行而相济之道也。

一　衙役旧无工食。其所恃以为命者，饭钱是也。

禁之既非称事之法，而纵之遂为作奸之囮⑥。处之不禁不纵之

---

① 音同"洗"，"倍蓰"为数倍之意。
② 音同"墨遇"，指暗中寄托。
③ 原文系"原"，据上下文应为"源"之通假，今改以合简体文之规范，下文同，不再注。
④ 原文系"彌"，今改为"弥"，以合简体文之规范，下文同，不再注。
⑤ 原文系"遲"，今改为"迟"，以合简体文之规范，下文同，不再注。
⑥ 音同"鹅"，指捕鸟时用来引诱同类鸟的鸟。

间,惟有佯为不知而已。呜呼!安有佯为不知,而可以为法者乎?且奴隶、下人而望其怀高洁之心,知止足之义,但足以糊口,而不至于犯科,恐天下古今无此理也。孰若额设名数,而量给工食之为愈乎?或曰工食给矣,弊不止,奈何?曰是不然。有工食则法必行,无工食则法必不行,安得惜此小费,而甘法之必不行哉?况法行矣,所省者岂只工食而已哉!

一　严稽查,禁需索。有此二者,冬官之职尽矣。

又有说焉,夫稽查严,宜书役惧而喜者有之,何者?彼有所挟而增价也。需索禁,宜铺商喜而怨者有之,何者?彼无所倚以为奸也。故综核所以为威,而下反借①之以为权;体恤所以为惠,而下先窃之以为德。所谓负匮揭箧②,惟恐其扃③鐍④之不固者也。夫惟恩威在上,而后弊端不生,则又惟其人,不惟其法矣。岂独小修而已哉!

营缮清吏司主事　臣<u>李笃培</u>　谨议
工科给事中　臣<u>何士晋</u>　谨订

---

① 原文系"籍",古同"借",此处改。
② 原文系"箧",今改为"箧",以合简体文之规范,下文同,不再注。
③ 原文系"扃",古同"扃",今改以合简体文之规范,指从外面关门的闩、钩等,下文同,不再注。
④ 音同"决",指箱子上安锁的纽。

工 科 给 事 中　臣何士晋　纂辑
广东道监察御史　臣李　嵩　订正
营缮清吏司郎中　臣聂心汤　参阅
虞衡清吏司主事　臣周　颂　考载
营缮清吏司主事　臣陈应元
虞衡清吏司主事　臣楼一堂
都水清吏司主事　臣黄景章
屯田清吏司主事　臣华　颜　同编

见工灰、石作

二差。

营缮分差无衙门。凡宫殿兴作，则奉堂札差委监督，工止则虚掌。工作之事，多与内监同事，动有抵牾①。况头绪烦杂，奸弊萌生，故于四司中，每酌委员外主事或数员管理。

见行事宜：

木料俱在山、台两厂造办，其鹰、平、条、桥②等木，系湾厂取用，运价该厂出给。松、散、榆、槐等木，俱铺户买办，临收计量丈尺、围圆，各价不等，见工出给实收。价估山、台两厂开载。

石料在于三山开采，大料运至西长安门外交卸，小料运至内西华门外河边交卸。灰、石作会收，令石匠成造，用夫运进，内工计工，灰、石作出给实收。

琉璃瓦片并黑窑砖料，在于琉③、黑二窑烧造，运价听本窑出给。

河路砖料在于临清烧造，大通桥取用。内工运价，白城砖，三十六年因霪④雨为灾，每个准给八厘；三十七年会估，每个减三厘，只准五厘。其斧刃砖二个准城砖一个，运价灰、石作出给。

青白灰料在于马鞍山烧运。三十六年因霪雨为灾，每百斤准给

---

① 原文系"牴牾"，今改为"抵牾"，以合简体文之规范，音同"底五"，指矛盾、冲突，下文同，不再注。
② 原文系"橋"，古同"桥"，今改以合简体文之规范，下文同，不再注。
③ 原文系"瑠"，古同"琉"，今改以合简体文之规范，下文同，不再注。
④ 原文系"霪"，古同"霪"，今改以合简体文之规范，下文同，不再注。

一钱四分五厘;三十七年十二月会估,只准一钱二分二厘。青灰每百斤准给七分,灰、石作出给。

金砖在于苏州等府烧造,花斑石在于徐、淮①开采,运赴本工。灰、石作验收,价出本解地方。

包金土在于寅洞山取用,每百斤开运价一钱四分,如系铺户、买办,只一钱二分,灰、石作出给。

铜料东行打造,云龙等页,每个准工三十工不等。铁料西行打造,一尺长平头钉,每十个一工,锉②磨四十三根一工,各准工不等。三十七年会议,各项工价减去十分之二,其锉工全减。山、台两厂合用西行物料,年终总付,见工出给。

铺户钱粮在供用厂验收,各项价值不等,开载会估,见工出给。

① "底本"、"北图珍本"此段后字次序混乱,今按"续四库本"调整。
② 原文系"剉",古同"锉",今改以合简体文之规范,下文同,不再注。

见工灰、石作　条议：

一　议酌散预支。查得本工所需为铺户物料、夫匠工价，势不能无米求炊，请给预支，其来旧①矣。第此辈营营蝇聚入手，花销致烦催比，皆缘所领预支，监督引嫌绝不入目，只凭若辈自领自分，以致终归耗散。合无于领状挂号之日，廉择委官一员，监督给予②小票，方许赴领。厂库验有小票，方行给发。即时验封，多寡面给，仍将所留者寄贮小库，徐听随时酌散。庶贪饕既无所觊觎③，即锱铢亦无所遁欠矣。

一　议堆厂物料。查得本工所用油漆、丝麻、金箔、颜料物项，所费金钱甚巨④。铺户买运，供用厂交收管工。内监随时取用，或多寡混称，或美恶挽换，甚至有通同铺户运出重收，侵冒百端，孰从觉察。合无于物料经收入厂者，置立底册二本，簿开数目一存，巡视一存，本差仍于督工、委官中，每半月轮委一员，封锁看视。须本差有印记小票，取用方许运发。俟半月接管之时，将原票类缴，本差查验，转送科道复核，如所发与所收之数不合，则咎在委官。庶典守之责有人，而侵渔之弊可绝矣。

一　议东、西两行。查得东、西两行打造铜、铁。铜、铁领于各库，打造在于内作，所官、匠头交通作弊。物料只此斤数，收而又收；工匠只此名数，报而又报，种种情弊，难以更仆。合无于东、西围廊内，设立库房三间，封贮各料，两行领出铜铁，赴监督验发。打造完日，仍加监督验收，封贮库房，随时给用。庶称物程工而虚冒自杜，且量入为出而节省良多矣。

一　议车运木植。查得本工合用木料取之湾厂，湾厂给予运票，本差验收。每每有围圆、丈尺不对者，有根株短欠者，有木已运到而票不到者，有后号已至而前号未至者，此必中途车户欺弊，以小易大，以寡作多，孰从知之？将待

---

① 原文系"舊"，今改为"旧"，或为"久"之通假，此处不改。
② 原文系"與"，据上下文应为"予"之通假，今改以合简体文之规范，下文同，不再注。
③ 原文系"覬覦"，今改为"觊觎"，音同"祭鱼"，指非分的希望或企图。
④ 原文系"鉅"，古同"巨"，今改以合简体文之规范，下文同，不再注。

票以收木，则误①在工程；将用木而遗票，则冒在运价。合无今后移会湾厂，着令本厂委官，置立总单一纸。凡本工所取木植，或五票，或十票，总填一单。备②开多寡、长短、围圆、丈尺在内，于头运时，将单移送本差。庶得执单验票，执票验木，票送科道，单存本差。即票有未至，单亦可稽，按季移单，送司销算，运价如数扣减，并可追查前木。庶中途自无欺隐之奸，而拽运亦稽迟之误矣。

一 议成造石料。查得本工石料由外石作成造，而后拽运进工。往往石匠头作弊，雇募生手，取盈人数，点名有而转睫③则无，糜费多而成功则少。曾经前任监④督有包工之议，每以石一面长短、阔狭、厚薄、大小、开荒、凿糙计量丈尺，折算工匠，嗣后再事⑤裁

减。大约子街、象眼等石，每丈用一百工。过门、如意等料，准八十工。面方、角柱等料，准七十工。街条等小料，准三四十工，计石限匠，算无遗策。今后填注循环工簿，合当总报成造之完数，不必分派工匠之虚名，亦可省递数应官旗下铁匠之花费。又查得三殿旧顶废石残毁⑥之余缺，不可使完，而下或可翻⑦上，大亦可就小。合无及今酌量起改，抵充块数，仍责令石匠照数包主，庶可省开采之重繁，并可祛浮冒之太甚矣。

一 议运石规则。查得本工石料，有子街、象眼、过门、如意、面方、角柱等块，料大势重，牵俯⑧难前，用夫动计千百，勤惰不齐，纵人人鞭策之弗胜也。已经前任监督苦心酌议，刻票定规，分别大料、中

① 原文系"悞"，为"悮"之繁体，古同"误"，今据上下文改，下文同，不再注。
② 原文系"俻"，应为"備"之异体，今改为"备"，以合简体文之规范，下文同，不再注。
③ 原文系"睻"，据上下文应为"睫"之异体，此处改。
④ 此字"底本"、"北图珍本"系"總"，而"续四库本"作"監"，今从续四库本，改为"监"，以合简体文之规范。
⑤ 原文系"四"，据上下文应为"事"之通假，此处改。
⑥ 原文系"燬"，应为"熰"之异体，古同"毁"，今改以合简体文之规范，下文同，不再注。
⑦ 原文系"番"，据上下文应为"翻"之通假，此处改。
⑧ 原文系"俛"，古同"俯"，今改以合简体文之规范，下文同，不再注。

料、小料之殊，日限一转、二转、三转之数。或用轮车，或用旱船，或一夫拽七十斤，或四十五斤，以至大料。拽十五斤，自西长安运至公所，计量丈尺折算斤秤，随石重轻限夫多寡，计便费省，法无逾①此。第由内门运至安砌之处，未有定议。大都石之斤两不殊，夫数难减，而运之路途不远，转数可增；外道坦平，人可奋力。内运上下势悬，且前后左右倾亥不一，转运力艰，耽搁②时久。今酌量转数计算人夫，除上料、卸料夫匠无容增减外，用夫三分，内用一分。合无仍责令夫头包雇精壮小夫，照石算工，庶法便而人易，从事半而功自倍矣。

一　议关防砖料。查得本工所用黑城等砖，及白城、斧刃砖，往皆运堆社稷坛空地验收成细。监督能查收时之数，不能预收后之防。只③缘内廷禁地无人看守，各监肆意抬用，莫敢谁何？此亦贮非其地，所为防闲疏也。合无知会皇城巡视科道，今后本工所取用砖料，车户运堆东西翼房收贮。两边空房尽多，不妨红军守宿。便处筑墙，出入封锁。责令委官置簿收发，以便查阅。庶本差之关防甚便，而出入之成数不少矣。

一　议班军实用。查得本工原提每年春秋二季，兵部拨有班军协济，第每至有名无实。只缘班军拨票不投本差，径投内监，任其干④没，漫无责成耳。合无今后议拨之始，本部移文兵部，将班军拨票径赴大工巡视科道衙门挂号，转发本差，不必知会内监。庶便本差约束查点⑤，犹不失协济初意。又查班军赴京，应役正身，十无一二，皆系队长也揽替，便于折干。然与其私自折干，以填貂珰⑥之壑，孰

<hr>

① 原文系"踰"，古同"逾"，今改以合简体文之规范，下文同，不再注。
② 原文系"閣"，据上下文应为"搁"之通假，今改以合简体文之规范，下文同，不再注。
③ 原文系"祗"，据上下文应为"衹"之别字，今改为"只"，以合简体文之规范，下文同，不再注。
④ 原文系"乾"，此处据上下文改为"干"，以合简体文之规范，下文同，不再注。
⑤ 原文系"點"，据上下文应为"點"之异体，今改为"点"，以合简体文之规范，下文同，不再注。
⑥ 原文系"璫"，今改为"珰"，以合简体文之规范，"貂珰"音同"刁当"，指貂尾和金、银珰。

若明为折价以佐公帑之需。合照两窑，街道成规，酌量准折。又照户部盐①粮②事例出领支给，庶本差不虚接济之名，而班军亦不受需索之苦矣。

虞衡清吏司　监督主事　臣周　颂　谨议
工科给事中　臣何士晋　谨订

---

① 原文系"鹽"，今改为"盐"，以合简体文之规范，下文同，不再注。
② 原文系"糧"，今改为"粮"，以合简体文之规范，下文同，不再注。

工 科 给 事 中	臣何士晋	纂辑
广东道监察御史	臣李 嵩	订正
营缮清吏司郎中	臣聂心汤	参阅
营缮清吏司主事	臣丘志充	考载
营缮清吏司主事	臣陈应元	
虞衡清吏司主事	臣楼一堂	
都水清吏司主事	臣黄景章	
屯田清吏司主事	臣华 颜	同编

清匠司

营缮司注选主事三年，专掌清理内府、监局匠役事。旧制天下匠役轮入供作，本司多勾①取查核之事。后外省准折色，而隶籍供应者悉属内官。本司但存其名，不过外解给批，回②与折粮，户部则据花名册挂号而已，事宜无可载。载见在食粮数，以为户部凭照，与一二公费之有关，于库领者止此。

食粮匠数：

内监局 实在食粮官、军、民、匠一万五千一百三十九员名，每名每月各支米不等，共支米一万四千五百一十八石六斗。

前件，以上匠役，俱内监派用，名数不等。寄于各卫所造册，支粮亦多寡不等。查原额官军民匠一万五千八百八十四名，因有逃亡事故者，故数减少七百四十五名。倘后有告补者，即当查照原额，会行工科查补，并不得出于原额之外也。

盔甲厂 实在食粮匠役一千四百一十名，每名每月各支米不等，共支米一千四百八石五斗。查万历四十年，该厂清选过，原额匠役一千四百三十九名，今少二十九名。

铸印局 实在食粮匠役二十名，每名每月支米一石，共支米二十石。此系额定数。

公用银两：

每季笔墨、银珠、纸札银，三两三钱五分，每年共领银十三两四钱。缮司给送。

每季打扫厅房等处，银三两六钱，每年共领银十四两四钱。缮司给送。

每年终，奏缴各省解到匠班银

---

① 此字"底本"、"北图珍本"系"每"，"续四库本"作"勾"，今从"续四库本"。
② 原文系"廻"，古同"回"，今改以合简体文之规范，下文同，不再注。

两数目,造青、黄二册,纸张工食银六两。本司书办领。

清匠司 条议：

一 匠役供作为上用也,故以外臣懂①之。

缺乏则勾补,滥冒则稽核,此非内臣之事也。今匠价入库,本司犹得一批回挂号,与闻其数,而诸役实在有无、多寡,仅凭内监、卫所等衙门报名支粮。犹且十年一清,亦只凭该监之册报,则中之朦胧滥冒以耗太仓之粟者,尽社中之鼠也。脱当总核百度鸠工意者,得课该监等衙门核居肆之事,以求饩廪之称,斯无以足财用者耗财用乎?然而宫中、府中谁能使无不可问者,非外臣能也。责及清匠,谓有可存,窃愧②不能举笾豆以置对矣。

司 务 厅 旧署司事司务 臣郑 弼
营缮清吏司 督理司主事 臣丘志充 谨同议
工科给事中 臣何士晋 谨订

---

① 原文系"董",据上下文应为"懂"之通假,今改以合简体文之规范,下文同,不再注。

② 原文系"媿",古同"愧",今改以合简体文之规范,下文同,不再注。

工部厂库须知
卷之五

工科给事中　臣何士晋　纂辑
广东道监察御史　臣李　嵩　校正
营缮清吏司郎中　臣聂心汤　参阅
营缮清吏司主事　臣赵明钦　考载
营缮清吏司主事　臣陈应元
虞衡清吏司主事　臣楼一堂
都水清吏司主事　臣黄景章
屯田清吏司主事　臣华　颜　同编

琉璃黑窑厂①

营缮司注选主事三年，有关防，有公署，一差兼管二窑。每动工提请烧造，多寡不等，钱粮出本司，本差出给实收。

见行事宜：

一　琉璃厂烧造琉璃瓦料，合用物料、工匠规则：

每瓦料一万个片，用两火烧出，每一火用柴十五万斤，共用柴三十万斤。可减二万斤。

坩子土二十五万斤。

做坯片匠，照会估瓦料大小算工。在后。

淘澄匠一百七十名。

碾土供作夫，每匠一工，用夫五名。

修窑瓦匠五十名。

装烧窑匠五十名。

答②应匠二十五名。

安砌匠十名。

黄土二百车。

开清塘口局，夫三百五十名。

煤渣③五千斤。

---

① “底本”此处将“琉璃黑窑厂　条议”置于文前，今从“续四库本”、“北图珍本”次序，与各卷一致。
② 原文系“荅”，古同“答”，今改以合简体文之规范，下文同，不再注。
③ 原文系“炸”，应为“渣”之通假，今改以合简体文之规范，下文同，不再注。

运瓦夫,照会估斤称定工。在后。

黄色一料:
黄丹三百六斤,马牙石一百二斤,
黛赭石八斤。

青色一料:
焇十斤,马牙石十斤,
铅末七斤,苏嘛呢青八两,
紫英石六两。

绿色一料:
铅末三百六斤,马牙石一百二斤,
铜末十五斤八两。

蓝色一料:
紫英石六两,铜末十两,
焇十斤,马牙石十斤,
铅末一斤四两。

黑色一料:
铅末三百六斤,马牙石一百二斤,
铜末二十二斤,无名异一百八斤。

白色一料:
黄丹五十斤,马牙石十五斤。

每一料,约浇瓦料一千个片,若殿门通脊、吻兽、大料,不拘此数。

一、三、四作做造:
头样勾子、滴水,各二个一工。
筒①瓦、板瓦,各四个一工。

二样勾子、滴水,各四个一工。
筒瓦、板瓦各八个一工。

三样勾子、滴水,各六个一工。
筒瓦、板瓦,各十四个一工。
涩②滑,八个一工。

四样勾子、滴水,各八个一工。
筒瓦、板瓦,各十七个一工。
涩滑,十一个一工。

五样勾子、滴水,各十个一工。
筒瓦、板瓦,各十九个一工。

① 原文系"同",应为"筒"之通假,今改以合简体文之规范,下文同,不再注。
② 原文系"溢",古同"涩",今改以合简体文之规范,下文同,不再注。

涩滑,十五个一工。

六样勾子、滴水,各十二个一工。

筒瓦、板瓦,各二十三个一工。

涩滑,十六个一工。

盆檐瓦、古老钱,各十二个一工。

七样勾子、滴水,各十三个一工。

筒瓦、板瓦,各二十七个一工。

八样勾子、滴水,各十五个一工。

筒瓦、板瓦,各三十个一工。

九样勾子、滴水,各十七个一工。

筒瓦、板瓦,各一百个三工。

十样勾子、滴水,各二十个一工。

筒瓦、板瓦,各三十五个一工。

如遇大享殿、皇穹宇、乾光殿各处,一把伞①行,子同板瓦,照依各样下算。

二作并瓦作做造。

头样通脊,高一尺九寸五分,长二尺四寸,每块七工。

垂脊,高一尺一寸五分,长二尺,每块二工。

相连裙色,高五寸五分,长二尺四寸,每三块十工。

黄道,高五寸五分,长二尺四寸,每三块十工。

花搯②头,三块十工。

花挣③扒头,一块二工。

束腰花莲座,一块七工。

二样通脊,高一尺七寸五分,长二尺四寸,每块五工。

垂脊,高九寸五分,长一尺九寸五分,每块一工。

相连裙色,高四寸,长二尺四寸,每块二工。

黄道,高四寸五分,长二尺四寸,每块二工。

① 原文系"傘",今改为"伞",以合简体文之规范,下文同,不再注。
② 原文系"搝",今改为"搯",以合简体文之规范,下文同,不再注。
③ 原文系"揣",音同"争",今改为"挣",以合简体文之规范,下文同,不再注。

束角花莲①座，三块十工。

花㸒头、花挣扒，各一块一工。

博风、吻匣、当勾，各一块一工。

吻座，二块一工。

承奉、连砖，三块一工。

托泥、当勾，三块一工。

花插角，一块五工。

博脊瓦，六块一工。

三样通脊，高一尺五寸五分，长二尺四寸，每块三工。

垂脊，高七寸五分，长一尺八寸，每三块二工。

相连裙色，高三寸，长二尺四寸，每块一工。

黄道，高三寸五分，长二尺四寸，每块一工。

连砖，四块一工。

花插角，一块三工。

四样通脊，高一尺三寸五分，长二尺四寸，每块二工。

垂脊，高五寸五分，长一尺五寸，每二块一工。

五样通脊，高一尺一寸五分，长二尺二寸，每二块三工。

六样通脊，高一尺五分，长二尺二寸，每块一工。

七样通脊，高九寸五分，长二尺二寸，每三块二工。

八样通脊，高八寸五分，长二尺二寸，每三块二工。

九样通脊，高七寸五分，长二尺二寸，每三块二工。

十样通脊，高六寸五分，长二尺二寸，每二块一工。

不随样小通脊，高五寸五分，长一尺五寸，每三块一工。

小垂脊，高四寸五分，长一尺四寸，每三块一工。

小通脊，高四寸五分，长一尺四寸，每四块一工。

小通脊，高三寸五分，长一尺三寸，每四块一工。

---

① 原文系"连"，应为"莲"之通假，今改以合简体文之规范，下文同，不再注。

不随样花龟①角，十块三工。

花线砖转头，三块十工。

花线砖	花结带
花裙板	花雀②替
平头连座	方眼格扇
小花插角	靠古
柱子	走龙束腰，

各一块二工。

花莲伴③	花莲伴头
花枋④	花平板枋
花平板枋头	花柱头
花桁条	花梁
花头	海禽吞口
海石榴座	斗科
斜椽	角梁
小通脊	小垂脊
平头兽⑤座	束角兽座
护朽	大额方白
大耳头	草儿插角
玛瑙格柱	斗底
博脊	通脊

龟⑥文砖	屋扇瓦
地袱	垂带
坛⑦面⑧砖	江牙海水线砖

江牙海水莲伴，各每一块一工。

花撺头	花挣扒头
板椽	望板
椽管	起窍⑨
小兽座	盖梁瓦
水沟	博风
喷水	柁头

吻匣、当勾、脊底，各每二块一工。

花裙色头	花桁条头
江牙海水柱头	

古文锦、龟文砖，各每一块三工。

---

① 原文系"龜"，应为"龟"之异体，古同"龟"，今改以合简体文之规范，下文同，不再注。
② 原文系"鹊"，此处应为"雀"之通假，今改以合古建术语之规范，下文同，不再注。
③ 原文如此，或为"瓣"之通假，不改以待考，下文同，不再注。
④ 原文系"方"，此处应为"枋"之通假，今改以合古建术语之规范，下文同，不再注。
⑤ 原文系"獸"，今改为"兽"，以合简体文之规范，下文同，不再注。
⑥ 原文系"龜"，今改为"龟"，以合简体文之规范，下文同，不再注。
⑦ 原文系"壇"，今改为"坛"，以合简体文之规范，下文同，不再注。
⑧ 原文系"靣"，古同"面"，今改以合简体文之规范，下文同，不再注。
⑨ 原文系"窾"，今改为"窍"，以合简体文之规范，下文同，不再注。

花莲儿柱头　　花裙色花台
上用。
花梁斗底　　角斗
大额花枋　　门当花砖
面阶①,各每二块三工。

花莲伴格柱　　海石榴
各每三块二工。

花直工板　　磉②科
圆柱子　　方柱子
方椽　　圆椽
满山红　　荷叶
小壇
江牙海直工板,各每三块
一工。

三层倒砌莲③砖
博脊、运砖　　列角、托盘
托泥、当勾　　三抹头
各每四块一工。

花气眼　　方子白
吻座　　小倒砌连砖

宝珠座　　相连色道
落丝头,各每五块一工。

三色砖　　满面
面枋　　门坎
间色方砖,各每六块一工。

坛角砖　　门坎
牙子砖,各每七块一工。

大裙色　　行条白
博脊瓦　　杌④子砖
牙子砖　　搭⑤垛砖
每八块一工。

小裙色　　押屑
各每九块一工。

线砖　　半混
水盘色　　嚣⑥色
芦科　　机枋
耳子　　元混
毒板白　　印叶,各每十

① 原文系"墄",古同"階",今改为"阶",以合简体文之规范,下文同,不再注。
② 音同"赏",指柱子下的石墩,即石柱础部分。
③ 原文此处写作"莲","莲砖"应与"连砖"同义,今不改。
④ 音同"误","杌子"为"小凳"之意。
⑤ 原文系"苔",据上下文此处应为"搭"之通假,今改以合简体文之规范,下文同,不再注。
⑥ 原文系"嚚",应为"嚣"之异体,此处或为"枭"的通假,暂不改,下文同,不再注。

块一工。

尖色　　　　坎砖
替庄,各每十一块一工。

圭角白　　　随山半混
垫板　　　　土亲
各每十二块一工。

欢门
江牙海水龙枋子、走龙通脊,
各每一块四工。
云鹤插角,每一块五工。
菱①花槅扇、华虫②插角,各每
一块六工。
拦板,每一块七工。
江牙海水柱子、云鹤扇面,各
每一块八工。
江牙海水龙插角、华虫扇面,
各每一块十工。
花扇面、江牙海水龙扇面,各
每一块十一工。
江牙靠古,每一块十七工。
江牙海水拦板,每一块二十
一工。
盆花一板,每三块六工。

四尺五寸江牙海水云龙缸,每
一口四十工。
各陵地宫、大明门并东、西长
安门,三座计六件,每一座十八工,
计五十四工。
承天门、端门、午门并皇极门、
三大殿,七座计二十一件,每座二
十八工,计一百九十六工。
文武楼二座,计八件,每一座
三十六工,计七十二工。
穿堂二座,计四件,每一座十
二工,计二十四工。

五作造:
头样正当勾、押带,各每四个
一工。
斜当勾每二个、走兽四个,
十工。
真人,一个三工。

二样正当勾、押带,各每七个
一工。
斜当勾,每四个一工;走兽、真
人,各一个二工。

三样正当勾、押带,各每十四

---

① 原文系"玲",应为"菱"之通假,今改之以合古建术语之规范,下文同,不再注。
② 原文系"蛋",应为"虫"之异体,今改以合简体文之规范,下文同,不再注。

个一工。

斜当勾,每六个一工;走兽,一个一工。

真人,二个三工。

四样正当勾、押带,各每十七个一工。

斜当勾,每八个一工;走兽,三个二工。

真人,一个一工。

五样正当勾、押带,各每十九个一工。

斜当勾,每十个一工;走兽,三个一工。

真人,三个二工。

六样正当勾、押带,每二十三个一工。

斜当勾,每十四个一工。

走兽,四个一工;真人,三个一工。

七样正当勾、押带,各每二十七个一工。

斜当勾,每十七个一工。

走兽,五个一工;真人,四个一工。

八样正当勾、押带,各每三十个一工。

斜当勾,每十九个一工。

走兽、真人,各每六个一工。

九样正当勾、押带,各每一百个三工。

大瓦条,二十个一工。

不随样混砖、小瓦条,各每四十五个一工。

香草砖,每二十二个一工。

吻一只十三块,一百五十工。

吻一只十一块,九十工。

吻一只九块,八十工。

吻一只七块,四十八工。

吻一只六块,三十六工。

吻一只五块,二十五工。

吻一只四块,二十二工。

吻一只三块,十八工。

吻一只高二尺五寸,六工。

吻一只高二尺,四工。

吻一只高一尺五寸,三工。

吻一只高一尺二寸,二工。

大兽头五块,二十五工。

大兽头三块,十二工。

三尺三寸兽头一个二块,八工。

二尺五寸五分兽头一个,

六工。

二尺二寸五分兽头二个，三工。

一尺八寸兽头一个，一工。

一尺五寸兽头四个，三工。

一尺二寸兽头三个，二工。

一尺兽头五个，二工。

小兽头五个，一工。

套兽，高一尺三寸，脚长八寸五分，一个六工。

套兽，高一尺一寸，脚长七寸五分，一个四工。

套兽，高九寸五分，脚长六寸五分，一个三工。

套兽，高八寸五分，脚长五寸五分，一个二工。

套兽，高六寸，脚长四寸，一个一工。

背兽，高一尺五寸，脚长五寸五分，一个二工。

背兽，高一尺一寸五分，脚长六寸，一个三工。

背兽，高一尺二寸，脚长六寸五分，一个四工。

背兽，高八寸，脚长四寸五分，一个一工。

背兽，高七寸，脚长三寸五分，二个一工。

吻朝，每一个二块，十二工。

吻朝，高一尺七寸，一个六工。

吻朝，高一尺五寸，一个四工。

吻朝，高一尺四寸五分，一个三工。

吻朝，高一尺二寸，一个二工。

吻朝，高一尺五分，一个一工。

不随样套兽、背兽、吻朝，各每五个一工。

云罐①，一个十工；莲台狮子，一个三工。

各陵地宫、上伏檐、下伏檐，共九座，每一座吻五对、兽头八个，共吻四十五对、兽头七十二个，每座六工，计五十四工。

单檐三座，吻三对、兽头二十四个，每座三工，计九工。

供器香炉四个，每一个三工，计十二工。

花瓶八只，每一只一工，计八工。

造通脊龙，每一条一工。

造通脊、垂脊宝儿，每三攒计一工。

---

① 原文系"罐"，古同"罐"，今改以合简体文之规范，下文同，不再注。

架瓦作，凿过出青、黄、黑、绿色。

头样、二样、三样筒瓦，各每三十六个一工。

四样筒瓦，每六十个一工。

五样筒瓦，每七十五个一工。

六样筒瓦，每九十二个一工。

七样筒瓦，每一百十个一工。

八样筒瓦，每一百三十个一工。

九样筒瓦，每一百五十个一工。

十样筒瓦，每二百个一工。

如遇行子筒瓦，随各样下算。

顶样、二样、三样正当勾、押带，各每一百个一工。

四样正当勾、押带，各每一百十个一工。

五样正当勾、押带，各每一百二十五个一工。

六样正当勾、押带，各每一百五十个一工。

七样正当勾、押带，各每一百七十个一工。

八样正当勾、押带，各每二百个一工。

大瓦条，一百二十五个一工。

香草砖，六十五个一工。

混砖，二百个一工。

瓦条，一百五十个一工。

头样通脊、垂脊相连裙色黄道，各每七块一工；承奉连砖，二十块一工。

二样通脊、垂脊相连裙色黄道，各每十块一工。

三样通脊、垂脊相连裙色黄道，各每十一块一工。

四样通脊、垂脊，各每十四块一工。

五样通脊，十六块一工。

六样通脊，各每十八块一工。

七样、八样通脊，各每二十块一工。

九样、十样通脊，各每二十二块一工。

不随样小通脊、小垂脊，各每二十四块一工。

满面黄　博脊　连砖，各每三十块一工。

狎屑　　替庄　　坎砖

圆方柱子　花枋　　桁①条

机枋

---

① 原文系"行"，应为"桁"之通假，今改以合古建术语之规范，下文同，不再注。

圭角　　　线砖　　　花平板枋

素板白　　方子白　　半混器色

芦科　　　博脊瓦　　圆混

水盘色　　杌子砖　　花莲伴

圆光座　　相连色道，各二十五块一工。

小通脊、面方，各每二十块一工。

小裙色，五十块一工。

博脊、通脊、柱子、面阶，各每十四块一工。

大裙色，十块一工；坛面砖，八块一工。

坛角砖，二十七块一工。

地栿①，十五块一工；栏板，七块一工。

敲板瓦，一千片一工。

皇极殿吻，一只十三块，高一丈三尺五寸，计一百七十工。

吻朝，一个二块，高四尺五寸，计十二工。

背兽，一个三工。

合角吻，四只二十块，高五尺五寸，每只五块，二十八工，共计一百一十二工。

吻朝四个，每个二工，计八工。

背兽四个，四工。

建极殿、中极殿同前。

乾清宫吻，二只二十二块，高一丈五寸，每只十一块，九十八工，共计一百九十六工。

吻朝，二个四块，每一个二块，计八工，共十六工。

背兽二个，每一个二工，计四工。

合角吻，八只四十块，每一只五块，二十八工，计二百二十四工。

吻朝八个，每一个二工，共计十六工。

背兽八个，计八工。

文武楼同前。

皇极门吻，一只十一块，九十八工。

吻朝二个，计八工；背兽一个，计二工。

合角吻，四只二十块，每只五块，二十八工，计一百一十二工。

① 原文系"袱"，应为"栿"之通假，今改以合古建术语之规范，下文同，不再注。

吻朝四个,计八工;背兽四个,计四工。

午门、端门、承天门同前。

黄土车,每日每车四运,银六分。

昼夜炼青匠,长工七分,短工六分。以上二项,营缮司十一年新增。

运瓦料脚价:

琉璃厂旧估瓦片,每五十片,计三百七十五斤,作一车。今议每车四百斤,每车每里运价四厘。如城内外工所离场十里以外者,用车装运;十里以内者,用夫抬运。照旧估,准夫二名,每日抬四次,每扛重一百二十斤,内城工所,每扛各减十斤,俱准长工算给。

一 黑窑厂 烧造各样砖料,合用柴、土、工匠规则:

二尺方砖,每个柴一百二十斤。应减十斤。

尺七方砖,每个柴九十斤。应减十斤。

尺五方砖,每个柴七十斤。

大平身砖,每个柴七十斤。二项应减六斤。

尺二方砖、城砖、平身砖,每个各用柴五十斤。三项应减四斤。

板砖、斧刃、劵副砖,每个各用柴四十斤。三项应减十斤。

望板砖,每个七十斤。

筒、板瓦等料,每万个柴二万四千斤有奇。

做坯片匠,照会估,砖瓦大小算工,开后:

二尺方砖,每四个一工。

尺七方砖,每六个一工。

尺五方砖,每十个一工。

尺二方砖,每十三个一工。

平身砖,每十三个一工。

斧刃砖,每二十六个一工。

劵副砖,每二十四个一工。

混砖、沙板砖,各每一百个一工。

望板砖,每六十个一工。

筒瓦,每五十个一工。

板瓦,每一百片一工。

勾头、滴水、花边瓦,各每四十四个一工。

瓦条,一百五十根一工。

二尺七寸吻,一只二工。屯田司十三年增。

尺七兽,三只二工;尺五兽,二只一工。

尺二兽，五只二工；一尺兽，三只一工。

八寸兽，四只一工；阁兽双尾，一只二工。

狮子、海马，七个一工。

当沟，七十个一工。

城楼工所　削边瓦料：

五样削边，筒瓦，每三十个一工；板瓦，每六十片一工。

六样削边，筒瓦，每三十五个一工；板瓦，每七十片一工。

大平身砖，长一尺六寸，阔一尺，每九个一工。

城砖原无会估，今议长一尺五寸八分，阔七寸五分，厚四寸，每十个一工。

新板砖，长一尺四寸五分，阔七寸，厚三寸，每二十个一工。

装烧窑匠、做模子匠，随工量用。内长工七分算。

以上各项，匠工给银六分，每匠六工。用供作夫十九名，开运莺房黑土、运黄土夫共二十三名。

运砖料脚价：

旧估斧刃砖，每十五个，计三百五十斤，作一车。今议砖瓦每车四百斤，每车每里运价三厘五毫。如城内外工所离场十里以外者，用车装运；十里以内者，用夫抬运。照旧估，准夫二名，每日抬四次，每扛重一百四十斤。内城工所，每扛各减十斤，俱准长工算给。

琉璃黑窑厂　条议：

一　增小票。凡运砖、瓦于见工处，则给大运票一张，书样数若干，见工监督会巡视，注"收讫"二字于票上，甚妙也。乃车户延迟，或中途盗卖，则以巡视不到不收借口。今定于大票之外，加一小票，即照大票填注时日、运数，令见工委官随到随查，到则书到讫，缺少则书缺少数目，以便追比。限以二日去，一日缴。如期不缴有责，则不得复有他诿，而运必到矣。

一　勤收验。内监每收钱粮，必索铺垫。铺垫未足，内监必不肯收，必以此物为不好夫？好与不好，本差有目能辨，何须内监雌黄？可收即收，即有从旁挪揄，亦当置之不理一①也。

一　禁花销。一工砖瓦，有一工之取用，必甲乙无移，乃可稽核。乃内监向以门殿、陵工正经砖瓦，应付内工不时之取。盖内工所取，原该内监自赔，不得取之于正额。如取正额，则正额缺，正额缺则须再造，以补正额，此从来通弊也。今必力持正额，如为门殿造者，必门殿用许发；为陵工造者，必陵工用许发。庶恶监不得花销，而本部亦大有节省矣。

营缮清吏司主事　　臣赵明钦　谨议
工　科　给　事　中　　臣何士晋　谨订

---

①　原文如此，此字或为妄添，删去亦通。

工 科 给 事 中　臣何士晋　纂辑

广东道监察御史　臣李　嵩　订正

营缮清吏司郎中　臣聂心汤　参阅

营缮清吏司员外郎　臣米万钟

营缮清吏司主事　臣陈应元

营缮清吏司主事　臣贾宗悌

屯田清吏司主事　臣华　颜　同考载

虞衡清吏司主事　臣楼一堂

都水清吏司主事　臣黄景章　同编

神木厂

营缮分差，掌收各项材木。先朝营建时，有巨木蔽牛浮河而至，疑为神木，厂遂得名。地在城外，以便湾厂输运。岁时储积以供取用，所积每多于山台两厂。厂中木料，每年出入，盈缩不等，难定数目。今开具见行事宜，惟木价、运价、土工、匠作等。价之有关于厂事者，三厂事体相同，故为总开于后。

山西大木厂

营缮分差，亦国初旧设，与神木厂同储材木。与台基厂同，储材为造作之场。厂屋三层，属内监居住监督，从外遥制所掌。动工有夫匠价，起运有木运价，同载三厂之后。

台基厂

营缮分差，与神木厂同储材木。与山西厂同，储为造材作之场。查国初无，系后增设，以近宫殿。造作所就，易于输运，一切营建，定式于此，故曰台基。内有砖砌方地一片，为规划之区。厂屋三层，内监居住监督，亦从遥制所掌。动工有夫匠价，起运有木运价，同载三厂之后。

木料等价规则：

长梁，

一号，长二丈五尺，围五尺，每根银五两。

二号，长二丈三尺，围五尺，每根银四两三钱。

十二号，长一丈七尺，围三尺，每根银一两五钱。

栿木，

一号，长二丈一尺，围五尺二寸，每根三两四钱五分。

二号，长二丈，围五尺，每根银三两二钱五分。

十三号，长一丈五尺，围二尺五寸，每根银八钱四分。

散木，

一号，长一丈五尺，围四尺二寸，每根银二两二钱六分。

二号，长一丈四尺，围四尺一寸，每根银二钱一分。

九号，长一丈，围一尺八寸，每根银三钱八分。

松木，

一号，长一丈六尺，围四尺六寸，每根银一两六钱。

二号，长一丈六尺，围三尺六寸，每根银一两四钱。

十五号，长七尺，围九寸，每根银五分五厘。

大杉木，

一号，长四丈，围四尺二寸，每根银五两八钱。

二号，长三丈五尺，围四尺五寸，每根银五两五钱。

四号，长三丈四尺，围三尺二寸，每根银四两六钱。

平头杉木，

一号，长三丈七尺，围三尺，每根银三两九钱五分。

二号，长三丈，围三尺，每根银三两六钱。

七号，长二丈，围一尺五寸，每根银七钱。

鹰架杉木，

一号，长三丈，围二尺一寸五分，每根银一两二钱。

二号，长二丈八尺，围一尺七寸，每根银八钱五分。

四号，长二丈五尺，围一尺四寸，每根银六钱。

杉条木，

一号，长二丈，围二尺四寸，每根银五钱五分。

二号，长二丈八尺，围一尺三寸，每根银三钱三分。

五号，长一丈六尺，围九寸，每根银一钱四分。

撩栳①枋，

一号，长二丈四尺，阔一尺四寸，厚九寸，每块银四两二钱。

二号，长二丈四尺，阔一尺二寸七分，厚八寸七分，每块银四两。

六号，长二丈一尺，阔一尺，厚七寸，每块银二两六钱。

柁枋，

一号，长二丈三尺，阔一尺四寸，厚八寸五分，每块银三两九钱。

②二号，长二丈二尺，阔一尺三寸，厚八寸，每块三两七钱。

五号，长一丈八尺，围一尺一寸，厚六寸，每块银一两八钱。

松板，

一号，长一丈八尺，阔一尺二寸，厚二寸五分，每块银一两。

二号，长一丈六尺，阔一尺二寸五分，厚二寸五分，每块银八钱。

十六号，长二尺五寸，阔一尺二寸，厚三寸，每块银六分。

松木净板，

一号，长六尺五寸，阔一尺，厚二寸五分，每块银二钱五分。

二号，长六尺五寸，阔八寸，厚二寸五分，每块银二钱二分。

五号，长六尺，阔一尺，厚三寸，每块银八分。

楠木连二板枋，

一号，长一丈八尺，阔二尺，厚一尺，每块银七两七钱。

二号，长一丈六尺，阔一尺五寸，厚八寸，每块银五两七钱。

三号，长一丈四尺，阔一尺二寸，厚六寸，每块银四两七钱。

杉木连二板枋，

一号，长一丈六尺，阔一尺七寸，厚七寸，每块银一两九钱。

二号，长一丈五尺，阔一尺二寸，厚五寸，每块银一两五钱。

单料板枋，

一号，长八尺，阔一尺六寸，厚六寸，每块银八钱八分。

二号，长七尺，阔一尺五寸，厚五寸，每块银七钱。

① 原文系"栳"，应为"栳"之异体，今改以合简体文之规范，下文同，不再注。
② 此处起，北图珍本部分段落文字次序混乱，今按"底本"、"续四库本"调整。

五号,长六尺五寸,阔一尺,厚三寸,每块银五钱。

杉木板,

一号,长一丈六尺,阔一尺七寸,厚七寸,每块银二两。

二号,长一丈四尺,阔一尺五寸,厚五寸,每块银一两七钱。

十一号,长六尺五寸,阔一尺,厚三寸,每块银五钱。

一号,每块长七尺,阔一尺,厚五寸,每四块,准一号散木一根。

二号,每块长六尺八寸,阔八寸,厚四寸五分,每四块,准二号散木一根。

三号,每块长六尺六寸,阔六寸,厚四寸,每四块,准三号散木一根。

以上俱召买则例,运价在外。但运价亦四块扣算,不无亏官。仍各该随号倍加,每八块折一根算给为当。

榆木,

一号,长一丈一尺,围四尺八寸,每根银八钱五分。

二号,长一丈二尺,围四尺二寸,每根银七钱八分。

七号,长一丈,围三尺,每根银五钱。

槐木车轴,

一号,长二丈五尺,围三尺五寸,每根银二两二钱。

二号,长一丈五尺,围二尺七寸,每根银一两。

九号,长二尺,围二尺一寸,每根银七分。

①檀木,

长一丈,围二尺,每根银七钱。

檀木捎,

长七尺,围一尺六寸,每根银四钱八分。

檀木轴,

长一丈二尺,围三尺,每根银九钱。

栗木,

一号,长一丈,围三尺,每根银一两四钱。

二号,长一丈二尺,围二尺五寸,每根银一两零八分。

四号,长一丈,围二尺,每根银

---

① 此处至"苘麻","北图珍本"次序混乱,今从"底本"、"续四库本"调整。

九钱。

铁力木，

长五尺，围一尺五寸，每根银一两五钱。

猫竹，

一号，长二丈二尺，围一尺，每根银一钱二分。

四号，长一丈七尺，围六寸，每根银六分。

苘麻，每斤银一分三厘。

绵苇席，长七尺，阔四尺，每领银四分。

菊①秸②，每百斤银一钱。

苇箔，每见方一丈，银八分。

棘茨，每百斤银二钱六分。内工有量加之例。

稻草，每百斤银一钱八分。

泥稔草，每百束银四分。

前件，木价内不载楠木，以由本地办解，非召买之物也。余价或亦随时低昂，今所载一时会估，价值大约可以为准。

只载三号者，二号则递减之式，末号则减极之式也，中可类推。但尚载木价，尚依旧例。今万历四十三年会估，木商苦称赔累，于长梁、柁木、松散，每价一两，各加银二钱，当照数补算。盖时价一、二年间，多有赢缩不等，故会估之法，必须每年举行。虽不失大常，不无小变，不能执一也。

运价规则：

张家湾运至神木厂，计地五十里。

台基厂，计地五十七里。

山西厂，计地六十里。

楠木，围一丈以上者，每十两照估递加。

一号，围一丈四尺，长五丈五尺，每车一根。③ 每里银五钱六分。

二号，围一丈三尺，长五丈四尺，每车一根，每里银四钱五分。

十二号，围三尺，长四丈，每车一根，每里银三分五厘。以下照此递减。

杉木，

---

① 原文系"蓊"，应为"菊"之异体，今改以合简体文之规范，下文同，不再注。
② 原文系"稭"，今改为"秸"，以合简体文之规范，下文同，不再注。
③ "北图珍本"至此处文字次序混乱，今从"底本"、"续四库本"调整。

一号，围一丈四尺，长五丈四尺，每车一根，每里银二钱九分八厘。

二号，围一丈三尺，长五丈三尺，每车一根，每里银二钱五分。

十号，围五尺，长四丈七尺五寸，每车一根，每里银三分三厘三毫二丝。

大鹰架杉木，

一号，围四尺一寸以上，长六丈一尺，每车三根，每里银三分。

三号，围三尺七寸以上，长四丈七尺，每车五根，每里银三分二厘。

小鹰架平头杉木，

一号，围三尺五寸以上，长三丈七尺，每车七根，每里银三分二厘。

二号，围二尺一寸，长三丈以上，每车十根，每里银三分二厘。

杉条、杉桥①木，每三十根一车，每里银三分。内：

一号，围三尺五寸以上，长三丈七尺以上，与小鹰架一号同。

二号，围二尺一寸以上，长三

丈以上，与小鹰架二号同，每车俱比照前定根数，每里银三分。

楠木板枋。每见方一尺，重三十三斤。

连四，每车每里银二分三厘三毫。

连三，每车每里银二分二厘三毫。

单料，每车每里银一分九厘三毫。

以上楠木板枋，内有长阔厚比，旧则不同。如单料一块，长一丈三尺，阔二尺四寸，厚七寸，秤重七百斤。每车二千二百斤，照通州运价银一两一钱。

杉木板枋。每见方一尺，重二十七斤。

连四，每车每里银二分一厘三毫。

连三，每车每里银二分一厘三毫。

_____

① 原文系"橋"，古同"桥"，今改以合简体文之规范，下文同，不再注。

单料，每车每里银二分一厘三毫。

以上杉木板枋，内有长阔厚比，旧则不同。如单料一块，长八尺五寸，阔二尺，厚七寸，秤重三百斤。每车重二千二百斤，照通州运价银一两一钱。

前件，运价多自嘉靖年时所定，向来遵依者，三厂计地定价，皆同一式。倘运入工所，计地虽同，而转运渐难。故见工有论转数，计价之法又不可一律定也。

土工价规则：此系山、台二厂所有。

内工，长工银七分，短工六分。

外工，长工银六分，短工五分七厘。

以上，自三月起至九月作长工，十月起至二月作短工。

包工规则：

筑土墙，每丈高九尺，阔五尺，银三钱三分。

如高阔不等，照此增减。今每以三钱一夫定价矣。

清脚夯夫规则：

各工，每工银四分。系内提督

者，加一分。以备督工饭钱，遂以为例。

雕工匠价规则：

门殿雕工则：

两面双头三伏云，各见方一尺五寸，每块准四十工；外门粗者，二十余工或三十余工，每工银六分，以下工价皆六分算。

两面一头耍头云，各见方三尺一寸，每块准四十工，粗亦量减。

两面三伏云，每见方一尺，准七工。

两面一头桁椀云，每见方一尺五寸，每块准二十工。

两面苗①香草雀木，每见方一尺，准七工。

结带满山红，每见方一尺，准七工。

宝瓶②，各高一尺，径一尺，每个准一工。

葵花眼钱，每六十个，准一工。

影槅两面葵花鼓墩二个，各径一尺，每个准一工。

瓦丁、瓦头，每四个准一工。

花顶，每百个准一、二工。以

---

① 原文系"囬"，古同"回"，据上下文应为"茵"之通假，今改以合简体文之规范，下文同，不再注。

② 原文系"缾"，应为"瓶"之异体，今改为"瓶"，以合简体文之规范，下文同，不再注。

上皆三十九年，门工时价估，有案。

长槅扇四椀①菱花，做阔十眼，高十五眼，里外②两扇一合，准五十工。

槛窗③四椀菱花，做阔七眼，高十五眼，里外两扇一合，准三十五工。

横披四椀菱花，做高四眼，阔十眼，里外一合，准二十六工。

以上三项，皆见造王府价估。

造床雕工二座则：

两面玲珑云龙，正山二块，各长四尺四寸，阔二尺一寸，厚四寸，折得七丈三尺九寸二分，每尺七工，计五百一十七工四分。

两面玲珑云龙，左右四块，各长一尺九寸，阔一尺三寸，厚四寸，折得三丈九尺五寸二分，每尺七工，计二百七十六工六分。

两面玲珑云龙，披四块，各长四尺六寸，阔八寸，折得一十四丈二寸，每尺七工，计一千三十工四分。

两面玲珑云龙，左右四块，各长二尺五寸，阔八寸，折得八丈，每尺七工，计五百六十工。

两面龙足踏二座，前后四块，各长二尺八寸，厚三寸，折得三丈三尺六寸，每尺七工，计二百三十五工二分。

左右四块，各长九寸，厚三尺，折得一丈零八寸，每尺七工，计七十五工六分。

地平四块，周围雕布④伏莲瓣、香草，准四十工。

杂项雕工则：

金殿吻兽、狮仙，每五十件，准三十工。

金殿瓦丁、瓦头，六个准一工。

凡狮子、象，每个准一工。

大十字古墩、灯⑤盘，各径一尺五寸，每尺七工折算。

食盆、香几等件用海石榴、净瓶、宝瓶，每个准一工。

存龙，每尊准七工。

荷叶，每个准一工。

① 原文系"碗"，今改为"椀"，以合古建术语之规范，下文同，不再注。
② 原文此处多一"外"字，今删。
③ 原文系"牕"，古同"窗"，今改以合简体文之规范，下文同，不再注。
④ 原文系"佈"，古同"布"，今改以合简体文之规范，下文同，不再注。
⑤ 原文系"燈"，今改为"灯"，以合简体文之规范，下文同，不再注。

葵花眼钱，每百个准一工。大者量加。

花梨木等物，俱照估，每尺准七工。

楠木灯盘，每个一工。

十字古墩盘，每个一工。

安珍①珠伞用雕旋②结带宝瓶，二个准五十工。

节节高灯，每个一工。

十字古灯两面雕花古墩，每块一工。

天灯杆用旋木宝顶，各高一尺，每个四工。

盒架用雕海石榴，每高二寸五分，每二个准一工。

拨曾用旋底盘，每径一尺八寸，厚三寸，每个一工。

以上皆三十六、七等年曾经造办，有案。

前件，虽经造办，有案可稽。但雕工碎杂，颇难估计，若精粗之间，相去倍蓰。更有内监督工益堪，假借零星名目以滋破冒。监督倘无，所据何以折衷？今特检旧案，存此数项，此内但有可减，无有可增。要在临时料估，身亲试之，而合以成法，则增减之数可坐而断矣。若一应砍做梁柱，虽有旧案，但精粗、勤怠之间，皆当临时验算者，兹不具成法也。

厂夫规则：

神木厂三班当差，军人一百六十六名，每名每月支米六斗，各仓支给。每班在厂巡逻，看守、修筑墙垣。

山西大木厂守宿、巡逻夫，共二十名。内十四名工食出西城兵马司，六名工食出北城兵马司。

台基厂守宿、巡逻夫，共二十四名。内十六名工食出东城兵马司，八名工食出南城兵马司。皆系房号银。

前件，所用夫数未考仿③自何年。除神木厂远隔城外，更以厂地空阔，防守宜多，故用军夫若干。若两厂用夫，当亦随时派拨，故多寡不齐。或工动木多，则防闲宜密，派额稍增；或工止木少，则防闲稍宽，派额亦可稍减。如冬、春防火，则不妨多派一二名，不拘额限。大率此辈④在厂，多为内监供役，鼠窃狗偷，岁月难防。监守之人即为窟穴，责成之法惟有严记载、多查核。计疏失轻者、扣工食重者，送法司，俾稍知警戒云耳。

---

① 原文系"珎"，古同"珍"，今改以合简体文之规范，下文同，不再注。

② 原文系"鏇"，今改为"旋"，以合简体文之规范，下文同，不再注。

③ 原文系"眆"，据上下文应为"仿"之通假，今改以合简体文之规范，下文同，不再注。

④ 原文系"軰"，古同"辈"，今改以合简体文之规范，下文同，不再注。

本差公费,每月纸札银五钱。

神木厂 条议:

一 应楚蜀名材,原以备门殿之用,毋许擅取。今作官竟不遵依缮司开数,任将好木拣选,大小、长短毫无凭据,是木之灾也。以后发木,但照缮司开来,丈尺、围圆照数查发,作官不许进厂号记,以滋弊窦。

一 木厂旧木,半属朽腐,然皆巨材也。就①朽腐中,尽有可量材节取者。后有取用,惟限定旧木内拣选,非遇门殿、大工及陵寝巨务,新收湖木,一尺一寸毋许轻动。庶影冒之端可杜,即年远不患无

稽矣。

一 凡工取用,多票行于数月之后,故多难稽核。职曾立条约,凡发木,必先期报数,验而后发。如已发而报,则木已出厂矣。其丈尺、围圆何凭取信?且查有工程告竣,犹指票索木者,悉属滥冒,即宜移司查销,无许溷发,宜定为令。

一 通惠河发木,当票随木至,丈尺、围圆得以随时稽考。有木到数月,而票尚未投,是何情弊也。相应立法严催,庶临验无参差不齐②之票矣。

营缮清吏司　管差员外郎　臣米万钟
营缮清吏司　旧管差主事　臣陈应元　同议
工科给事中　臣何士晋　谨订

---

① 原文系"尳",据上下文应为"就"之通假,今改以合简体文之规范,下文同,不再注。
② 原文系"齊",今改为"齐",以合简体文之规范,下文同,不再注。

山西厂　条议：

一　重委任，以严责成。三厂监督不系注选，本部札委，屡更屡替，甚则一岁数易，等为遽①庐②，安望其悉心稽查，划③善后之策也。念材木之贮放，工料之始末，一经更替，便可挪移，胥役乘机为奸，殊难究诘。合无比照注差之例，慎重更替，庶无推诿而成绩可稽矣。至于委官，率非见任，或以候缺，省察④备员，夤缘效用。有官守而实无官守，计典不加；无俸薪而借口俸薪，需索必酷。恐非所属实授，职衔⑤不若减，未必非省烦扰之一端也。

一　置册籍，以便稽查。本差历来交代，从无印给册籍。即有收放底簿，多有恶其害己，而去其籍，故楠、杉大木或有成数可查。然而二十年以前旧木即查不可问，至鹰、平、条、桥等木，只可据见在而核实数，即一二年前之收放，亦漫不可究。盖惟交代无有清册，故窃者得以恣情侵耗，受事者无从加意清查。合无每厂各给一印簿，明开旧管，开除新收，实在定数。虽拱把之木，无不毕载，交代之日，呈堂验明，然后卸肩。庶接管者稽查易清，而侵耗之弊少杜矣。

一　议救燎，以备不虞。厂内大小棚座星布棋⑥列，苇席、菊秸易于引火，密迩民居。虽已严禁火炮⑦，可无或然之虑，而当设为不必然之防。合无于厂内厅事前，置大桶二只，两旁各小桶十只，贮水常满，浅即增添，仍设火钩、水斗等件，两旁摆列。每夜摆巡夫四名，守宿巡儆，或杞忧⑧之不可少者乎。

营缮清吏司　管差主事　臣贾宗悌　谨议
工科给事中　臣何士晋　谨订

---

① 原文系"遬"，应为"遽"之异体，今改以合简体文之规范，下文同，不再注。
② 原文系"廬"，今改为"庐"，以合简体文之规范，下文同，不再注。
③ 原文系"畫"，据上下文改为"划"，以合简体文之规范，下文同，不再注。
④ 原文系"祭"，据上下文应为"察"之错字，今改以合简体文之规范。
⑤ 原文系"衘"，古同"衔"，今改以合简体文之规范，下文同，不再注。
⑥ 原文系"棊"，古同"棋"，今改以合简体文之规范，下文同，不再注。
⑦ 原文系"砲"，古同"炮"，今改以合简体文之规范，下文同，不再注。
⑧ 原文系"憂"，今改为"忧"，以合简体文之规范，下文同，不再注。

台基厂 条议:

一 定运法,以防抛弃。厂中车运一事,原非年例,长有当作短给。一例农隙,车骡俱贱,冬、春土力坚实,上下所乘,在此一时。但有见钱,役过即给,不必预支。即百、千株,一时可归于厂,永无抛弃之虞。见行每月三次给发,人少赔应;且逐根开算明白,上易稽查。长使验收在前,则截算更无疑虑,未有定质①丈尺、围圆,当以湾厂会收时,刻号为据,不得再令胥役丈量,以滋需索。运有实证,有无多寡,当以本厂见收数为据,不得再令他处支吾,以滋影冒。运木不论早②晚,要令见收数与起运数,时时照会;运户不论生熟,要令多运多给,少运少给,人人劝③惩④。以短给代预支,权常在我;以疾运防抛弃,利归于国矣。

一 核工程,以防滥冒。夫匠之论曰算工自古以来,滥冒亦自古以来。盖计工则多,计绩则少,其中不论将虚作实,以一作百,不能尽穷。即懒夫得勤匠之食,勤者亦懒;拙夫得巧匠之食,巧者亦拙。故除零星散工,不可计成绩者,余悉当与包工,不当与计日,包工之内,更办精粗。在监督者,按数日为程,以数物为准,执实御虚,以一例百,目稽心准,权衡不摇。更察人情之苦乐,以定隆杀;广召募之途径,以服奸欺。则人人粉饰之心,俱为实工用;而事事饬廪之称,即为府库资矣。

一 议盖藏,以防朽腐。一应楚蜀良材,经年出水,经年在途,已多朽腐,又复暴露,伤损实多。故今苦盖之功,所全者大。但芦席之用,必借岁修,列棚之广,时防风火,一劳永逸。将来兴工拆棚之后,时有积储,莫若议一岁举之工。每岁各厂或将见存杉、桥,或动支节省。无碍建一长廊,令可容车,中留走路,两边卸木,廊下掘沟,以

---

① 原文系"質",今改为"质",以合简体文之规范,下文同,不再注。
② 原文系"蚤",应为"早"之通假,今改以合简体文之规范,下文同,不再注。
③ 原文系"勸",今改为"劝",以合简体文之规范,下文同,不再注。
④ 原文系"懲",今改为"惩",以合简体文之规范,下文同,不再注。

备湿润。庶岁时积造费用，自可权宜，而永久①保全节省，当为无算矣。

一　建官房，以便督察。人情诈伪无穷，一人耳目有限。今两厂官舍皆为内监所据，监督从外遥②制。木料出入，既多疏失，工作烦兴，俱属影响，动推委官。委官之力，既不能与内监争持；委官之行，或反为厂夫作使定。宜别建数楹，使监督栖③住厂内，以便不时稽察。一时所费，不过为滥冒剩余，而岁月所益，当可与丘陵比积矣。

一　严关防，以备盗窃。厂中所贮材木，短小者皆堪夹带，长大者又堪截取，不由门禁不严，致可潜移于外。定由墙垣不峻，致可窟穴于中。以后非有工作，便应严固封钥④，即委官不得擅开，

永禁内巡之制，以防守者之盗。四边墙垣，皆加棘刺。倘有工作，亦当严记丈尺，搬入厂房封藏。一有疏失，罪及厂夫。照数治罪，扣除工食，并立连坐之法，使人人自危⑤。庶⑥宫府良材不致受私门刀锯，生民膏血无借为盗贼资粮矣。

一　用枯朽，以惜财物。厂中寸木，皆来自万里，动费千金，敲血折筋⑦，非同容易。何一入内厂，便等沟中之瘠；暴露经岁，渐为土上之尘，真可痛惜。以后除可段取、节收者，相应设法取用，出为公器。其朽腐不堪者，亦堪移会他厂，代作劳薪，以资烧造。验视面同科院，必无假公之私取用。即属朽蠹⑧，宁为滥冒之比，典守者不得过为李下之嫌，甘视柜中之毁。庶拳石、涓流，亦有当山海之大；而竹头、木屑，亦堪收水火

①　原文系"夂"，应为"久"之异体，今改以合简体文之规范，下文同，不再注。
②　原文系"遙"，古同"遥"，今据上下文改为"遥"，以合简体文之规范，下文同，不再注。
③　原文系"棲"，今据上下文改为"栖"，以合简体文之规范，下文同，不再注。
④　原文系"鑰"，应为"鑰"之异体，今改为"钥"，以合简体文之规范，下文同，不再注。
⑤　原文系"爲"，应为通假，据上下文意，此处改为"危"。
⑥　原文系"庻"，应为"庶"之异体，今改为"庶"，以合简体文之规范，下文同，不再注。
⑦　原文系"觔"，今据上下文改为"筋"，以合简体文之规范，下文同，不再注。
⑧　原文系"蠡"，古同"蠹"，今改以合简体文之规范，下文同，不再注。

之功矣①。

屯田清吏司　管差主事　臣华　颜　谨议
工科给事中　臣何士晋　谨订

---

① 原文系"矣",应为"矣"之异体,今改以合简体文之规范,下文同,不再注。

工部厂库须知

卷之六

工 科 给 事 中　臣何士晋　纂辑
广东道监察御史　臣李　嵩　订正
虞衡清吏司郎中　臣徐久德　考载
虞衡清吏司主事　臣楼一堂
营缮清吏司主事　臣陈应元
都水清吏司主事　臣黄景章
屯田清吏司主事　臣华　颜　同编

虞衡司

掌天下山泽、采捕、陶冶之事，凡四方一切输贡及各监局铸办，皆由本司统核出纳。分司为宝源局，验试厅，盔甲、王恭二厂。所属为宝源局大使，皮作局大使、副使，军器局大使、副使。

年例钱粮，一年一次。

宝钞司　年例，灰柴等料，造供用草纸等用。

会有：

甲字库，

粗白棉布二十五匹①，每匹长三丈二尺，阔一尺八寸。每匹银三钱，该银七两五钱。

丁字库，

白麻②六百四十斤，每斤银三分，该银一十九两二钱。

桐油一百二十斤，每斤银三分六厘，该银四两三钱二分。

法司拨囚搬运。

石灰一十一万五千斤，每百斤银七分五厘，该银八十六两二钱五分。

顺天府办送。

---

① 原文系"疋"，古同"匹"，今改以合简体文之规范，下文同，不再注。
② 原文系"蔴"，古同"麻"，今改以合简体文之规范，下文同，不再注。

石碓嘴三条,各长三尺,见方一尺二寸。荆筐三个①,各长七尺,阔五尺,深三尺五寸。

通州抽分竹木局,

猫竹十根,各长一丈五尺,围三寸五分,照四号折五根,每根银六分,该银三钱。

散木四十根内,

十二根各长一丈四尺,围三尺八寸。照三号,每根一两六钱,该银十九两二钱。九根围三尺一寸,照五号,折九根六分,每根九钱三分,该银八两九钱三分。十九根各长一丈三尺,围三尺八寸,照四号,折得二十根六分,每根银一两一钱五分,该银二十三两六钱九分。

以上除顺天府石碓嘴、荆筐系顺天府办送外,八项共银一百六十九两三钱九分。今减过银三十四两五钱六分五厘。

召买:

石灰十一万五千斤,每百斤银七分五厘,该银八十六两二钱

五分。

木柴七十一万斤,每万斤银一十八两,该银一千二百七十八两。

榆木四根,各长一丈二尺,内二根径一尺四寸,照二号,每根银七钱八分,该银一两五钱六分。二根径一尺二寸,照四号,每根银七钱,该银一两四钱。

栗木二根,各长一丈一尺,围二尺五寸,照二号,每根银一两八分,该银二两一钱六分。

柁木一十二根,各长一丈八尺,围四尺七寸,照五号,折得一十一根七分,每根银三两,该银三十五两一钱。

马尾二斤十二两,每斤银三钱二分,该银八钱八分。

黄棕三十斤,每斤银三分五厘,该银一两五分。

以上七项共银一千四百六两四钱,今减银三十三两八钱三分五厘。

广积库 买办硝黄召买:

盆净焰硝二十万七千五百斤,每斤银二分五厘,该银五千一百八十七两五钱,熟硫黄四万斤,每斤银四分,该银一千六百两。

---

① 原文此处系"箇",古同"個",今改为"个",以合简体文之规范,下文同,不再注。

以上二项共银六千七百八十七两五钱。

前件，系成造京营春、秋操演火药用，每年一办，交纳该库，听盔甲厂会造火药，然交库则入有铺垫之费，而出又有搀①和低价之弊。近议欲令铺商径纳该厂，相应得实用，而省虚费已，拟坚行矣。

兵仗局　水和炭

召买：

水和炭五十万斤，每万斤银一十九两五钱，该银九百七十五两，外法司拨囚搬运五十万斤。

酒醋面②局　年例成造酒、面、柴炭

召买：

木柴八十八万斤，每万斤银一十八两，该银一千五百八十四两。木炭二万斤，每百斤银四钱二分，该银八十四两。外间一修理砖灶③，四座大通桥，取城砖四百个，该运价银二两二钱，召买白灰一千斤，每百斤烧运价七分五厘，该银七钱五分。青灰六百斤，每百斤银七分，该银四钱二分。麻筋三百斤，每斤银五厘，该银一两五钱。又，宝源局修理破铁锅四口，虽经题节年上二口俱未送，共银四两八钱七分。

酒醋面局　拴面麻绳七百条会有：

丁字库，

白麻一百二十四斤，每斤银三分，该银三两七钱二分。近只给七十一斤二两，该银二两一钱三分三厘七毫五丝。

尚宝司　宝色

召买：

水花珠④一百二十斤，每斤银五钱二分，该银六十二两四钱。

前件，皆召商办送该司，今据商称费累，合无免买即折银送司，自办似为便益。

修仓厂派支，协济料价，每年多寡不等。

前件，凭缮司付派，旧例派价有并派铺商者。近虞、水、屯田三司议照，派发银听缮司铺商投领，免派三司铺商，实为长便。

三年两次，子、午、卯、酉、辰、戌、丑、未年办。

---

① 原文系"攙"，今据上下文改为"搀"，以合简体文之规范，下文同，不再注。

② 原文系"麨"，古同"麵"，今改为"面"，以合简体文之规范，下文同，不再注。

③ 原文系"竈"，古同"竈"，今改为"灶"，以合简体文之规范。

④ 原文系"硃"，为"朱"之繁体，此处改为"珠"，以合上下文意，下文同，不再注。

兵仗局 小修兑换军器

会有：

节慎库，

苏州钢二千七百斤，每斤银三分六厘五毫，该银九十八两五钱五分。

盔甲厂，

白熟丝细线二十斤，每斤银九钱，该银一十八两。

台①基厂，

杉木九十三丈，围三尺。照估长二丈五尺，围二尺五寸，折得四十四根七分，每根银一两八钱，该银八十两二钱八分。

以上三项共银一百九十六两八钱三分。

丁字库，

白②硝鹿皮一百五十张，每张银四钱八分，该银七十二两。

通州抽分竹木局，

猫竹五百七十四根，各长二丈二尺，围一尺，折得七百四十二根八分，每根六分，该银四十四两五钱六分八厘。

以上二项共银一百一十六两

五钱六分八厘。

召买：

金箔四百五贴，各见方三寸六分，每贴银四分五厘，该银一十八两二钱二分五厘。

中青熟丝细线一百一十八斤八两，每斤银九钱，该银一百六两六钱五分。

木红熟丝细线八十斤，每斤银九钱，该银七十二两。

栢枝绿熟丝细线二十六斤，每斤银九钱，该银二十三两四钱。

茜红火把缨一百一十斤，每斤银一钱三分，该银一十四两三钱。

白硝獐皮一百一张，每张银二钱五分，该银二十五两二钱五分。

白硝马皮八十四张，每张银三钱五分，该银二十九两四钱。

脂硝黄牛皮二十四张一分，每张银四钱五分，该银一十两八钱四分五厘。

透油黄牛皮十张，每张银五钱，该银五两。

鲨鱼皮九十四张，每张银一钱

① 此字"底本"、"北图珍本"有，"续四库本"无，今从"底本"。
② 此处原文字形为"曰"，但从上下文，释读不通，应为缺笔画，从后文为"白"。

五分,该银一十四两一钱。

蓝斜皮五十六截,每截银一钱,该银五两六钱。

红斜皮三十三截六分,每截银一钱,该银三两三钱六分。

黑斜皮五十一截五分,每截银一钱,该银五两一钱五分。

白绵羊毛八十五斤四两,每斤银九分,该银七两六钱七分二厘。

土碱①二百五十斤,每斤银五厘,该银一两二钱五分。

小灰二百二十石,每石银二分,该银四两四钱。

麻子油三百五十斤,每斤银二分,该银七两。

熟金漆三百二十四斤,每斤银二钱四分,该银七十七两七钱六分。

木炭三万二千斤,每万斤银四十二两,该银一百三十四两四钱。

水和炭一十二万五千斤,每万斤银一十九两五钱,该银二百四十三两七钱五分。

松椀木一百八十丈,围四尺,折得八十八根八分,每根银二两九钱,该银二百五十七两五钱二分。

椴②木二十八丈,围二尺五寸,每丈银三钱六分,该银一十两八分。

榆木一十六丈五尺,围三尺,每丈银五钱,该银八两二钱五分。

檀木四十丈,围二尺,折得五十七根,每根银四钱六分,该银二十六两二钱二分。

木柴一万七千斤,每万斤银一十八两,该银三十两六钱。

生血水牛皮四百张,内二百张二号,每张银四两五钱二分,该银九百四两。三号二百张,每张银三两六钱,该银七百二十两。共银一千六百二十四两。

以上二十六项共银二千七百六十六两一钱八分二厘。

车户运杉木九十三丈,脚价银一两五钱二分五厘。三年一次。

兵仗局　大修兑换军器。寅、申、己、亥年办。

会有:

盔甲厂,

白熟丝细线三十一斤,每斤银

九钱,该银二十七两九钱。

台基厂,

杉木一百一十丈,围三尺,照长二丈五尺,围二尺五寸,折得五十二根,每根银一两八钱,该银九十三两六钱。

丁字库,

白硝鹿皮一百七十七张,每张银四钱八分,该银八十四两九钱六分。

广盈库,

黄素绫三匹,各长三丈二尺,每匹银八钱,该银二两四钱。

节慎库,

苏州钢五千五百一十斤,每斤银三分六厘五毫,该银二百一两一钱一分五厘。

通州抽分竹木局,

猫竹七百四十七根,各长二丈二尺,围一尺。照长一丈七尺,折得八百九十根,每根银六分,该银五十三两四钱。

以上六项共银四百六十三两三钱七分五厘。

召买:

金箔三千九百二十贴,各见方三寸六分,每贴银四分五厘,该银一百七十六两四钱。

大样沙罐①七十个,每个银四分五厘,该银三两一钱五分。

中青熟丝细线三百四十二斤,每斤银九钱,该银三百七两八钱。

木红熟丝细线二百二十八斤,每斤银九钱,该银二百五两二钱。

栢枝绿熟丝细线六十七斤,每斤银九钱,该银六十两三钱。

黄熟丝细线三斤,每斤银九钱,该银二两七钱。

茜红火把缨四百三十七斤,每斤银一钱三分,该银五十六两八钱一分。

白硝獐皮一百八十张,每张银二钱五分,该银四十五两。

白硝马皮一百七十张,每张银三钱五分,该银五十九两五钱。

透油黄牛皮一百七十张,每张银五钱,该银八十五两。

脂硝黄牛皮二百一十四张,每张银四钱五分,该银九十六两三钱。

蓝斜皮五百六十八截,每截银一钱,该银五十六两八钱。

---

① 原文系"礶",古同"罐",此处改以合简体文之规范,下文同,不再注。

鲨①鱼皮一百六十七张，每张银一钱五分，该银二十五两五分。

黑斜皮八百二十四截，每截银一钱，该银八十二两四钱。

红斜皮三十三截，每截银一钱，该银三两三钱。

白绵羊毛一百四十六斤，每斤银九分，该银一十三两一钱四分。

黑雕翎六万五千六百一十根，每根银一分五厘，该银九百八十四两一钱五分。

南针条二千斤，每斤银六分，该银一百二十两。

土碱五百六斤，每斤银五厘，该银二两五钱三分。

麻子油五百三十斤，每斤银二分，该银一十两六钱。

熟金漆四百一十斤，每斤银二钱四分，该银九十八两四钱。

水和炭一十五万三千斤，每万斤银一十九两五钱，该银二百九十八两三钱六分。

木炭八万九千斤，每万斤银四十二两，该银三百七十三两八钱。

小灰二百七十五石，每石银二分，该银五两五钱。

柳柴灰二万五千斤，每百斤银八钱五分，该银二百一十二两五钱。

松柁②木四百丈，围四尺。照一丈八尺，围四尺五寸，折得一百九十七根，每根银二两九钱，该银五百七十一两三钱。

檀木七十丈，围二尺，照长七尺，围一尺五寸，折得九十四根，每根银四钱六分，该银四十三两二钱四分。

椴木四十四丈，围二尺五寸，每丈银三钱六分，该银一十五两八钱四分。

榆木二十丈，围三尺，每丈银五钱，该银一十两。

箭杆③竹二万一千八百七十枝，每百枝银二钱一分，该银四十五两九钱二分七厘。

木柴五万五千一百斤，每万斤银一十八两，该银九十九两一钱八分。

生血水牛皮四百八十一张，内二号二百四十张，每张银四两五钱二分，该银一千八十四两八钱。三

---

① 原文系"沙"，据上下文应为"鲨"，今改以合简体文之规范，下文同，不再注。
② 原文模糊不清，从笔画，辨为此字。
③ 原文系"桿"，据上下文改为"杆"，以合简体文之规范，下文同，不再注。

号二百四十一张，每张银三两六钱，该银八百六十七两六钱，共银一千九百五十二两四钱。

以上三十二项共银六千一百二十二两五钱七分七厘。

车户运杉木一百十丈，脚价银一两八钱三厘七毫。

前件，查得该局军器，大约十二年之内，遇寅、申、巳、亥年，则大修，遇子、午、卯、酉、辰、戌、丑、未年则小修，是修无虚岁也。除大修照旧外，小修可压一年，临题斟酌。

酒醋面局 铡①刀二十把状②全。旧营缮所成造，今改召买。

召买每把五钱，该银一十两。已省七两八钱四分。

酒醋面局 酒面家火。辰戌丑未年文思院成造。

生绢筛面笭③六十副，边布全。拴驴④索六百条。

会有：

承运库，

阔生绢三十匹，一丈一尺，该银一十六两七钱七分五厘。

甲字库，

阔机布二十二匹，该银三两九钱六分。

丁字库，

白麻六百斤，该银一十八两。

以上三项共银三十八两七钱三分五厘。

酒醋面局 铁勺⑤五十把，寅、申、巳、亥年。

召买，该银一两五钱。该局领银自买，四年一次。

酒醋面局 盛面竹篓二百个，竹笋三百个，旧系营缮所造，今该局折办，巳、酉、丑年。

---

① 原文系"剳"，应为通假，今改为"铡"，以合简体文之规范，下文同，不再注。
② 原文系"狀"，据上下文应为"状"之异体，今改为"状"，以合简体文之规范，下文同，不再注。
③ 原文系"羅"，应为通假，今改为"笭"，以合简体文之规范，下文同，不再注。
④ 原文系"驢"，据上下文改为"驴"，以合简体文之规范，下文同，不再注。
⑤ 原文系"杓"，今据上下文改为"勺"，以合简体文之规范，下文同，不再注。

会有：

丁字库，

白圆藤九十斤，该银三两六钱，已减过一十四斤二两。

通州抽分竹木局，

青皮猫竹一百二十根，该银一十八两，已减过三十五根。

以上二项共银二十一两六钱。

召买：

筀竹四千根，每根八厘，该银三十二两，已减八两。

工食银一十五两八钱，已减七两。

前件，近年每次将会有二项，召买一项，共给银二十四两七钱二分五厘，折与该局自办工食，不给照《条例》，已省二十八两八钱七分五厘。

酒醋面局 吊①面麻绳一千五百条，寅、午、戌年造，旧文思院造，今该局领麻自办。

会有：

丁字库，

白麻六百斤，该银一十八两，

无工食。

酒醋面局 马连根八百斤，亥、卯、未年造，该局领银自置。

召买银二两四钱。

锦衣卫象房 煮②料铁锅口等件。巳、酉、丑年。

会有：

甲字库，

明矾③三百八十三斤八两，每斤银一分五厘，该银五两七钱五分二厘。

水胶八十五斤八两，每斤银一分七厘，该银一两四钱四分五厘。

黄丹一十一斤十两，每斤银三分七厘，该银四钱三分。

苎④布六匹二丈，每匹银二钱，该银一两三钱二分五厘。

定粉一十四斤，每斤银五分，该银七钱。

银珠九斤八两，每斤银四钱三分五厘，该银四两一钱三分二厘。

---

① 原文系"弔"，今改为"吊"，以合简体文之规范，下文同，不再注。
② 原文系"煑"，古同"煮"，今改以合简体文之规范，下文同，不再注。
③ 原文系"礬"，今改为"矾"，以合简体文之规范，下文同，不再注。
④ 原文系"苧"，今改为"苎"，以合简体文之规范，下文同，不再注。

明代万历刻本

工部厂库须知

一六五

槐子二斤，每斤银一分，该银二分。

靛花七斤，每斤该银八分，共该银五钱六分。

藤黄三斤，每斤银五分，该银一钱五分。

无名异六斤八两，每斤银四厘，该银二分六厘。

水花珠二十二斤五两二钱，每斤银五钱二分，该银一十一两六钱九分。

二珠九斤二钱，每斤银二钱，该银一两八钱二厘五毫。

马湖茜草一千六百九十五斤，每斤银一钱，该银一百六十九两五钱。

白矾一斤四两，每斤银四厘，该银五厘。

丙字库，

荒丝六十五斤十四两，每斤银四钱，该银二十六两三钱五分。

土①丝四斤六两，每斤银四分，该银一钱七分五厘。

丁字库，

白川线麻六十七斤，每斤银三分，该银二两一分。

桐油八十六斤八两，每斤银三分六厘，该银三两一钱一分四厘。

白川麻七十一斤，每斤银三分，该银二两一钱三分。

鱼线胶六十七斤，每斤银八分，该银五两三钱六分。

苘麻一百八十斤，每斤银一分四厘，该银二两五钱二分。

广长牛筋五十九斤，每斤银一钱二分七厘，该银七两四钱九分三厘。

檀木三十根，共长六丈，照估每丈银二分三厘，该银一钱三分八厘。

生铁一万八千七百二十斤，每斤银六厘，该银一百一十二两三钱二分。

生血水牛皮二十二张，每张银三两六钱，该银七十九两二钱。

黄蜡一斤四两，每斤银一钱二分，该银一钱五分。

节慎库，

———————

① 原文系"吐"，应为"吐"之异体，据上下文改为"土"，以合简体文之规范，下文同，不再注。

熟建①铁一万四千二百二十斤，每斤银一分六厘，该银二百二十七两五钱二分。

广盈库，

黄绢二十三丈八尺，照估每匹三丈六尺，折得六匹半，每匹银五钱五分，该银三两五钱七分五厘。

红绿绒丝二十七丈四尺五寸，每丈银八钱，该银二十一两九钱六分。

黄布四丈三尺五寸，照估每匹长三丈，银二钱，该银二钱九分。

通州抽分竹木局，

杉木心一十二根，每根银五分，该银六钱。

松木板二块，每块银三钱，该银六钱。

青皮猫竹五十三根半，每根银一钱二分，该银六两四钱二分。

松木四根，照估六号，每根银六钱，该银一两三钱四分。

以上三十四项共银七百两八钱二分五厘。今减一百二十九两四钱五分七厘二丝五忽。

召买：

秋白羊毛一千三百九十七斤八两，每斤银九分，该银一百二十五两七钱七分五厘。

红真牛皮一百九十五张二分，每张银五钱，该银九十七两六钱。

木柴一万六千三百六十斤，每万斤银十四两五钱，该银二十三两七钱二分二厘。

麻线五斤，每斤银一钱一分，该银五钱五分。

木炭二万二千三百三十斤十二两，每万斤银三十五两，该银七十八两一钱五分七厘。

炼碱三百八十三斤十二两，每斤银八厘，该银三两七分。

黄杭细绢五十五丈八尺二寸，照估每匹三丈二尺，折十七匹，每匹银一两二钱，该银二十四钱。

黄蓝熟丝线五两二钱二分，每斤银八钱七分，该银二钱八分三厘。

胭脂八十二个，每百个银五分，该银四分一厘。

烟子三两六钱，每斤银五厘，该银一厘一毫。

大碌八斤，每斤银七分，该银

---

① 原文如此。

五钱六分。

广胶二斤，每斤银二分五厘，该银五分。

花棉带四十八条，每条银三厘，该银九分六厘。

金箔三百五十二贴，每帖银二分，该银七两四钱。

黄细络绒五百一十斤，每斤银七钱，该银三百五十七两。

樟木一丈八尺，照估长六尺，围三尺五寸，折三段四分，每段银四钱五分，该银一两五钱三分。

小蘑菇钉五千个，雨点钉二百个，铁环、铁眼钱、铁转轴、铁叶等件重三十八斤，每斤银三分，该银一两一钱四分。

茜红羊毛二百七十八斤，每斤银一钱三分，该银三十六两一钱四分。

白麻线二千五百二条，照估折得五千四百条，每百条银二分，该银一两八毫。

绿斜皮一百二十八截二分，每截银一钱，该银一十二两八钱二分。

柳木杆九十段，每十段给银二

分，该银一钱八分。

香油七斤二两四钱，每斤银二分八厘，该银二钱。

炸块四万四千五百五十一斤八两，每万斤银一十二两七钱五分，该银五十六两八钱三厘。

泡皮大木桶一个，量给银三①钱。

磁末三千五百斤，每百斤银一钱三分，该银四两五钱五分。

青坩②土三千斤，每百斤银六分，该银一两八钱。

斜席一百七十领，每领银二分五厘，该银四两二钱五分。

川肠草③二千五百斤，每百斤银二分，该银五钱。

竹筛十把，每把银一分，该银一钱。

马尾罗十把，每把银一分四厘，该银一钱四分。

柳木杆四十根，每根银五厘，该银二钱。

土坯二千个，每百个银七分，该银一两四钱。

喇叭一对，唢呐一对，哱啰一

---

① 此字"续四库本"系"二"，"底本"、"北图珍本"作"三"，今从"底本"。

② 原文系"坩"，应为"坩"之异体，今改以合简体文之规范，下文同，不再注。

③ 按今习惯用语，应为"穿肠草"，此处保留原文。

对，共重五斤十二两，每斤银一钱三分，该银七钱四分七厘五毫。

横笛二枝，每枝银二分，该银四分。

槐木车头四个，各长一尺五寸，径一尺四寸，照估长四尺五寸，围四尺五寸，折二个二分，每个银三钱五分，该银七钱七分。

槐木辐条七十二根，各长二尺五寸，阔三寸厚二寸五分，照估二号，长三尺二寸，阔四寸，厚三寸五分，折三十根，每根该银二分七厘，该银八钱一分。

槐木二根，各长八尺，围二尺一寸，照估六号，每根银三钱七分，该银七钱四分。

槐木水屑七十二根，各长七寸，厚一寸二分，照估长八寸，见方一寸，折十五根六分，每根五厘，该银三钱七分八厘。

榆木一根，照估七号，每根银五钱，该银五钱。

枣①木车辋三十六块，各长二尺，阔六尺，厚三寸五分，照估二号，长二尺五寸，阔七寸，厚三寸，折二十八块，每块银一钱五分，该银四两三钱二分。

杂②油五十六斤八两，每斤银二分三厘，该银一两二钱九分九厘五毫。

细石面二十斤，每斤银二分五厘，该银五钱。

二碌四斤八两，每斤银五分五厘，该银二钱四分七厘五毫。

漆黄四斤，每斤银三分，该银一钱二分。

白面一十六斤八两，每斤银八厘，该银一钱三分二厘。

石灰一十七斤四两，每百斤银一钱二厘，该银一分七厘五毫。

桑皮纸二百四张，每百张银三分，该银六分一厘二毫。

叶铜三块，小钉六十四个，量给银一钱。

以上四十八项共银八百四十八两五钱四分二厘一毫。今减七十二两一钱九分九厘二毫。

工食银五百九十两九钱九分六厘，今减一百一十两二钱九分二厘八毫七丝五忽。

五年一次。

---

① 原文系"棗"，今改为"枣"，以合简体文之规范，下文同，不再注。

② 原文系"襍"，今改为"杂"，以合简体文之规范，下文同，不再注。

酒醋面局 竹筅帚二千四百把,竹笨篱二千四百把。乙、庚年造,旧营缮所造,今该局折办。

会有:

通州抽分竹木局,

青皮猫竹三百根,该银三十一两五钱,已减过一百根。

召买:

筅竹三千五百根,该银三十一两。

黄藤二十斤,该银六钱。

以上二项共银三十一两六钱。

工食银十二两,已减过六两。

酒醋面局 生绢酒袋二千条,戊、癸年已减过二百五十条。

会有:

承运库,

生绢二百七十五匹,该银一百五十一两二钱五分,已减过八十六匹,一丈一尺,该局自领造用。

酒醋面局 芦苇二万五千斤,戊癸年已减过五千斤,该局领银自办。

召买该银四十二两五钱。

六年一次。

酒醋面局 麦槛二座,麸①槛四座。今减二座,己、亥年造,旧营缮司造,今该局自办。

会有:

甲字库,

水胶二斤,该银三分四厘。

黄丹一斤,该银三分七厘。

无名异一斤,该银四厘。

丙字库,

吐丝半斤,该银二分。

丁字库,

鱼线胶六斤,该银四钱八分。

桐油七斤八两,该银二钱二分五厘,俱减讫。

以上六项共银八钱。

召买:

散木一十六根,内二根,每根二两一钱,该银四两二钱,一十四根每根一钱三分,该银一两八钱二分。

---

① 原文系"麧",应为"麸"之异体,今改以合简体文之规范,下文同,不再注。

松木一十四根，内四根，每根银六钱，该银二两四钱。一十根每根银一钱，该银一两。

三寸钉一百八十个，重三斤八两，每斤三分，该银一钱五厘。

雨尖钉三百个，重十斤，每斤银三分，该银三钱。

杂油三斤，每斤银二分七厘，该银八分一厘。

入油红土六斤，每斤一分，该银六分。俱减讫。

以上六项共银九两九钱六分六厘。

工食银一十四两三钱，先减过五两。

酒醋面局　掇桶二十五个，把桶二十五个，抬酒桶二十五个。辰、戌年旧营缮所造，今该局领办。

召买该银三十两。

酒醋面局　大木桶十只。子、午年。

召买该银一十四两，该局领银自办。

酒醋面局　酒缸盖五十个，

子、午年。

召买每个银六钱，该银三十两。该局领银自办。

酒醋面局　布漆①篾②酒斗四十个，寅、申年造，已减过十个，旧营缮所造，今该局自买。

会有：

丁字库，

白圆藤三斤，该银一钱二分，已减过一斤一两。

甲字库，

无名异一斤八两，该银六厘。

通州抽分竹木局，

水竹软篾一百二十斤，该银一两二钱，已减过三十斤。

猫竹八根，该银七钱二分。已减过二根。

以上四项共银二两四分六厘。

召买：

熟黑漆二十二斤八两，每斤银一钱五分，该银三两三钱七分五厘。

---

① 原文系"漆"，应为"漆"之异体，今改以合简体文之规范，下文同，不再注。
② 原文系"篾"，应为"篾"之异体，今改以合简体文之规范，下文同，不再注。

白面二十斤，每斤银八厘，该银一钱六分。

斗梁杂木四十根，每根银二厘，该银八分。

以上三项共银三两六钱一分五厘，已减过九钱三厘。

工食银四两九钱，已减过一两二钱。

七年一次。

酒醋面局　水车二副，锡斗、铁事件全。巳、卯、丙、戌年该局领办。

会有：

甲字库，

黄丹三斤，该银一钱一分一厘。

水胶二十斤，该银三钱四分，已减过五斤。

无名异三斤，该银一分二厘。

丙字库，

吐丝一斤，该银四分。

丁字库，

水胶一百斤，该银八两。已减过三十五斤。

桐油一百斤，该银三两六钱，

已减过二十斤。

鱼线胶六斤，该银四钱八分。

以上七项共银一十二两五钱八分三厘。

召买：

榆木九根，每根银一钱五分，该银一两三钱五分。

枣木车辋三十块，每块银三钱五分，该银四两五钱。

槐木二段，每段银七分，该银一钱四分。

檀木四根，每根银四钱五厘，该银一两六钱二分。

檀木辐条四十根，照旧卷折六根，每根银四钱五厘，该银二两四钱三分。

柏①木一十二根，照估折九根，每根银八钱四分，该银七两五钱六分。

杂油三十斤，每斤银二分三厘，该银六钱九分。

入油红土四十斤，每斤银一分，该银四钱。

双连钉二千个，重十八斤，每斤银三分，该银五钱四分。

以上九项共银一十九两二钱

---

① 原文系"栢"，古同"柏"，今改以合简体文之规范，下文同，不再注。

三分，已减过十七两九钱七分。

工食银一百两九分一厘九毫九系，已减过五十六两。

八年一次。

酒醋面局 起酒木勺三十把，乙、亥、癸、未年旧营缮所造，今该局领办。

会有：

甲字库，

水胶三斤十二两，该银六分三厘。

黄丹十两，该银二分三厘。

无名异十两，该银二厘五毫。

丙字库，

吐丝四两，该银一分。

丁字库，

桐油七斤八两，该银二钱七分。

以上五项共银三钱六分八厘五毫。

召买：

杉板十二块，每块五钱，该银六两。

杂油三斤十二两，该银八分六厘。

白面三斤十二两，该银三分。

红土三斤十二两，该银三分七厘。

以上四项共银六两一钱五分三厘。

工食银四钱八分。

酒醋面局 大扁①簁三十个，辛、巳、己、丑年旧营缮所造，今该局折办。

会有：

通州抽分竹木局，

猫竹二百二十根，各长二丈五寸，头围八寸三分，稍围四寸四分，该银六两七钱，已减过四十五根。

召买：

笙竹二百五十根，每根八厘，该银二两。

工食银三两六钱，已减过九钱。

酒醋面局 曲②架松木五百根，已减过一百根，壬午、庚寅年该局领办。

---

① 原文系"匾"，应为通假，据上下文意，今改为"扁"。
② 原文系"麹"，今改为"曲"，以合简体文之规范，下文同，不再注。

召买每根银一钱七分,该银八十五两。

十年一次。

琉璃窑烧造内宫监磁缸等件,丙年。

会有:

承运库,

阔生绢五十匹,每匹银五钱,该银二十五两。

甲字库,

阔白棉布五十匹,每匹银一钱八分,该银九两。

丁字库,

白麻一千金,每斤银三分,该银三十两。

以上三项共银六十四两。

召买:

木柴三百九十四万斤,每万斤银一十五两,该银五千九百十两。

广积库 预备细药硝黄,壬年。

召买:

盆净焰硝一百五十万斤,每斤银二分五厘,该银三万七千五百两。

熟硫黄五十万斤,每斤银四分,该银二万两。

以上二项共银五万七千五百两。

前件,查得四十一年提过,除九边并内供,派硝三十一万一千一百一十一斤,派黄九万九千八百八十三斤,共四十一万九百九十一斤。外其预备细药,派硝一百二十七万一千二百零四斤八两,黄三十一万七千八百一斤八两。近本司查照造药额则,用黄甚少,欲照则减黄增硝,有《条议》附开在后,下次相应斟酌题派。

不等年分。

乙字库年例、龙沥①等纸,辛巳、甲申、己丑,约三、五年不等。

召买:

大白龙沥纸四百万张,每百张银三钱四分二厘,该银一万三千六百八十两。

小白中夹纸四百万张,每百张银一钱,该银四千两。

大黄龙沥纸一百五十万张,每

---

① 原文系"瀝",今改为"沥",以合简体文之规范,下文同,不再注。

百张银三钱四分二厘,该银五千一百三十两。

大红龙沥纸五十万张,每百张银三钱四分二厘,该银一千七百一十两。

大绿龙沥纸五十万张,每百张银三钱四分二厘,该银一千七百一十两。

大皂龙沥纸五十万张,每百张银三钱四分二厘,该银一千七百一十两。

高头白纸三百万张,每百张银一分九里,该银五百七十两。

小开化纸二百万张,每百张银四分,该银八百两。

以上八项共银二万九千三百一十两。

兵仗局 补造神器,己卯、甲申、庚寅年造。

会有:

节慎库,

熟建铁三万七千四百斤,每斤银一分六厘,该银五百九十八两四钱。

苏州钢二千一百四十六斤,每斤银三分六厘五毫,该银七十八两三钱二分九厘。

南铅一万三百二十斤,每斤银

四分五厘,该银四百六十四两四钱。

丁字库,

白硝山羊皮二千四百张,每张银一钱七分,该银二百三十八两。

桐油一千一百斤,每斤银三分六厘,该银三十九两六钱。

二火黄铜八万七千四百六斤,每斤银八分一厘,该银七千七十九两八钱八分六厘。

通州抽分竹木局,

猫竹一千八百根,各长二丈二尺,围一尺,照四号长一丈七尺,折二千三百二十九根,每根银六分,该银一百三十九两七钱四分。

以上七项共银八千六百三十八两三钱五分五厘。

召买:

生血水牛皮一百七十张,二号八十五张,每张银四两五钱二分,三号八十五张,每张银三两六钱,共该银六百九十两二钱。

熟南漆二千一百六十六斤,每斤银一钱五分,该银三百二十四两九钱。

透油黄牛皮八百五十张,每张

五钱,该银四百二十五两。

脂硝黄牛皮四百三十张,每张银四钱五分,该银一百九十三两五钱。

熟金漆三千八百斤,每斤银二钱四分,该银九百一十二两。

大样砂①罐②九千四百个,每个银四分五厘,该银四百二十三两。

木炭二十八万斤,每万斤银四十二两,该银一千一百七十六两。

水和炭五十五万斤,每万斤银十九两五钱,该银一千七十二两五钱。

柳柴炭六千斤,每百斤银八钱五分,该银五十一两。

松柁木七百二十丈,围四尺,照估五号,长一丈八尺,围四尺五寸,折得三百五十五根五分,每根银二两九钱,该银一千三十两九钱五分。

檀木八十五丈,围二尺,照三号,长七尺,围一尺五寸,折得一百二十一根,每根银四钱六分,该银五十五两六钱六分。

椴木二百六十丈,围二尺五寸,每丈银三钱六分,该银九十三两六钱。

杉木一百二十丈,围三尺,照二号,折四十根,每根银三两六钱,该银一百四十四两。

木柴四万斤,每万斤银一十八两,该银七十二两。

桑木一百四十丈,围三尺,照长一丈,围二尺五寸,折一百六十八丈,每丈五钱五分,该银九十二两四钱。

以上十四项共银六千七百五十六两七钱一分。

兵仗局 修造马脸尾镜,庚午、乙亥、壬午年。

会有:

甲字库,

水银一百七十八斤一十四两,每斤银七钱三分,该银一百三十两五钱七分八厘七毫。

银珠五百四十斤五两,每斤银四钱三分五厘,该银二百三十五两三分五厘九毫。

水胶三千六百八十四斤,每斤

① "底本"、"北图珍本"系"沙","续四库本"作"砂",今从"续四库本"。
② 原文系"礶",今改为"罐",以合简体文之规范,下文同,不再注。

银一分七厘,该银六十二两六钱二分八厘。

明矾四千七十一斤,每斤银一分五厘,该银六十一两六分五厘。

蓝靛九千八百二十二斤,每斤银一分八厘,该银一百七十六两七钱九分六厘。

黄丹一百八斤一十两,每斤银三分七厘,该银三两九钱九分八厘三毫。

五棓子三千一百七斤,每斤银三分,该银九十三两二钱一分。

光粉一百八斤一十两,每斤银三分,该银三两二钱五分八厘七毫五丝。

硼砂一百三十九斤一十二两,每斤银五钱五分,该银七十六两八钱六分二厘五毫。

丁字库,

白硝鹿皮四百七十五张,每张银四钱八分,该银二百二十八两。

白硝山羊皮三千五百六十九张六分,每张银一钱七分,该银六百六两八钱三分二厘。

生漆七千三百五十斤六两,每斤银六分五厘,该银四百七十七两七钱七分四厘。

白锡四百八十二斤三两,每斤银八分,该银三十八两五钱七分五厘。

桐油一千四百一十斤,每斤银三分六厘,该银五十两七钱六分。

黑水牛角一千五百七十二只,每只银七厘,该银一十一两四厘。

牛筋①二千四百五十二斤三两,每斤银一钱二分七厘,该银三百一十一两四钱二分七厘八毫。

节慎库,

苏州铜五万二千八百一十五斤,每斤银三分六厘五毫,该银一千九百二十七两七钱四分七厘五毫。

熟建铁二十六万二百九十斤六两,每斤银一分六厘,该银四千一百六十四两六钱四分六厘。

通州抽分竹木局,

猫竹二千二百四十八根,围一尺,各长二丈二尺,每根银一钱,该银二百二十四两八钱。

山、台、竹木等厂,

---

① 原文系"觔",古同"筋",今改以合简体文之规范,下文同,不再注。

杉木二百九十二丈，围三尺，每丈银一两一钱，该银三百二十一两二钱。

以上二十项共银九千二百六两一钱九分九厘四毫五丝。

召买：

金箔六百八十九贴六分，各见方三寸六分，每帖银四分五厘，该银三十一两三分二厘。

大红熟细绒六十四斤三两二钱，每斤银九钱，该银五十七两七钱八分。

柏枝绿熟细绒四百七十二斤八两，每斤银九钱，该银四百二十五两二钱五分。

中青熟细绒二千二百六斤，每斤银九钱，该银一千九百八十五两四钱。

木红熟细绒二千七百四十九斤十二两八钱，每斤银九钱，该银二千四百七十四两七钱七分九厘五毫。

柏枝绿熟丝细线一千一百五十二斤四两八钱，每斤银九钱，该银一千三十七两七分。

木红熟丝细线一千五百七十二斤三两二钱，每斤银九钱，该银一千四百一十四两九钱八分。

中青熟丝细线二千一百四十八斤四两，每斤银九钱，该银一千九百三十三两四钱二分五厘。

白熟丝细线一百六十五斤十三两六钱，每斤银九钱，该银一百四十九两二钱三分四厘六毫。

黄熟丝细线十一斤一两六钱，每斤银九钱，该银九两九钱九分。

足色金三百九两五钱六分八厘，每两银六两，该银一千八百五十七两四钱八厘。

银丝四十七两八钱四分，每两银一两一钱，该银五十二两六钱二分四厘。

茜红火把缨五万五千八百八十五斤九两，每斤银一钱三分，该银七千二百六十五两一钱二分三厘一毫。

黑火把缨四千四百二斤，每斤银一钱二分，该银五百二十八两二钱四分。

白绵羊毛一千八百一十五斤十二两，每斤银九分，该银一百六十三两四钱一分七厘五毫。

脂硝黄牛皮一千三百二张四分，每张银四钱五分，该银五百八十六两八分。

红真黄牛皮七百五张六分，每张银五钱四分，该银三百八十一两二分四厘。

透油黄牛皮五十二张八分，每张银五钱，该银二十六两四钱。

白硝马皮一千二十二张四分，每张银三钱五分，该银三百五十七两八钱四分。

白硝獐皮二百六十四张，每张银二钱五分，该银六十六两。

黑真黄牛皮一百八十张，每张银五钱五分，该银九十九两。

鲨鱼皮六百三十三张六分，每张银一钱五分，该银九十五两四分。

蓝斜皮九千四百二十五截六分，每截银一钱，该银九百四十二两五钱六分。

黑斜皮三千三百八十五截六分，每截银一钱，该银三百三十八两五钱六分。

白斜皮二百四十七截二分，每截银一钱，该银二十四两七钱二分。

榆木一百五十二丈二尺，围三尺，每丈银五钱，该银七十六两一钱。

熟金漆五百五十六斤五两，每斤银二钱四分，该银一百三十三两五钱一分五厘。

麻子油三百二十九斤，每斤银

一分，该银三两二钱九分。

紫桦皮一百五十七斤，每斤银一分五厘，该银二两三钱五分五厘。

五色磁末三十六斤，每斤银五分，该银一两八钱。

大样砂罐二千一百八个，每个银四分五厘，该银九十四两八钱六分。

土碱一千二百五十二斤，每斤银五厘，该银六两二钱六分。

小灰三百九十二石八斗，每石银二分，该银七两八钱五分六厘。

水和炭一百六十八万二千七百斤，每万斤银十九两五钱，该银三千二百八十一两二钱六分五厘。

木炭六十八万四千一百一十七斤，每万斤银四十二两，该银二千八百七十三两二钱九分一厘四毫。

白炭九千六百斤，每万斤银四十九两，该银四十七两四分。

接白雕翎三百八十根，每根银一分四厘，该银五两三钱二分。

雉鸡尾翎一万六千八百五十二根，每根银七厘，该银一百一十七两九钱六分四厘。

黑鹰翎一万一千二百三十五根，每千根银三钱五分，该银三两九钱三分二厘二毫五丝。

黑雕翎一万零二百三十二根，每根银一分五厘，该银一百五十三两四钱八分。

檀木八十四丈，围二尺，每丈银七钱，该银五十八两八钱。

椴木一百五十四丈七尺，围二尺五寸，每丈银三钱六分，该银五十五两六钱九分二厘。

木柴八万八百八斤，每万斤银一十八两，该银一百四十五两四钱五分四厘。

箭杆竹三万一千四百四十根，每百根银二钱一分，该银六十六两二分四厘。

红斜皮一百二十二截四分，每截银一钱，该银十二两二钱四分。

白硝鹿皮四百七十六张八分，每张银四钱八分，该银二百二十八两八钱六分四厘。

蓝靛九千八百二十二斤，每斤银一分八厘，该银一百七十六两七钱九分六厘。

生漆一万斤，每斤银六分五厘，该银六百五十两。

以上四十八项共银三万五百五两一钱七分六厘七毫五丝。

车户运杉木二百九十二丈，该脚价银四两八钱七分六厘四毫。

前件，查得三十五年该监出实收，溢额外一万一千两，今该造办已经部科司再执奏奉有，照原奏之旨科，抄称原奏者《条例》也，今应照《条例》无疑。

酒醋面局 驴槽二十面，已减过五面，乙亥、戊子年，约十三年一次。

召买：

散木二十根，该银一十六两八钱。

松木四十根，每根银一钱七分，该银六两八钱。

松板八十块，每块四钱五分，该银三十六两。

双连钉八斤，每斤三分，该银二钱四分。

五寸枣核钉八百个，重八斤，该银二钱四分。

杂油、红土、杂料，该银八钱。

以上六项共银六十两八钱八分，已减过九两九钱二分。

工食银十六两九分五厘，已减过四两。

酒醋面局 石磨二副，盘板、杆索全。辛未、乙酉年。

顺天府 送办石磨二副。

営繕所　文思院　成造盘板、杆索。

会有：

丁字库，

白麻二百五十斤，该银七两五钱。

召买：

盘板等料共银五两一钱九分三厘。

工食银三两一钱二分。

酒醋面局　罗柜二座框全。^{癸酉、丙戌年。}

会有：

甲字库，

水胶五斤，该银八分五厘。

丙字库，

土丝一斤，该银四分。

丁字库，

鱼线胶四斤，该银三钱二分。

通州抽分竹木局，

猫竹一根，该银九分五厘。

以上四项共银五钱四分。

召买：

散木八根，每根一钱一分，该银八钱八分。

榆木四段，每段一钱五分，该银六钱。

枣木二段，每段一钱五分，该银三钱。

双连钉一百六十个，重三斤，每斤三分，该银九分。

两尖钉二百个，重三斤，该银九分。

杂油十斤，每斤二分三厘，该银二钱三分。

白面六斤，每斤八厘，该银四分八厘。

以上七项共银二两二钱三分八厘。

工食银一十八两七分四厘。

酒醋面局　千斤索六百条，^{庚午、乙酉年。}

会有：

丁字库，

白麻六百七十二斤，该银二十两一钱六分。

酒醋面局　大锅盖四个，^{丁卯、壬午年旧营缮所造，今改召买。}

召买每个五两，共银二十两。^{已减过二十六两八钱四分。}

酒醋面局 饭槽二座,酒榨二副。癸丑、癸酉年,约二十余年不等,营缮所成造。

会有:

丁字库,

桐油六十斤,该银二两一钱六分,已减过十五斤。

鱼线胶四斤,该银三钱二分,已减过二斤。

甲字库,

水胶十斤,该银一钱七分。已减过七斤。

黄丹二斤,该银七分四厘,已减过一斤。

无名异三斤,该银一分二厘,已减过二斤。

丙字库,

土丝二斤,该银八分。

以上六项共银二两八钱一分六厘。

召买:

散木三根,该银六两七钱八分。

榆木四根,该银二两二钱。

松板三十六块,照估折三十五块,每块一两六分,该银三十七两一钱。

杂油二十四斤,该银五钱五分二厘。

四寸枣核钉四百八十个,共重三十二斤,该银九钱六分。

五寸蚂蝗蚂五百个,共重四十三斤,该银一两二钱九分。

入油红土二十斤,该银二钱。

白面二十斤,该银一钱六分。

以上八项共银四十九两二钱四分二厘,已减十二两八钱五分一厘。

工食银十八两六钱二分三厘,已减过六两。

酒醋面局 石碓四副,戊申年。顺天府办送。

丁字库羊皮等料,乙酉年办送。遇缺。召买:

山羊皮二万七百五十九张,每张银二钱,该银四千一百五十一两八钱。

熟建铁十九万三千二百七十五斤,每斤一分六厘,该银三千九十二两四钱。

以上二项共银七千二百四十四两二钱。

前件,《条例》原额,每年提办,不得逾溢。查万历四十二年,该库朦胧提办,熟建铁十三万斤,该银二千八十两。

白硝山羊皮十三万二千张,该银二万二千四百四十两。羊粉皮四万五千张,该银一万三千五百两,三项共银三万八千二十两矣。本部提复,第就中通融,派建铁四万斤,该银六百四十两。白硝山羊皮三万张,该银五千一百两。羊粉皮五千十四张,该银一千五百四两,三项原合旧额七千二百四十四两二钱,数不敢少溢,旋奉有照库揭内派纳一半之旨。要知该库滥派于前,以致逾例,实非上意也。已照先臣本部尚书曾同亨会同库监参酌《条例》,原奉钦,依定数,毋敢轻致冒滥。

①前件,下细数。癸丑冬,署司事员外郎刘汝佳派办成案也。虽额数无差,而羊粉皮一项,《条例》原所不载。照外解例,每张至价银三钱,则浮滥极矣!故奸商钻营争攘。乙卯冬,该巡视厂库(科院徐绍吉、翟凤冲)与本司署司事郎中徐久德会议,只照《条例》原载山羊皮一项,径削去羊粉皮。除已交五千十四张,每张量给价银一钱,已裁减一千两整。今后如遇提办,仍斟酌《条例》,山羊皮定价势得复询该库,巧立名色,耗蠹帑□□会收□□□□□,永□□□②。看掌印郎中缪国维呈堂,蒙批准照《条例》改刊,余俱依议行奉,此项应刊入。

辽东关 领硝黄席麻,银五两九钱七分。

前件,《条例》虽载,从来不关领。

宁夏关 领硝黄席麻,银一两九分。

前件,亦从来不关领。

公用年例钱粮。

一年一次。

先开后补,勘合司礼监工食银四两八钱,四年轮为首,加一两二钱,司礼监写字领,四司同。

工科精微、簿籍、朱盒等项,银一两五钱,四司同工科吏领。

本司炙砚、木炭,银十二两,四司同本司关领。

本司裱③背匠、装钉簿绫壳等项,工食银五两,四司同裱背匠领。

巡视科道,奏缴文册纸札④,工食银四两三钱六分二厘,科道造册,书办领,四司俱有,而数不同。本司视三司独少。

三堂司厅等处,炙砚火池,银三两五钱六分,各司无。

---

① 此处至"辽东关""底本"、"北图珍本"缺页,今据"续四库本"补出。
② 此处原文数字模糊不清。
③ 原文系"表",今改为"裱",以合简体文之规范,下文同,不再注。
④ 原文系"劄",古同"札",今改以合上下文之意,下文同,不再注。

节慎库主事差交盘钱粮造,奏缴文册纸札,工食银一两九钱五分二厘五毫,四司同库官领给造册、书办。

四季支领:

本司巡风齐宿油烛银,四季各一两二钱五分,四司同火房领送,各司官取收帖附卷。

本司写揭帖等项纸价银,四季各八钱,四司同本司书办领。

本司印、色、笔、墨银,四季各一两一钱二分,柜上书办领,免派铺户。

左堂铸钱、纸札银,四季各三两三钱,近无左堂,久不支领。

巡视盔甲厂科道并司官纸札银,四季各七两三钱六分,冬季加木炭银十两五钱。

验试厅司官纸札银,四季各三两。

宝源局司官纸札银,四季各一两九钱五分。

本司司官每月每员纸札,银五钱,备考有故,以本官领,有别差,不重支。

巡视厂库科道书算工食银,四季各二十一两六钱,遇闰加银七钱。

北安门厂夫王孝等搬运土渣①每日用夫一十二名,每名工食银三分,每季共用夫一千零八十名,该工食银三十二两四钱。如系小旬,少一日,则除夫一十二名,该除银三钱六分,临时照月分大小扣算,四季出给实收。

东、西安门看守厂夫徐诚等四名,每名每月工食银六钱,一季共银七两二钱,四季出给实收。铁冶银内给发,不等月分。

工科抄呈号纸银,二、六、十月各七钱,遇闰月加七钱,工科吏领,四司同。

上下半年造奏缴文册、纸札,工食银各六两五钱,本司杂科书办领,数与缮科同,视水、屯二司稍多。

轮该夏季,俱四司同。

承发科填写精微簿,银三两六钱,承发科吏领。

工科抄誊②章奏纸张,工食银十一两二钱八分,遇闰加银三两六钱,

---

① 原文系"墻",应为"渣"之异体,今改以合简体文之规范,下文同,不再注。
② 原文系"謄",今改为"誊",以合简体文之规范,下文同,不再注。

工科抄誊吏领。

赁东阙①朝房,银四两。本司关领,移送内相,取回文附卷。

知印印色,银一两五钱,大堂知印领。

本科　提奏本纸张,银二两,本科本头领。

三堂司务厅纸札、笔墨等,银九两八钱六分,本司关领解送,取回文附卷。

本科写本、工食银五十两六钱,遇闰加十六两八钱六分。本司同本科本头领。

节慎库烧银、木炭银,一两五钱七分五厘,库官领。

巡视厂库科道纸札银八两八钱八分,照季移送科道,取回照附卷。

巡视厂库科道到库收放钱粮、茶果、酒饭,银九两六钱二分五厘,节慎库库官领。

节慎库关防印色、修天平等项,银三两,库官领。

三堂司务厅四司书办,工食银三十两六钱。遇闰加银十两二钱,本司杂科领散。

三堂四司抄报,工食银十二两六钱,遇闰加银四两二钱,本司抄报吏领。

节慎库纸札并裱背匠,工食银十一两五钱,库官领。

上本抄　旨意官,工食银九两,遇闰加银三两,旨意官领。

精微科吏,工食银一两八钱,遇闰加银六钱,精微科吏领。

内朝房官工食并香烛银二两一钱,遇闰加银七钱。本部内朝房官领。

工科办事官工食银五两四钱,遇闰加银一两八钱,工科办事官领。

报堂官三名,工食银三两五钱,遇闰加银一两一钱六分,报堂官领。

不等年分。

进考成银五钱,乙、丁、巳、辛、癸年进考成吏领,四司同。

本司换车围等项,银五两,乙午、卯酉年四司同杂科书办领办,不派铺商。

刷卷工食、纸张银,二两五钱,寅申、己亥年杂科书办领。

节慎库余丁,草荐银三两,申、子、癸年节慎库余丁领,四司同。

科道会估酒席纸札,银九两三钱七分六厘,四司同,巳、酉、丑年,近无会估不支。

① 原文系"闕",从上下文应为"闕"之异体,今改为"阙",以合简体文之规范,下文同,不再注。

查盘盔甲、王恭二厂军器①雇夫银五十三两,丁、壬年该厂领。

虞衡司　外解　额征:

顺天府,

料银一千三十七两六钱一分三厘四毫八丝。

直隶永平府,

料银四百一十五两四分五厘三毫九丝五忽。

直隶保定府,

料银一千三十七两六钱一分三厘四毫八丝。

直隶河间府,

料银一千二百四十五两一钱三分六厘一毫七丝七忽。

直隶真定府,

料银一千三百四十八两八钱九分七厘五毫二丝四忽。

直隶顺德府,

料银五百一十八两八钱六厘七毫五丝。

直隶广平府,

料银七百二十七两三钱二分九厘四毫。

直隶大名府,

料银七百二十六两三钱二分九厘四毫三丝六忽。

应天府,

料银二千五百九十四两三分三厘七毫。

直隶安庆府,

料银一千三百四十八两八钱九分七厘五毫二丝五忽。

直隶徽州府,

料银二千五百九十四两三分三厘七毫。

直隶池州府,

料银一千三十七两六钱七厘。

直隶太平府,

料银一千三十七两六钱一分三厘四毫八丝。

直隶苏州府,

料银四千六百六十九两二钱六分六毫六丝。

直隶松江府,

料银四千一百五十两四钱五分三厘九毫二丝。

直隶常州府,

料银三千六百六十一两六钱二分七厘二毫八丝。

直隶镇江府,

料银二千五百九十四两三分三厘七毫。

---

① 原文系"噐",从上下文应为"器"之异体,今改以合简体文之规范,下文同,不再注。

直隶庐州府，

料银一千五百五十六两四钱二分三毫二丝。

直隶凤阳府，

料银一千五百五十六两四钱二分三毫二丝。

直隶淮安府，

料银一千五百五十六两四钱二分三毫二丝。

直隶扬州府，

料银一千五百五十六两四钱二分三毫。

直隶广德州，

料银四百一十五两四分五厘。

直隶滁州，

料银二百七两五钱二分二厘六毫九丝九忽。

直隶徐州，

料银二百七两五钱二分二厘六毫九丝五忽。

直隶和州，

料银二百七两五钱二分二厘六毫九丝九忽。

浙江，

料银五千一百八十八两六分七厘四毫。

江西，

料银五千一百八十八两六分

七厘四毫。

福建，

料银四千六百六十九两二钱六分六毫六丝。买建铁。

湖广，

料银四千六百六十九两二钱六分六毫六丝。

河南，

料银四千一百五十两四钱五分三厘九毫。提留买铅十万一千五百零五斤，送节慎库收。

山东，

料银四千六百六十九两二钱六分六毫六丝。

山西，

料银二千七十五两二钱二分六厘九毫六丝。

四川，

料银三千一百一十二两八钱四分。

陕西，

料银二千七十五两二钱二分六厘九毫六丝。

广东，

料银四千六百六十九两二钱六分六毫六丝。

军装 本折

顺天府，

军器四百副①，胖袄②一千一百二副。

直隶永平府，

胖袄三百九十二副八分。

直隶保定府，

军器二百四十副，弓箭、撒袋折银二百二十三两九钱五厘，胖袄六百五十副。

直隶河间府，

军器四百一十六副，弓箭、撒袋折银一百四十九两六钱，胖袄四百二十四副。

直隶真定府，

军器二百八十副，弓箭、撒袋折银二百一十九两五钱八厘二毫二丝五忽，

胖袄八百十七副。

直隶顺德府，

胖袄一百五十四副七分。

直隶广平府，

胖袄四百三十五副。

直隶大名府，

胖袄五百七十三副七分一厘。

直隶安庆府，

军器八十副，弓箭、撒袋折银八十九两二钱四分三厘七毫二丝，

胖袄二百一十二副。

直隶徽州府，

军器一百六十副，弓二千张，箭二万枝，弦一万条。

直隶宁国府，

军器八十副，箭二万枝，弓箭、撒袋折银五十两二钱四分七厘五毫九丝二忽。

直隶池州府，

胖袄七十六副。

直隶太平府，

军器八十副，箭二万枝，胖袄九百一十八副。

直隶苏州府，

军器四百八十副，弓三百二十张，箭四万枝，弦一千六百条，胖袄五百副。

直隶松江府，

军器三百二十副，箭四万枝，胖袄二百八十副。

直隶常州府，

箭二万枝，胖袄二百五十副。

直隶镇江府，

军器一百六十副，箭三万枝，弓箭、撒袋折银一百一十七两八钱二分一厘九毫一丝八忽二微五尘，胖袄八百副。

---

① 原文即此，此处予以保留，应为今之"件"之意。

② 原文系"襖"，今改为"袄"，以合简体文之规范，下文同，不再注。

直隶庐州府，

军器二百二十副，弓三百二十张，箭九千六百枝，弦六百四十条，撒袋三百二十副，胖袄三百三十九副。

直隶凤阳府，

军器一千八百四十四副，弓一千九百六十张，箭五万八千八百枝，弦三千九百二十条，撒袋一千九百六十副，胖袄三百九十八副。

直隶淮安府，

军器三百二十副，箭二万枝，胖袄六百五十三副。

直隶扬州府，

军器六百四十副，箭二万枝，胖袄一千五百七十八副。

直隶广德州，

箭二万枝，胖袄二百二十三副，零裤一条。

直隶滁州，

军器一百六十副，弓箭、撒袋折银一百八两一分四厘。

直隶徐州，

军器二百四十副，胖袄七百九十六副，鞋三双。

直隶和州，

胖袄一百五十副。

浙江，

军器二千一十副，弓二万二千张，箭二十万枝，弦十一万条，胖袄三千七百九十四副三分。

江西，

军器四百六十副，弓二万五千八百七十三张，箭十九万八千八百七十九枝，弦十二万八千四百七十八条，胖袄三千二百三十八副。

福建，

军器一千六百副，弓一万六千张，箭二十万枝，弦八万条，弓箭、撒袋折银一千八百六十三两七钱二分四厘八毫，胖袄折银二千八百九十九两一钱七分。

湖广，

弓五百七十四张，箭十九万一千三百三十三枝，弦二千八百六十三条，胖袄三千七百八十七副二件。

河南，

军器九百六十四副，焰①硝一万六百五十斤，胖袄六千一百五十一副。

山东，

军器一千六百副，弓箭、撒袋折银一千九百一十六两二钱八分

---

① 原文系"熖"，为"焰"之异体，今据上下文改，以合简体文之规范，下文同，不再注。

二厘七毫九丝，胖袄五千八百副。

山西，

胖袄一千七百四副。

广西，

胖袄折银二千二百五十二两七钱六分。

潼关卫①，

军器一百六十副。

潼关卫蒲州所，

军器二十副，弓箭、撒袋折银一十九两一钱九分九厘九毫六丝。

直隶九江卫，

军器一百六十副。

德州卫，

军器八十副，弓箭、撒袋折银五十八两七钱七分三厘八毫一丝六忽二微四纤②。

德州左卫，

军器八十副，弓箭、撒袋折银五十八两七钱七分三厘八毫一丝六忽二微四纤。

天津卫，

军器八十副，弓箭、撒袋折银一百二十两四钱。

天津左卫，

军器六十副，弓箭、撒袋折银

九十六两二钱七分六厘。

天津右卫，

军器八十副，弓箭、撒袋折银一百二十两四钱。

沧州所，

军器一十六副，弓箭、撒袋折银二十二两六钱八厘八毫。

宁山卫，

军器八十副，弓箭、撒袋折银一百二十二两一钱四分一厘五毫四忽。

大同中屯卫，

军器十六副。

沈阳中屯卫，

军器八十副。

武清卫，

军器四十副。

弓箭、撒袋折银四十一两八钱。

涿鹿卫，

军器四十副。

兴州中屯卫，

军器四十副。

神武卫，

军器四十副。

---

① 原文系"衛"，据上下文改为"卫"，以合简体文之规范，下文同，不再注。

② 原文系"纖"，应为"纖"之异体，今改为"纤"，以合简体文之规范，下文同，不再注。

前件,军器、弓箭、弦、本折俱巡视厂库衙门挂号,而本色则验试厅验过,送戊字库收折色,节慎库收焰硝、胖袄二项。本色送巡视十库衙门挂号,验试厅验过送内库收齐①。胖袄、折色则送厂库衙门挂号,节慎库收。

杂料　本折

顺天府,

翎毛八万二千五百九十六根,折银一百三两二钱四分五厘,厂库衙门挂号。

狐皮单年折色,银二十三两,厂库衙门挂号,送节慎库收。

狐皮双年本色,四十六张,十库衙门挂号,送验试厅验过,丁字库收。

直隶保定府,

狐皮单年折色,银一百三十九两,厂库衙门挂号,送节慎库收。

狐皮双年本色,二百七十八张,十库衙门挂号,送验试厅验过,丁字库收。

直隶河间府,

狐皮单年折色,银一百六十一两,厂库衙门挂号,送节慎库收。

狐皮双年本色,三百二十二张,十库衙门挂号,送验试厅验过,丁字库收。

翎毛四万五千一百五十根,折银七十三两九钱八分,厂库衙门挂号,送节慎库收。

直隶真定府,

狐皮单年折色,银一百四两五钱,厂库衙门挂号,送节慎库收。

狐皮双年本色,二百九张,十库衙门挂号,送验试厅验过,丁字库收。

直隶顺德府,

狐皮单年折色,银十五两五钱,厂库衙门挂号,送节慎库收。

狐皮双年本色,三十三张,十库衙门挂号,送验试厅验过,丁字库收。

直隶广平府,

狐皮单年折色,银二百一十三两五钱,厂库衙门挂号,送节慎库收。

狐皮双年本色,四百二十七张,十库衙门挂号,送验试厅验过,丁字库收。

翎毛五万七千七百八十根,折银二十二两一钱七分九厘,厂库衙门挂号,送节慎库收。

---

① 原文系"其",据上下文应为"齐"之通假,今改以合简体文之规范。

直隶大名府，

狐皮单年折色，银一百九十六两五钱，厂库衙门挂号，送节慎库收。

狐皮双年本色，三百九十三张，十库衙门挂号，送验试厅验过，丁字库收。

直隶安庆府，

天鹅五十二只，折银二十六两，厂库衙门挂号，送节慎库收。

翎毛五万根，折银二十四两，厂库衙门挂号，送节慎库收。

牛筋四十三斤，折银十两七钱五分，厂库衙门挂号，送节慎库收。

牛角一百三副，折银二十二两六钱六分，厂库衙门挂号，送节慎库收。

狐皮单年折色，银八两五钱，厂库衙门挂号，送验试厅验过，丁字库收。

狐皮双年本色，十七张，十库衙门挂号，送验试厅验过，丁字库收。

麂皮本色，二百一十三张，十库衙门挂号，送验试厅验过，丁字库收。

直隶宁国府，

麂皮本色，四千张，十库衙门挂号，送验试厅验过，丁字库收，向来不解。

直隶池州府，

天鹅五只，折银二两五钱，厂库衙门挂号，送节慎库收。

狐皮单年折色，银二两五钱，厂库衙门挂号，送节慎库收。

狐皮双年本色，五张，十库衙门挂号，送验试厅验过，丁字库收。

麂皮本色，二十七张，十库衙门挂号，送验试厅验过，丁字库收。

直隶太平府，

翎毛七万六千根，折银三十四两六钱八分，厂库衙门挂号，送节慎库收，向来不解。

麂皮本色，七百八十三张，十库衙门挂号，送验试厅验过，丁字库收。

直隶松江府，

翎毛二万四千根，折银十三两五钱二分，厂库衙门挂号，送节慎库收，向来不解。

麂皮本色，六百七十一张，十库衙门挂号，送验试厅验过，丁字库收，向来不解。

直隶常州府，

麂皮本色，四百张，十库衙门挂号，送验试厅验过，丁字库收。

直隶镇江府，

麂皮本色，五百三十六张，十库衙门挂号，送验试厅验过，丁字库收。

直隶庐州府，

大鹿五只，折银八十两，太常寺收。

天鹅七十只，折银三十七两，厂库衙门挂号，送节慎库收。

虎皮十张、豹皮一张，共折银三十六两，本司收，寄节慎库，系本部堂公用。

翎毛十四万八千根，折银七十四两八钱八分，厂库衙门挂号，送节慎库收。

牛筋四十八斤，折银十二两，厂库衙门挂号，送节慎库收。

牛角八十四副，折银十八两四钱八分，厂库衙门挂号，送节慎库收。

麂皮本色，三百五十八张，十库衙门挂号，送验试厅验过，丁字库收。

直隶凤阳府，

大鹿三只，折银四十八两，太常寺收。

小鹿十只，折银四十两，巡视光禄衙门挂号。

天鹅三十一只，折银一十五两五钱，厂库衙门挂号，送节慎库收。

翎毛三万四千根，折银十六两三钱二分，厂库衙门挂号，送节慎库收。

直隶淮安府，

小鹿二只，折银八两，巡视光禄衙门挂号。

天鹅六十八只，折银三十四两，厂库衙门挂号，送节慎库收。

翎毛九万一千一百九十根，折银四十三两七钱六分八厘，厂库衙门挂号。

麂皮本色，三百十张，十库衙门挂号，送验试厅验过，丁字库收。

直隶扬州府，

小鹿二只，折银八两。巡视光禄衙门挂号。

天鹅六十二只，折银三十一两，厂库衙门挂号，送节慎库收。

麂皮本色，二百三十四张，十库衙门挂号，送验试厅验过，丁字库收。

直隶徐州，

天鹅四只，折银二两。厂库衙门挂号，送节慎库收。

直隶和州，

天鹅三只，折银一两五钱，厂库衙门挂号，送节慎库收。

虎皮三张，折银九两，本司收，寄节慎库，系本部堂公用。

翎毛五万根，折银二十四两，厂库衙门挂号，送节慎库收。

麂皮本色，二百五十张，十库衙门挂号，送验试厅验过，丁字库收。

浙江，

狐皮单年折色，银七两五钱，向系提留不解。

狐皮双年本色，一十五张，向系提留不解。

麂皮本色，四千五百三十八张，向系提留不解。

江西，

天鹅三十四只，折银一十七两。厂库衙门挂号，送节慎库收。

狐皮单年折色，银六十一两，厂库衙门挂号，送节慎库收。

狐皮双年本色，一百二十二张，十库衙门挂号，送验试厅验过，丁字库收。

麂皮本色，三千三百十九张，十库衙门挂号，送验试厅验过，丁字库收。

福建，

狐皮单年折色，银七十五两五钱，厂库衙门挂号，送节慎库收。

狐皮双年本色，一百五十一张，十库衙门挂号，送验试厅验过，丁字库收。

湖广，

小鹿一百四只，折银四百十六两，巡视光禄衙门挂号。

天鹅二百二只，折银一百一两，厂库衙门挂号，送节慎库收。

翎毛二十七万九千二百根，折银三百八十二两四钱七分。厂库衙门挂号，送节慎库收。

狐皮单年折色，银二十九两五钱，厂库衙门挂号，送节慎库收。

狐皮双年本色，五十九张，十库衙门挂号，送验试厅验过，丁字库收。

麂皮本色，一万七千八百八十二张，十库衙门挂号，送验试厅验过，丁字库收。

河南，

大鹿二十八只，折银四百四十八两，太常寺收。

小鹿一百六十九只，折银六百七十六两，巡视光禄衙门挂号。

羊皮三十六张，折银十两八钱，向系提留不解。

狐皮单年折色，银一百一两五钱，厂库衙门挂号，送节慎库收。

狐皮双年本色，二百三张，十库衙门挂号，送验试厅验过，丁字库收。

天鹅六十五只，折银三十二两五钱，厂库衙门挂号，送节慎库收。

麂皮本色，五百八十六张，十库衙门挂号，送验试厅验过，丁字库收。

缸①坛②折价银三百四十三两三钱四分六厘，光禄寺收。

拾瓶坛本色，四千二百六十三个，光禄寺收。

山东，

野味，银四十一两九钱六分一厘六毫，厂库衙门挂号，送节慎库收。

大鹿七只，折银一百一十二两。太常寺收。

狐皮单年，折银九百八十九两五钱，厂库衙门挂号，送节慎库收。

狐皮双年本色，一千九百七十九张，十库衙门挂号，送验试厅验过，丁字库收。

翎毛二万六千六百一十八根，折银四两五钱八厘。厂库衙门挂号，送节慎库收。

麂皮本色，四十二张，十库衙门挂号，送验试厅验过，丁字库收。

活天鹅二只，巡视光禄衙门挂号。

山西，

羊皮三百六十五张，折银一百九两五钱，遇闰加银二十五两五钱，厂库衙门挂号，送节慎库收。

翎毛五万八千根，折银三十八

两六钱五分。厂库衙门挂号，送节慎库收。

麂皮本色，八百九十三张，十库衙门挂号，送验试厅验过，丁字库收。

广西，

小鹿三只，折银十二两，巡视光禄衙门挂号。

顺天府，

山场地租银，四百七十四两三钱三分六厘。

瘦地银，一百二十两三钱五分。

新增山场、瘦地银，四十六两五钱四分六厘八毫。

铁冶民夫银，六百七十二两六钱。

匠班银，二两二钱五分，俱厂库衙门挂号，节慎库收。

永平府，

山场地租银，三百六两七钱四分九厘一毫。

铁冶民夫银，三千二百二十二两四钱，俱厂库衙门挂号，节慎库收。

---

① 原文系"缸"，应为"缸"之异体，今改以合简体文之规范，下文同，不再注。
② 原文系"罈"，应为"罈"之异体，今改为"坛"，以合简体文之规范，下文同，不再注。

真定府，

缸坛折价银一千一百四十两六钱五分八厘，光禄寺收。

安庆府，

白榜纸一万七千三百六十张，本部后堂库收各司装订、文簿等项。

浙江、江西、湖广，十年提派，

红、绿榜纸各六十六万六千六百六十六张。

本色榜纸一百三十三万三千三百三十三张，听本部查明提办，本部验试厅验过，送乙字库收。癸年提过。

福建，

课铁，无闰该解二十九万九千一百五十五斤，有闰该解三十一万七千二十一斤。

料铁三十一万一千二百八十四斤六钱，扣剩水脚银，三百一十一两二钱八分四厘，俱厂库衙门挂号，节慎库收。

浙江，

课铁，七万四千五百八十三斤五两四钱，遇闰加派四千四百六十五斤四两六钱，向系提留，今查自三十一年起至今，并无解，到行文查催。

虞衡司　条议

一　议缓年例，以舒帑藏之急切。

照量入为出，国家经费之常况，以有限之积贮，安能实无尽之尾闾？查本司项下，实在钱粮不过四万余两，而例值、马脸、尾镜年例，则应费三万九千七百余两，即此一项钱粮，而公帑若扫矣。矧①兵丈局又有大兑换、小兑换，水和炭辐辏鳞集乎？即谓三项，俱属上供应，鲜明整列岁修，诚不可缺年例，亦不可停。而酒醋面局、宝钞司等件成造、象房、煮料、铁锅不等年例，《条例》虽分有年限，独不可更压②一年，亦可少宽一年之物力乎？且如两厂折修明盔，查《条例》续议，不用锁缉线三道，每副减二工，计五百工，已共减银三十两。折修明甲，每副减十工，计二千工，已共减一百二十两。量修明甲，每副减十工，计一千五百工，已共减银九十两。况查工料，动逾数

万，以《年例》之修理预造中审，其可缓者定以三年五年，其为帑藏储积计，何啻百余金、数十金而已乎？各省料银，既多缺解③，又多提留以入之孔鲁④，不足以半出之孔只⑤，左支右吾，捉襟⑥肘见，甚则仰屋叹耳。似宜将压一年者、三年、五年者定为例，是亦所当拟议者也。

一　议造细药，以定混派之数。

查得制药则例，造鸟迅药一百斤，应用硝一百六十五斤，黄一十一斤，共造药一百二十万斤，合用硝一百九十八万斤，黄一十三万二千斤，是十分之硝尚不用一分之黄。据⑦《条例》召买额数，硝一百五十万斤，黄五十万斤，是三分硝即用一分黄矣。近据前任刘员外议题新额计，黄尚多一十八万五千余斤，而硝尚亏七十万八千七百九十五斤半。查药之迅利，不在黄之

---

① 古书面语连词，"况且"之意。

② 原文系"壓"，据上下文改为"压"，以合简体文之规范，下文同，不再注。

③ 原文系"鮮"，据上下文改为"解"，以合简体文之规范，下文同，不再注。

④ 原文系"魯"，应为"鲁"之异体，今改以合简体文之规范，下文同，不再注。

⑤ 原文系"衹"，应为"祇"之异体，今改为"只"，以合简体文之规范，下文同，不再注。

⑥ 原文系"衿"，据上下文改为"襟"，以合简体文之规范，下文同，不再注。

⑦ 原文系"攄"，应为"拠"之异体，古同"据"，今改以合简体文之规范，下文同，不再注。

多,而在硝之净、工之密。则一十八万五千余斤之黄,照估一斤四分算,该银七千四百余金,不应裁减乎？然欲增①硝七十万八千余斤,照估每斤二分五厘算,该价一万七千余两。虽难轻议合无,即以黄所减七千四百余两之银,增买硝二十九万七千二百八十二斤,量补硝所亏之数,而不必拘足于制药之原额,似亦节省九千余金,而硝黄掺②和适宜,两厂亦不至虚糜矣。因火药而又查《条例》之造铅弹,成造连珠弹,每年二十万个,夹靶弹每年二十万个,共四十万个。前任议题刊书,则溢③连珠弹至四十万个,夹靶弹至一百六十万个。数倍溢常额,而工食钱粮不赀。应照《条例》之旧,而不必于加多,亦节省之一也。

一 议防叵测,以全外解

之额。

祖宗朝斟酌各省地可出为输,将剂量其岁所需为定额。如铁、如翠毛、螺壳、水脚银,俱正供也。今即一福建,解铁官<u>王梁</u>、<u>金锴</u>、<u>潘谅</u>、<u>卢</u>④<u>穗连</u>以遭⑤风被劫告矣。屡以《会典》一欵,告免赔矣。夫风波叵测,固可委之天数,亦岂尽无人事以致之。铁质⑥本重,解官类多营利,好带私货,最轻折轴。矧加重宁不沉舟乎？惊涛淹⑦没,半由自取。故该省委解⑧之,日预宜严,其夹带私货之令,至于强劫之祸,则地方有不得辞其责者矣。该省抚院预给批牌一道,令所至地方,遇夜巡⑨逻,递⑩守递送,复有疏虞,责令地方赔偿,则正额可完而解官亦免苦累矣。况今大工将兴,所需于铁亦属吃紧,是不可不移文严谕也。

① 原文系"増",应为"增"之异体,今改以合简体文之规范,下文同,不再注。
② 原文系"参",据上下文改为"掺",以合简体文之规范,下文同,不再注。
③ 原文系"益",应为通假,据上下文改为"溢",以合简体文之规范,下文同,不再注。
④ 原文系"盧",据上下文改为"卢",以合简体文之规范,下文同,不再注。
⑤ 原文系"遭",应为"遭"之异体,今改以合简体文之规范,下文同,不再注。
⑥ 原文系"質",据上下文改为"质",以合简体文之规范,下文同,不再注。
⑦ 原文系"淊",古同"淹",今改以合简体文之规范,下文同,不再注。
⑧ 原文系"觧",古同"解",今改以合简体文之规范,下文同,不再注。
⑨ 原文系"廵",据上下文改为"巡",以合简体文之规范,下文同,不再注。
⑩ 原文系"遞",据上下文改为"递",以合简体文之规范,下文同,不再注。

一　议办钱铜，以厘奸商之弊。

盖国家鼓铸，原为生利，而竟以派商失利，则亦何用买铜为哉？新议不许外役钻求，堕其骗局，然即本部原商亦不免汪源等之续耳。故不得已呈堂议召买。押买三越月，无有应者，势不得不发买。窃计无如差官一员，给咨押买。据各商告词，俱称芜湖见贮有铜，则或取应天府事例银，或取南部应用银两，照四司议定应办的数价银兑付。委官并南部复差官一员解到节慎库，收贮铜商所称见铜。当委官与南部委员验明的数多寡若干，即于铜价内请量给运价若干，俟①铜到局会收明白，终②将解到银两照数找足，庶铜到有期，而鼓铸有日。奸商或免拖延，而公帑亦得出息矣。至于铜必足色，非四火黄铜不准会收，则又在于咨文内不压再三可也。再查南部额解，南季铜价三千六百两，工料银一千八百一十九两六钱九分零，共银五千四百一十九两余。年来派商咨领，南银一经到手，任意出入，屡烦敲补③，竟无完期。合无即于芜湖分司，税内照南部应解南季铜，并工料银数见买积铜抵税解局，庶税银总是部银，开销见买亦享见铜之利，倘一可采，钻求骗局必免奸商之弊矣。

虞衡清吏司　署印郎中　臣徐久德　谨议
工科给事中　臣何士晋　谨订

---

① 原文系"竢"，据上下文改为"俟"，以合简体文之规范，下文同，不再注。
② 原文系"絟"，应为"终"之异体，今改为"终"，以合简体文之规范，下文同，不再注。
③ 原文系"朴"，应为通假，据上下文改为"补"，以合简体文之规范，下文同，不再注。

工部厂库须知
卷之七

工 科 给 事 中　臣何士晋　汇①辑
广东道监察御史　臣李　嵩　订正
虞衡清吏司郎中　臣徐久德　参阅
虞衡清吏司员外郎　臣陈尧言　考载
营缮清吏司主事　臣陈应元
虞衡清吏司主事　臣楼一堂
都水清吏司主事　臣黄景章
屯田清吏司主事　臣华　颜　同编

宝源局

　　虞衡司主②差员外郎，监督专司鼓铸之事，有关防、有鼓铸公署所属，有宝源局大使。

　　年例铸钱。

　　本部每季铸进内库，钱三百万文。久已停铸。

　　本部每季铸解太仓，钱一百五十万文，户部给各衙门俸钱。

会有：

丁字库，

白麻一百四十斤，每斤价银三分，该银四两二钱。

召买：

户部关领铜，价办四火黄铜四万五百斤，本部移咨，户部关领。

炉头自备，今改商人买办。

水锡二千五百六十六斤二两三钱九分，每斤价银八分，该银二百五两五钱九分一厘九毫五丝。

炸块一十万七千七百七十八斤四两五钱，每百斤价银一钱二分七厘五毫，该银一百三十七两四钱一分七厘。

木炭二万四百二十四斤七两九钱，每百斤价银三钱五分，该银七十一两四钱八分五厘。

---

①　原文系"彙"，应为"彙"之异体，今改为"汇"，以合简体文之规范，下文同，不再注。
②　原文系"註"，应为通假，今改为"主"，以合简体文之规范，下文同，不再注。

砂罐二千七百个，每个价银四分五厘，该银一百二十一两五钱。

松香二千四百八斤一两一钱，每斤价银二分，该银四十八两一钱六分一厘。

送太仓钱一百五十万文，用小车三十辆，照旧规折车一十二辆，每辆脚价银一钱二分，该银一两四钱四分。

以上六项共银五百八十五两二钱九分四厘九毫五丝。

炉头绳匠工食银一千四百八十两九钱三分三厘。内库大绳工食照太仓数给。

代南部铸进内库，钱三百万文，久已停铸。

代南部铸解太仓，钱一百万文，户部给各衙门俸钱。

会有：

丁字库，

白麻一百二十四斤，每斤价银三分，该银三两七钱二分。

召买：

四火黄铜三万六千斤，每斤价银一钱零五厘，该银三千七百八十两。

炉头自备，今改商买办。

水锡二千二百八十一斤三钱五分，每斤价银八分，该银一百八十二两四钱八分一厘七毫五丝。

炸块九万五千八百二斤十四两六钱，每百斤银一钱二分七厘五毫，该银一百二十二两一钱四分八厘六毫。

木炭一万八千一百五十六斤一两六钱，每百斤银三钱五分，该银六十三两五钱四分六厘三毫五丝。

松香二千一百四十斤八两，每斤银二分，该银四十两八钱一分。

砂罐二千四百个，每个银四分五厘，该银一百八两。

送太仓钱小车二十辆，照旧规折六辆，该银九钱六分。

以上六项共银五百一十九两九钱四分六厘七毫八丝一忽。

炉头绳匠工食银一千三百两四钱七分七厘，内库大绳工食照太仓数给。

以上除北部铜价外，南部铜价并北部、南部杂料工食银，每年共银三万六百六十六两六钱六厘六毫一丝一忽。

前件，查得前项内库钱停铸多年，虽太仓钱历年照旧铸解，所开工料，每年只照太仓钱数支办。其北钱铜价出于户部,工料出于本部衡司。南钱铜价、工料俱出南部。近因工料解不如期,每先经本部衡司代发后,移文催补。其杂料五项,旧系炉头自备。至万历三十五年,炉头韩得春等告归,杂料商人任一清承办,本局按铜给票,与炉头径自支领。其水锡项,查得每铸钱万文合用水锡五斤十一两二钱,价银四钱五分六厘。近因铜低,不堪加锡,照价易铜四斤五两零,每万文添铸水锡,钱四百八十三文,如后有四火黄铜裁钱,仍用水锡,业经该局陈员外呈堂复议,执允在卷。

年例　铸器,
一年一次。
宝钞司　切草长刀等件。

会有:
节慎库,
熟建铁四百五十斤,每斤银一分六厘,该银七两二钱。

召买:
炸块一千一十二斤八两,每百斤银一钱二分七厘五毫,该银一两二钱九分九毫三丝。
木炭一百一十二斤八两,每百斤银三钱五分,该银三钱九分三厘

七毫五丝。
以上二项共银一两六钱八分四厘六毫八丝。
匠作工食银一两八钱七分二厘,三年一次。

翰林院　庶吉士　火盆等件
会有:
丁字库,
生铁三千二百斤,每斤银六厘,该银一十九两二钱。
召买作头自备。
木炭四千斤,每百斤银三钱五分,该银一十四两。
炸①块二千一百斤,每百斤银一钱二分七厘五毫,该银二两六钱七分七厘。
木柴二千一百斤,每百斤银一钱四分五厘,该银三两四分五厘。
青坩土四百斤,每百斤银六分,该银二钱四分。
磁末四百斤,每百斤银一钱三分,该银五钱二分。
马尾罗二把,每把银一分四厘,该银二分八厘。
竹筛二把,每把银一分,该银

---

① 此处原文模糊不清,据上下文应为"炸",今补。

二分。

杨柳火杆十根,每根银五厘,该银五分。

斜席十五领,每领银二分五厘,该银三钱七分五厘。

炙砚三十五副,每副银八分,该银二两八钱。

火池十一个,每个银六分,该银六钱六分。

火筋十一只,每只银一分,该银一钱一分。

裁纸刀二把,每把银二分,该银四分。

以上十三项共银二十四两五钱六分五厘。

夫匠工食银六两二钱四分。

四年一次。

酒醋面局 煮料、铁锅三口,申、子、辰年。

会有:

丁字库,

生铁二千斤,该银一十二两,已减四百斤。

苘麻二十二斤,该银三钱六分,以上二项共银十二两三钱六分。

召买:

炸块一千斤,每百斤银一钱二分七厘五毫,该银一两二钱七分五厘。

木柴五百八十二斤,每百斤银一钱四分,该银八钱一分四厘。

木炭一千六百六十斤,每百斤银三钱五分,该银五两八钱三分一厘。

磁末二百五十斤,每百斤银一钱三分,该银三钱二分五厘。

青坩土九百十六斤,每百斤银六分,该银五钱四分九厘。

竹筛一把,该银一分。

马尾罗一把,该银一分。

杨柳火杆三根,每根银八厘,该银二分四厘。

斜席五领,每领银二分五厘,该银一钱二分五厘。

以上九项共银八两九钱六分四厘,已减二两七钱七分。

工食银二两五钱六分五厘。

不等年分。

供用库 锅口,丙、子、丁、亥年。
会有:
丁字库,
生铁四万六千七百六十斤,每斤银六厘,该银二百八十两五钱六分。

苘麻三百五十斤，每百斤银一分四厘，该银四两九钱。

节慎库，

熟建铁一百二十斤，每斤银一分六厘，该银一两九钱。

以上三项共银二百八十七两三钱六分。今减一百三十九两五钱八分一厘。

召买：

炸块一万七千四百七十八斤，每百斤银一钱二分七厘五毫，该银二十二两二钱八分四厘四毫。

木炭二万六千一百九十五斤，每斤银三钱五分，该银九十一两六钱八分二厘五毫。

磁末四千斤，每百斤银一钱三分，该银五两二钱。

青坩土三千五百斤，每百斤银六分，该银二两一钱。

斜席五十领，每领银二分五厘，该银一两二钱五分。

穿肠草一千八百斤，每百斤银二分，该银三钱六分。

土坯八千个，每百个银七分，该银五两六钱。

杨柳火杆五十根，每根银五厘，该银二钱五分。

竹筛六把，每把银一分，该银六分。

马尾罗三把，每把银一分四厘，该银四分二厘。

木柴九千八百九十斤，每百斤银一钱四分五厘，该银一十四两三钱四分五毫。

扇风板四块，照单料板枋四号折二块六分，每块银五钱二分，该银一两三钱五分二厘。

以上十二项共银一百四十四两五钱二分一厘。

夫匠工食共银六百三十五两三钱五分三厘，今减二十七两七钱八分九厘。

酒醋面局 烧酒铜锅四口，庚、戌、辛、未年。

会有：

丁字库，

苘麻四十斤，该银五钱六分。

召买：

二火黄铜一千斤，该银八十二两。

大砂罐四十五个，该银二两二分五厘。

斜席四领，该银六分。

马尾罗四把，该银五分六厘。

炸块一千五百斤，该银一两九

钱一分。

木炭三百斤，该银一两五分。

木柴八百斤，该银一两一钱六分。

以上七项共银八十八两二钱六分，已减二十三两。

巡按盛印铜池函七十九副，皮匣等项全，万历三十一年成造一次。

召买物料二十项，并工食共银四十四两一钱三分三厘。

三殿陈设，万历三十二年成造一次。

头号铜缸一十九口。

二号铜缸一口。

铜海十口。

三寸铁环一百二十个。

大铁倒环六十个。

生铁挶①一百个。

以上七项物料系见工出给，工食由宝源局算给，共银七百一十八两三钱三分三厘六毫。

铸钱规则：

每铸钱万文，用净铜九十斤，水锡五斤十一两二钱，今不用，炸块二百三十九斤，木炭四十五斤六两二钱四分，松香五斤五两零，砂罐六个。工价三两二钱五分二厘一毫九丝。

熔②铜规则：

每熔铜，先抽一百包，堆放两旁，内点二包，敲断验其成色。秤兑二百斤，分东西二炉熔化，即令炉商各看守。俟烟气黑尽而绿，绿尽而白，铜色已净，终出炉。秤兑每百斤内，除正耗十三斤三两外，多耗一斤令商人补一斤，多耗二斤令商人补二斤。二炉通融计算，共折耗若干斤，折衷每百斤各折耗若干斤，凡兑铜以此为则。

铸器规则：

朝钟一口，

会有物料一十二项，共银八百一十两三钱五分。

召买物料十八项，共银三千二百七十六两八钱一分八厘五毫。

铸铁、木瓦、搭材等匠工食银

---

① 此字"底本"无法辨认，"北图珍本"、"续四库本"作"挶"，音同"走"，为"执持"之意，今据之补出。

② 原文系"鎔"，为"镕"之繁体，今改为"熔"，以合简体文之规范，下文同，不再注。

八百一两八钱一分五厘。

装运木植，人夫工食银□①两六钱四分。

鼓楼 铜点一面。

会有物料一项，银六分五厘。

召买物料六项，共银四十二两二钱二分。

铸匠、挫磨等工食共银二两八钱五分。

承运库 大铁锤②一把。

会有物料一项，共银一两二钱。

召买物料二项，共银二钱五分九厘二毫五丝。

铁匠工食银二钱二分八厘。

铜斧一把。

会有物料一项，银九分二厘。

召买物料二项，共银一分七厘七毫五丝。

铁匠工食银三分。

生铁银锭一个。

会有物料二项，共银二钱二分

四厘。

召买物料九项，共银九分二厘七毫。

夫匠工食银共五分二厘九毫九丝一忽二微。

生铁砧子一个。

会有物料二项，共银一两五钱四分。

召买物料五项，共银一两二钱二分二厘。

夫匠工食共银七钱九分四厘。

铁镬③一口。

会有物料二项，共银五两三钱二分。

召买物料九项，共银三两一钱七分九厘。

夫匠工食银共八两六钱五分七厘九毫九丝。

铁锅一连，十二眼。

会有物料二项，共银八钱一分四厘。

召买物料九项，共银一两九钱

---

① 此字"底本"、"北图珍本"与"续四库本"俱缺。

② 原文系"鎚"，今改为"锤"，以合简体文之规范，下文同，不再注。

③ 原文系"鑊"，今改为"镬"，以合简体文之规范，下文同，不再注。

七分。

夫匠工食共银一两四钱二分。

云板一面。

会有物料二项,共银一两六分二厘。

召买物料三项,共银六钱一分三厘。

做模铸匠工食银五钱一分三厘。

信符金牌一副。

会有物料十四项,共银四两一钱四分二厘。

召买物料二十九项,共银二十六两八钱一分六厘五毫。

铸匠、挫磨等工食银二十二两二钱八分。

铁楞、铁槛一副。

会有物料四项,共银三百一十一两九钱二分。

召买物料十二项,共银一百九十九两一钱一分。

铸匠做模等工食银二百九十两四钱。

法马一副,计三十七个。

会有物料一项,银三两四钱一分一厘。

召买物料五项,共银三钱二分六厘。

做模铸匠、挫磨、校①勘、錾字等工食共银一两四钱四分。

舍饭店 铁锅一口。

会有物料二项,共银三两二钱八分八厘。

召买物料十项,共银二两七钱七分二厘。

做模铸匠等工食银二两四钱九分。

十王府 铜点一面。

会有物料一项,银六分五厘。

召买物料四项,银一十九两一钱八分七厘五毫。

铸匠、挫磨等工食银二两六钱二分二厘。

贴黄铁锅一口。

会有物料二项,共银五钱九分五厘五毫。

召买物料三项,共银五钱六分

---

① 原文系"較",为"较"之繁体,应为通假,今改为"校",以合简文之规范,下文同,不再注。

八厘二毫。

铸匠、做模等工食银二钱九分七厘一毫。

铁券一面。

召买物料三项,共银二两六分五厘。

铸匠、挫磨等工食银四两二钱八分。

会极门　火盆一个。

会有物料一项,银一两五分。

召买物料四项,银五钱九分七厘四毫。

铸匠、做模等工食银四钱五分六厘。

光禄寺　煮料铁锅一口。

会有物料二项,共银三十两。

召买物料九项,共银三十五两

九钱六分三厘。

铸匠、做模等工食银二十五两九钱三分。

御马监煮料铁锅一口。

会有物料二项,共银三两六钱三分九厘二毫。

召买物料十一项,共银四两一钱九分四厘。

工食银一两四钱四分八厘。

礼部　铸印黄铜。

召买物料一项,银十八两八钱。

守卫金牌一面。

会有物料三项,共银三厘五毫七丝。

召买物料二十九项,共银六钱五分七厘五毫。

工食银八钱七分六厘八毫。

宝源局 条议①：

一 熔化铜斤。

惟验铜为鼓②铸要领，在炉役利于耗多；在商人利于耗少。稍有低昂，难令心服。旧规东、西二炉通融定耗，似已得平。但二炉所化不过二包，每包不过百斤，而奸商射利，铜难一律。以数十万之铜而定耗于二百斤之内，偶值其高，则加耗少，而炉役亏；偶值其低，则折耗多，而商人亏。今后熔铜相应添设二炉，临时抽铜八包，每包取铜五十斤，共四百斤，秤兑下炉。则是合八包而熔其半，通四炉而酌其中。折耗多寡，庶几得平而商、炉各输服矣。

一 酌用水锡。

凡铸钱万文用四火黄铜九十斤，必加水锡五斤十一两二钱，从来久矣。近来商铜日低，锡似宜裁。但铜性燥烈，非用锡引则棱角不整，字划不明。倘有四火黄铜，则水锡乃③必需之物。前任王员外呈议以锡易铜，归重钱内，盖欲钱体厚重，期于久远，惟是钱自有定式。如果合式，则钱自不轻。与其以锡换铜，而以四斤五两四钱八分之数加重于一万文之中，不若计铜增钱，而以四斤五两四钱八分之数加多于一万文之外。盖水锡五斤十一两二钱，价银四钱五分六厘。照价买净铜四斤五两四钱八分，可铸钱四百八十三文。

如铸钱十万，即多四千八百三十文钱矣。积而累之，其数无穷。如此则公家有水锡之费，而亦有水锡之利。炉役无干没之弊，而亦无冒领之名。若后果有四火黄铜相应，仍用水锡，庶不失立法初意。至于严禁低铜，成色不足者依法重处，尤正本清源。

第一议也。

一 扣抵工食。

旧例炉役铸钱亏折，即于工食内扣抵。名曰赔补铜。近因奸商谋领拖欠经年，片铜不到，以致将已完之局反属未完。比较虽烦，无裨缓急。今后倘有亏折，即将工食扣抵，仍责令炉头照数买铜，补完

① 此处至"期于久远"，"底本"、"北图珍本"缺页，今据"续四库本"补出。
② 原文系"皷"，古同"鼓"，今改以合简体文之规范，下文同，不再注。
③ 原文系"廼"，古同"乃"，今改以合简体文之规范，下文同，不再注。

解库。然后给还工食。迟不过三月，如其不完，宁留贮库，毋①使奸商冒领，则炉役不得互推，而钱粮清楚矣。

一　稽核钱粮。

铸钱《条例》，南北季钱工料价值，由衡司给发，惟大工钱及三司钱，该前任华主事议，将工料价值即于所铸钱内，由本差随铸随给。每银一两，给钱五百八十文，扣下七十文贮库。在公家有羡余之利，在各役无候领之艰。已经呈堂，如议遵行至今，但钱粮自有职掌锱铢，亦宜稽核以后如铸。

大工钱及三司钱，铸过若干文应扣羡余钱若干文。相应先期按数呈堂批，司查复给领，赴巡视衙门挂号，本差方予②给发。不特出入多寡有所稽查，而事体亦归一矣。

监督宝源局、虞衡司　员外郎　臣陈尧言谨辑。

工科给事中　臣何士晋　谨订。

---

① 原文系"母"，据上下文意，应为通假，今改为"毋"，以合简体文之规范，下文同，不再注。

② 原文系"舆"，据上下文意，应为通假，今改为"予"，以合简体文之规范，下文同，不再注。

工 科 给 事 中　臣何士晋　纂辑
广东道监察御史　臣李　嵩　订正
虞衡清吏司郎中　臣徐久德　参阅
虞衡清吏司员外　臣林恭章　考载
营缮清吏司主事　臣陈应元
虞衡清吏司主事　臣楼一堂
都水清吏司主事　臣黄景章
屯田清吏司主事　臣华　颜　同编

街道厅

虞衡司主差员外郎，三年有关防，有公署，专司街道、沟渠，而时稽核其通塞。钱粮关领于各司，或动支各城、坊、房号银，五城兵马司咸隶焉。

见行事宜：

每年查理，都城内外街道、桥梁、沟渠、各城河墙、红门、水关及卢沟桥堤岸等处，或遇有坍①坏，即动支都水司库银修理，临时酌估多寡不等，其城外河遇淤浅挑滤②，亦动都水司库银，或借班军挑滤。

每年春季开滤五城沟渠，以通水道，以清积秽③。凡④官沟，动支兵马司房号银。中城五十二两，东城一十二两，南城二十四两，西城二十两，北城不支。民沟听民自开。各衙门沟行总甲开，如上林苑、五府等沟，本衙门自开。

每年东安、西安、北安门三粪厂及西公生门北一处，春秋二季搬运土渣⑤，其合用钱粮。则东安门系中东兵马司拨夫，动该司房号银共四十八两五钱；西安门系西北兵马司拨夫，动该司房号银共四十六⑥两四钱。西公生门系南城兵马司拨夫，动该司房号银共二十七两。惟北安门，旧例两季募民夫，动库银各二百余两。后改立厂夫一十二名，令随到随搬，每名日给

---

① 原文系"姗"，为"坍"之异体，今改以合简体文之规范，下文同，不再注。
② 原文系"潚"，据上下文应为"滤"之异体，今改为"滤"，以合简体文之规范，下文同，不再注。
③ 原文系"穢"，今改为"秽"，以合简体文之规范，下文同，不再注。
④ 原文系"凣"，古同"凡"，今改以合简体文之规范，下文同，不再注。
⑤ 原文系"塇"，应为"渣"之异体，今改以合简体文之规范，下文同，不再注。
⑥ 原文系"陆"，今改为"六"，以合简体文之规范，下文同，不再注。

银三分。四季只各用三十一、二两不等,共约用一百二十余两。按季移文,都水司付,虞衡司给领开支。其东西二厂各置看守厂夫二名,每名岁给工食银七两二钱,遇闰加银六钱,虞衡司支。

凡皇墙周围红铺各门直房、棋盘街、栅栏及九门牌坊,并各门圣旨牌倘有损坏,动支营缮司库银修理。其九门城楼,每年霜降后,奉札会同内官监打扫,或遇损坏,听内官监移文,营缮司动库银修补。

凡九门角楼军器,例奉堂札会同兵部司官查点,倘有损坏,移盔甲厂修补,动支虞衡司库银。

遇圣驾郊祀①、幸学、谒陵,填垫道路,动支兵马司房号银,远近多寡不等,其搭盖浮桥及填垫红石口道路,则动支都水司库银。

凡都城内外居民,有侵占官街、填塞官沟及擅折官房者,例得按法从事,行兵马司查理,其五城兵马司官员,每年终分别贤否,册报吏部以佐黜陟②。

---

① 原文系"祀",应为"祀"之异体,今改以合简体文之规范,下文同,不再注。
② "黜陟",音同"处质",意指官吏的进退升降。

工料规则：

　　修沟渠、桥梁等各项合用石料，取之三山，给开运价。白城砖取之大通桥砖厂，只给运价。黑城砖、斧刃砖、尺二方砖则窑户办纳，给买价俱临期照丈尺酌估，多寡不定。其开运、召买等价，俱有成估与各差《则例》同夫匠工价。惟山陵工所，因有内监，比各工所量增。

　　山陵工所：

　　红门内各匠，长工八分，短工七分。

　　夫，长工五分，短工四分五厘。

　　夯夫，长工七分，短工六分。

　　红门外各匠，长工七分，短工六分。

　　夫，长工五分，短工四分。

　　夯夫，长工六分，短工五分。

　　外工所各匠，长工六分，短工五分五厘。

　　夫，长工四分，短工三分五厘。

　　夯夫，长工五分，短工四分。

　　本差公费：

　　纸札笔墨银，每季银三两。

街道厅　条议：

一　条沟渠。

五城沟渠多矣，岁久坍塌，骤难概修。计非择急先修，以次渐及不可。即应修处所，犹须移会都水司共同勘验，果不容缓，然后料估呈堂。盖钱粮出自水司，会勘可无滥费也。其余稍缓，处所先行，该城兵马检拾坍砖，仍预为开导[1]，以俟陆续估修，庶工无繁兴而沟亦不至淤塞矣。

一　省浮桥。

浮桥之役，省百工料，不如省一内监，是盖难言矣。省一内监，又不如省一浮桥，是在早[2]计焉。盖浮桥有为棚殿设者，如棚殿逾[3]水而搭一殿，即搭二桥，其费多矣；如棚殿不逾水而搭，则搭一殿，可免二桥，其省多矣。且用木当计桥之长短，不必用大，以滋木价。取木当计桥之多寡，不必取多，以滋运价。至绳之宜用苘麻，不必用白麻，其价几倍。买麻又不如买绳，其价亦倍。可用斜席，不必尽用苇席，其价亦倍。垫桥之黄土，折桥则存土可用，省买方之费亦倍。若夫各料随用随登簿籍，令委官、看守、人役一一收管，折棚、折桥时，一一照数查点。短少者责令赔补，庶向来狼藉之弊可少杜乎。

虞衡清吏司　管差员外郎　臣林恭章谨议

工科给事中　臣何士晋　谨订

---

① 原文系"導"，今改为"导"，以合简体文之规范，下文同，不再注。
② 原文系"蚤"，古同"蚤"，今改为"早"，以合简体文之规范，下文同，不再注。
③ 原文系"踰"，古同"逾"，今改以合简体文之规范，下文同，不再注。

工 科 给 事 中　臣何士晋　纂辑
广东道监察御史　臣李　嵩　订正
虞衡清吏司郎中　臣徐久德　参阅
虞衡清吏司主事　臣楼一堂　考载
营缮清吏司主事　臣陈应元
都水清吏司主事　臣黄景章
屯田清吏司主事　臣华　颜　同编

验试厅

虞衡司主差三年,有关防、有公署专管验试之事,一应外解本色物料,其多寡数目,惟据各司送验为凭。验中则押送十库收贮,不中则驳还商解更换。若各司外解料银,各项折色,径送库贮,与本差无,与第真赝①,杂投诈巧,百出典兹,任者称烦琐云。

验试各项名目:

一　本司所隶各省直额解、军器、胖衣等项验。

一　内商召买硝黄、皮、铁、纸张等项送验。

一　水司所隶各省直额解及各照局②不时提办系料、麻、铁等项送验。

---

① 原文系"赝",今改为"赝",以合简体文之规范,下文同,不再注。
② 原文系"局",古同"局",今改以合简体文之规范,下文同,不再注。

验试厅 条议：

一 创立盆硝进验。

厂库最急，无如军需。而军需最急，无如火药。火药之迅不迅，硝黄之真不真而已。往[1]时验硝，未有成法。一概散硝中搀盐碱，以贱抵贵，以假饰真。意欲逐包验之，而窘于多数。即就一包试之，而难于别色。向查往例，曾[2]有掣盆一二，酌为折数入库之议。夫折而入，则百解而作六十、七十解矣，发之而出也。能保如所入乎？此必不得之数也。在本商惮人数之盈，既未甘[3]心于算折，而在匠头苦出数之缩，犹然藉口于硝低。数十年来兵工互争，有如聚讼，职此之由。本职莅[4]任之始，痛思善后之图，即改碎验而为盆验之法。当时有笑其迂者，有告苦于脚值之费而从中挠者，而本职惟坚持之。每硝必令本商盆净，每商必令成盆进验。先一日传两厂匠头二名候验，至日着本商肩挑运到，无使损坏。行行摆列，先令匠头拣择一番，莹洁[5]起[6]枪[7]者收之，重底昏[8]黑者退之，而后本职自行巡览，严为去取，不概从匠头之进退也。验硝匠头，着各做姓名棕记一个，疏阔明朗。凡验中封口，硝包多打印记，堪久不磨，以便后日给发之时。某匠所验硝，仍发某匠造药。彼虑无逃于后日之赔累，安得不兢[9]兢于验日之精详哉。至今各匠有不顾关领旧硝，而甘短少其数以求今验者，其故可知也。盖硝惟盆过则渣滓悉去，盐碱不得搀和，而验以成盆，则高低真假又一目可以无遗。视夫散硝庞杂，仅仅掣十[10]一于千百之中，而弊犹难穷，诘者不霄攘[11]哉。虽人情难与虑始，积习似

---

① 原文系"徃"，古同"往"，今改以合简体文之规范，下文同，不再注。

② 原文系"曾"，古同"曾"，今改以合简体文之规范，下文同，不再注。

③ 原文系"甘"，应为"甘"之异体，今改以合简体文之规范，下文同，不再注。

④ 原文系"莅"，古同"莅"，今改为"莅"，以合简体文之规范，下文同，不再注。

⑤ 原文系"絜"，古同"洁"，今改以合简体文之规范，下文同，不再注。

⑥ 原文系"赵"，应为"起"之异体，今改以合简体文之规范，下文同，不再注。

⑦ 原文系"鎗"，古同"枪"，今改以合简体文之规范，下文同，不再注。

⑧ 原文系"昬"，古同"昏"，今改以合简体文之规范，下文同，不再注。

⑨ 原文系"兢"，应为通假，今改为"兢"，以合简体文之规范，下文同，不再注。

⑩ 原文系"什"，今改为"十"，以合简体文之规范，下文同，不再注。

⑪ 原文系"壤"，古同"攘"，今改以合简体文之规范，下文同，不再注。

难顿革，而第为之严，需索之禁，塞旁费之，实未有不竞①赴者。行之期年，上下两便，群嚣顿息，窃谓是可以补救②已往，垂示将来者也。

一　镌勒解进军器。

盔、甲、弓、刀所以冲锋陷阵，角弓、竹箭所以射疏及远，用莫大焉。近来狃③于承平安于懈弛，所解军器，顶盔仅存形质，布甲不用口袋，弓非坚劲，矢无利镞④，至于腰刀，悉皆白铁，此何等关切？而当事者动以五兵为戏也。每验不堪，辄⑤云督造另自有人，别生推诿，何以责成？自今以后，合无如法制造，正官验过，起解盔、甲、弓、刀，俱要勒刻某年分、某省直、某督造，即某管解员役于上。备列地方，使不得彼此挪⑥借；明开年岁，

使不得新旧混淆，至于甲里⑦，既钉铁叶，不便镂刻，其法当于甲背正面之上，缀淡黄砑⑧光细布或厚绢四围尺许，团⑨圈密缝，仍前识记，中边骑缝官印钤盖，以便稽查。如此则不惟外解无物中掺换之弊，而内贮亦不得有意外游移之变。已经呈堂，提准申饬⑩各省直讫，窃谓是可以行之永，永无弊者也。

一　关防解进胖衣。

胖袄、布裤、鞴⑪鞋之设，原以优恤军寒，故九边有三年一给之例，京师有五年一给之例，甚盛典也。但曰三年、五年，必其所给衣鞋新旧可以更替，而布花细厚历年不至速朽。故颁不违制，领不后时，岂不亦轸边养士之长虑哉。奈

---

① 原文系"競"，今改为"竞"，以合简体文之规范，下文同，不再注。
② 原文系"捄"，古同"救"，今改以合简体文之规范，下文同，不再注。
③ 音同"扭"，为"因袭、拘泥"之意。
④ 原文系"鏃"，古同"镞"，今改为"镞"，以合简体文之规范，下文同，不再注。
⑤ 原文系"輒"，古同"辄"，今改以合简体文之规范，下文同，不再注。
⑥ 原文系"那"，据上下文意，应为"挪"，今改以合简体文之规范，下文同，不再注。
⑦ 原文系"裏"，古同"裏"，今改为"里"，以合简体文之规范，下文同，不再注。
⑧ 音同"亚"，为"用卵形或弧形的石块碾压或摩擦皮革、布帛等，使紧实而光亮"之意。
⑨ 原文系"團"，今改为"团"，以合简体文之规范，下文同，不再注。
⑩ 原文系"餙"，古同"饰"，此处意不通，应为通假"飭"，今改为"饬"以合简体文之规范，下文同，不再注。
⑪ 康熙字典【廣韻】释为"吴人靴勒曰鞴"。

何迓来懈弛，各省直解进胖衣、粗布、黑花、稀针疏缝，兼以管解非人，揽头为祟，假染练之，旧物夹杂而试于一投，持补缀之虫①余，钻求而期于必中，挟纩②之惠罔闻，堕指之悲空切，若不严禁，长此安穷。本职莅任以来，不知费几番驳换，几番枷责，尚未有尽革其故辙者。计不得不于起脚处，重加申饬③也。

今后各省直所解胖衣等物，须④要细布净花，本地如法制造，正官验过起解。仍照所解黄生绢事例，勒写年分、省直、督造、管解、员役于上。其法亦用淡黄矸光细布或厚绢四围尺许，团圈密缝，于胖衣里面背缝之中勒写前因，中边骑缝，官印钤盖，以便稽查。如无勒写、印钤，即便驳回。如此则不惟刁解无所受⑤其欺，而揽头亦无所射其利矣。虽查旧解，间有印钤

其上者，而以本布粗糙，关防不明，又未开载年分、省直，即有伪造者，孰从而办之？此亦可以行之永，永无弊者也。

一　申饬造解归并。

各省直解进军器、胖衣等项，每每不堪，深为痛恨。及诘所解，或滥委于匪人，或便带于各差，或以劣转之藩幕，或以赤贫之武弁。当堂究责，不日督造，另自有人。则曰管解未曾管造，多般推诿，辗⑥转支吾，夫安能越数千里而面质之哉？收之既无补于国用，驳回又滋费其车脚，踌躇⑦再四，情法两难。计不从前申饬，何以事后责成？今后各省直所造军器、胖衣等项，须选廉⑧能勤干佐二⑨官，资俸未深者一员，专督本造。造毕，印官验过，仍令管解以终其事。盖以

① 原文系"虵"，应为"虫"之异体，今改以合简体文之规范，下文同，不再注。
② 原文系"纊"，今改为"纩"，以合简体文之规范，下文同，不再注。
③ 原文系"飭"，应为"飭"之异体，今改为"饬"，以合简体文之规范，下文同，不再注。
④ 原文系"湏"，古同"须"，今改以合简体文之规范，下文同，不再注。
⑤ 原文系"售"，此处据上下文意，应为通假，今改为"受"，以合简体文之规范，下文同，不再注。
⑥ 原文系"展"，今据上下文改为"辗"，以合简体文之规范，下文同，不再注。
⑦ 原文系"蹰"，古同"躇"，今改以合简体文之规范，下文同，不再注。
⑧ 原文系"廉"，古同"廉"，今改以合简体文之规范，下文同，不再注。
⑨ 此处字形如此，但从上下文意，似有不通，疑为"之"之异体。

本造充本解，则利害切已①，业虑其解之无躲避，自必其造之无侵欺。而以所解问所造，则推诿无门，当事者既安心于退换，而承役者自帖意于赔偿。法之无弊，无出此耳。如有解官廉能，本差验过无弊者，一面呈堂送吏部记录②，仍行彼处抚按，旌弊庶几，人人自效，而所解皆实用矣。已经呈堂，提准申饬各省直讫，窃谓可以行之永永者也。

虞衡清吏司　管厅主事　臣楼一堂　谨议
工科给事中　臣何士晋　谨订③

---

① 原文系"巳"，今据上下文意改为"己"，下文同，不再注。
② 原文系"録"，今改为"录"，以合简体文之规范，下文同，不再注。
③ 此处署名"底本"、"北图珍本"遗缺，今据"续四库本"补出。

工部厂库须知
卷之八

工科给事中　臣何士晋　纂辑
广东道监察御史　臣李　嵩　订正
虞衡清吏司郎中　臣徐久德　参阅
虞衡清吏司主事　臣王道元　考载
营缮清吏司主事　臣陈应元
虞衡清吏司主事　臣楼一堂
都水清吏司主事　臣黄景章
屯田清吏司主事　臣华　颜　同编

盔甲王恭厂

虞衡分司注差主事三年①，有关防二厂兼领，专掌修造军器，所属有军器局。

年例军器，每年成造。

成造连珠炮②铅弹二十万个。

会有：

节慎库，

南铅一万八千七百一十三斤八两，每斤银四分五厘，该银八百四十二两六分二厘五毫。

匠头自备：

炸块二千二百五十斤，每百斤银一钱三分，该银二两九钱二分五厘。

木炭二千二百五十斤，每百斤银三钱，该银六两七钱五分。

以上二项共银九两六钱七分五厘。

工食银四十二两。

前件，连珠铅弹，《条例》每个重一两四钱五分，四十年该本司议减二钱五分，每个重一两二钱。

成造　夹靶枪　铅弹二十万个。

---

① 此六字"底本"、"北图珍本"无，今据"续四库本"补出。
② 原文系"砲"，今改为"炮"，以合简体文之规范，下文同，不再注。

会有：

节慎库，

南铅五千一百六十二斤八两，每斤银四分五厘，该银二百三十二两三钱一分二厘五毫。

匠头自备：

炸块六百二十五斤，每百斤银一钱三分，该银九钱一分二厘五毫。

木炭六百二十五斤，每百斤银三钱，该银一两八钱七分五厘。

以上二项共银二两七钱八分七厘五毫。

工食银三十六两。

前件，夹靶铅弹，《条例》每个重四钱，四十年该本司议减五分，每个重三钱五分。

以上二项铅弹系京营年例，春秋二操支领，向来京管滥领至二百六十余万个。

万历三十九年，部科酌议裁减，移会京营查取每年操演的数，大小铅弹二百六万七千二十个，本部复减六万七千二十个。四十一年议题每年定额连珠铅弹四十万个，夹靶铅弹一百六十万个，该领南铅六万六千九百五十斤，该银三千零一十二两七钱五分。匠头自备，该炸块八千三百六十八斤，每百斤银一钱三分，该银一十两八钱七分八厘四毫，该木炭八千三百六十八斤，每百斤银三钱，该银二十五两一钱四厘。以上二项共银三十五两九钱八分二厘四毫，该工食银三百七十二两。

又辽东年例关领铅弹，俟移文大小、多寡数目，按前估铅斤、工食、炸、炭成造。

成造　夹靶等枪炮、火药三十万斤，内：

夹靶枪火药一十五万斤。

会有：

广积库，

盆净焰硝一十万三百一十二斤八两，每斤银二分五厘，该银二千五百七两八钱一分二厘五毫。

硫黄一万九千六百八十七斤八两，每斤银四分，该银七百八十七两五钱。

以上二项共银三千二百九十五两三钱一分二厘五毫。

召买：

柳木炭三万斤，每百斤银四钱二分，该银一百二十六两。

工食银三百三十两。

成造　连珠砲火药一十五万斤。

会有：

广积库，

盆净焰硝一十万六千八百七十五斤，每斤银二分五厘，该银二千六百七十一两八钱七分五厘。

硫黄二万六百二十五斤，每斤银四分，该银八百二十五两。

以上二项共银三千四百九十六两八钱七分五厘。

召买：

柳木炭二万二千五百斤，每百斤银四钱二分，该银九十四两五钱。

工食银三百六十七两五钱。

前件，照《条例》每年成造。

成造　鸟嘴铳火药三万斤，每百斤会有物料三项，共银一两八钱四分四厘一毫。

召买物料二项，共银二钱四分九厘四毫八丝。

工食银三两一钱三分四厘二毫，外减银六钱。

前件，工食减去银一钱三分四厘二毫，每斤银三分。

成造　迅药三万斤，每百斤会有物料三项，共银一两八钱六分六厘二毫。

召买物料二项，共银三钱七分三厘二毫三丝。

工食银三两二钱三分四厘二毫，外减银六钱。

前件，工食银减去二钱三分四厘二毫，每斤银三分。

以上鸟迅药，京营春秋二操关领，火药粗细二、八兼支，每年该鸟迅药各三万斤。因两厂先年细药未完数多，已经呈明知会科院抵充，年例暂停，俟完日。每年照例成造六万斤。

成造　药线三十万条，除药线、包药布料外，召买物料银一十八两。

工食银四十五两。

前件，每药一斤用药线一条，每年成造粗药三十万斤，应造药线三十万条。

成造　起火屏风。

物料十二项，共银六钱三分，顺天府办送。

前件，查得每年旗手卫祭旗纛①等

_____

① 音同"道"，指古代军队里的大旗。

神,应用顺天府派料办送,照《条例》每年成造。

修理　铁心长枪　七百杆。

会有:

甲字库,

黄丹四斤六两,每斤银三分七厘,该银一钱六分一厘八毫。

无名异四斤六两,每斤银四厘,该银一分七厘五毫。

丁字库,

桐油四十三斤十二两,每斤银三分六厘,该银一两五钱七分五厘。

以上三项共银一两七钱五分四厘三毫。

召买:

麻子油七斤十二两,每斤银二分,该银一钱五分五厘。

白面①二十一斤十四两,每斤银八厘,该银一钱七分五厘。

石灰二十一斤十四两,每百斤银一钱二厘,该银二分二厘三毫。

瓦灰二十一斤十四两,每百斤银五分,该银一分九毫。

烟子七斤,每斤银五厘,该银三分五厘。

木柴一百五斤,每百斤银一钱五分六厘,该银一钱六分三厘八毫。

头发六十五斤十两,每斤银一钱,该银六两五钱六分二厘五毫。

麻线七百条,每百条银二分,该银一钱四分。

以上八项共银七两二钱六分四厘五毫。

工食银二十两三钱。

前件,系京营官军三年赴厂兑换,应二年一次修理,其量修工料递②减,每百杆会有四项,共银八钱二分七厘八毫一丝二忽五微。召买七项共银七钱六分五厘八毫一丝二忽五微。工食银一两五钱,俱经料道会估,以后照此修理。

成造　五龙枪　一万一千杆,每一杆

会有:

节慎库,

建铁二十四斤,每斤银一分六厘,该银三钱八分四厘。

苏州钢一两五钱,每斤银三分

---

① 原文系"趏",应为"麪"之异体,此字古同"麵",今改为"面",以合简体文之规范,下文同,不再注。

② 原文系"遞",古同"递",今改以合简体文之规范,下文同,不再注。

六厘五毫,该银三厘四毫二丝一忽
八微。

甲字库,

黄丹三分,每斤银三分七厘,
该银六丝九忽四微。

无名异三分,每斤银四厘,该
银七忽五微。

苎①布八寸,每匹银二钱,该
银五厘三毫。

水胶一钱,每斤银一分七厘,
该银一毫六忽。

通州抽水分竹木局,

青皮猫竹一段,长三尺九寸,
围六寸,照四号折得八分四厘二
毫,每根银五分,该银四分二厘
一毫。

丁字库,

桐油一两,每斤银三分六厘,
该银二厘二毫五丝。

红铜五分,每斤银七分,该银
二毫一丝八忽七微。

鱼线胶二两,每斤银八分,该
银一分。

白麻五钱,每斤银三分,该银

九毫三丝七忽五微。

盔甲厂,

牛筋二两,每斤银一钱二分七
厘,该银一分五厘八毫七丝五忽。

以上十二项该银四钱六分四
厘二毫八丝五忽九微。

召买:

麻子油二钱,每斤银二分,该
银二毫五丝。

白面②五钱,每斤银八厘,该
银二丝五忽。

石灰五钱,每百斤银一钱二
厘,该银三丝一忽八微。

瓦灰五钱,每百斤银五分,该
银一忽六微。

烟子一钱,每斤银五厘,该银
三丝一忽二微。

桑皮纸半张,每百张银三分,
该银一毫五丝。

白麻绳一条,重二两,每斤银
二分八厘,该银三厘五毫。

木炭八钱,每百斤银三钱五
分,该银一厘七毫五丝。

---

① 原文系"苧",古同"苎",今改以合简体文之规范,下文同,不再注。
② 原文系"麪",古同"麵",今改为"面",以合简体文之规范,下文同,不再注。

以上八项共银五厘七毫三丝九忽六微。

匠头自备:

炸块六十斤,每百斤银一钱三分,该银七分八厘。

木炭六斤,每百斤银三钱,该银一分八厘。

以上二项共银九分六厘。

工食银六钱。

前件,《条例》内未及开载,查系京营兑换军器遇缺,该营移文成造,每次多寡不等。近四十二年,京营移造一万一千杆,并送新样,已经山西厂、科院、部会估,改造内增荒铁八斤,人工二工。以后遇缺成造,其量修工料递减,每杆会有九项,共银三分二厘一毫四丝五忽六微。召买七项,共银一厘九毫八丝九忽五微,工食银一钱二分,皆经科院会估,以后照此修理。

成造　夹靶枪　五千杆

会有:

甲字库,

黄丹六斤四两,每斤银三分七厘,该银二钱三分一厘二毫五丝。

无名异六斤四两,每斤银四厘,该银二分四厘。

水胶六十二斤八两,每斤银一分七厘,该银一两六分二厘五毫。

丁字库,

鱼线胶六百二十五斤,每斤银

八分,该银五十两。

桐油三百一十二斤八两,每斤银三分六厘,该银一十一两二钱五分。

白麻九十二斤十二两,每斤银三分,该银二两八钱一分二厘五毫。

戊字库,

废铁二万三千一百二十五斤,每斤银三分二厘,该银七百四十两。

节慎库,

铁八万六千二百五十斤,每斤银一分六厘,该银一千三百八十两。照《条例》加四万斤,系新增。

盔甲厂,

牛筋六百二十五斤,每斤银一钱二分七厘,该银七十九两三钱七分五厘。

通州抽分竹木局,

青皮猫竹一万片,每片银六厘五毫,该银六十五两。

以上十项共银二千三百二十九两七钱五分五厘二毫五丝。照《条例》加银四百六十两,系新增。

匠头自备:

炸块二十七万三千四百三十七斤八两,每百斤银一钱三分,该银三百五十五两四钱六分八厘七毫五丝。照《条例》加十万斤，系新增。

木炭二万七千三百四十三斤十二两，每百斤银三钱，该银八十二两三分一厘二毫五丝。照《条例》多一万斤，系新增。

以上二项共银四百三十七两五钱，照《条例》加银一百六十两，系新增。

召买：

白面七十八斤二两，每斤银八厘，该银六钱二分五厘。

麻子油六十二斤八两，每斤银二分，该银一两二钱五分。

石灰九十三斤十三两，每百斤银一钱二厘，该银九分五厘六毫。

烟子三十一斤四两，每斤银五厘，该银一钱五分六厘二毫。

瓦灰九十三斤十二两，每百斤银五分，该银四分六厘六毫。

木柴三百一十二斤八两，每百斤银一钱五分六厘，该银四钱八分七厘五毫。

木炭三百一十二斤八两，每百斤银三钱五分，该银一两九分三厘七毫。

以上七项共银三两七钱五分四厘，照旧不增。

工食银二千七百两，照《条例》

已增六百两，系新增。

前件，照京管新式造成四十三斤，三月内经科院会议，每杆内加荒铁八斤，人工二工。因新增工料数如上，遇缺提造。若修理，则工料递减。查四十二年新经科院会估，凡大修，每百杆估用物料二两八钱八分六厘八毫丝五忽，工食银二十一两。小修，每百杆估用物料八分五厘七毫五丝九忽三微，工食银六两。俱有估册，存厂备照。以后照此分别修理。

成造　快枪二千杆

会有：

丁字库，

桐油二十五斤，每斤银三分六厘，该银九钱。

甲字库，

水胶三十七斤八两，每斤银一分七厘，该银六钱三分七厘五毫。

无名异二斤八两，每斤银四厘，该银一分。

黄丹二斤八两，每斤银三分七厘，该银九分二厘五毫。

戊字库，

废铁四千五百斤，每一斤银三分二厘，该银一百四十四两。

节慎库，

铁二万五千斤，每斤银一分六厘，该银四百两。

以上六项共银五百四十四两，

查《条例》，今只二百八十九两六钱四分，已加银二百六十四两二钱六分，系新增。

召买：

榆木把二千根，每根银五分四厘，该银一百八两。

红土五十斤，每斤银五厘，该银二钱五分。

烟子三斤十二两，每斤银五厘，该银一分八厘七毫。

麻子油十二斤八两，每斤银二分，该银二钱五分。

以上四项共银一百八两五钱一分八厘七毫，照依《条例》，原估数不增。

匠头自备：

炸块七万三千七百五十斤，每百斤银一钱三分，该银九十五两八钱七分五厘。照《条例》多四万斤，系新增。

木炭七千三百七十五斤，每百斤银三钱，该银二十二两一钱二分五厘，照《条例》多四千斤，系新增。

以上二项共银一百一十八两，照《条例》多六十四两，系新增。

工食银七百七十两，《条例》只五百三十两，今新增二百四十两，共得此数。

前件，照京营新式成造，四十三年三月内经科院会议，每杆内加荒铁八斤，人工二工。因增工料如上，遇缺提造。若修理，则工料递减。查四十二年科院会估，凡大修，每百杆估用物料银二两七钱四分二厘二毫，工食银一十二两。小修，每百杆估用物料银二分三厘一毫九丝，工食银六两。以后照此分别修理。

造修　钩镰四百杆

会有：

甲字库，

无名异一斤四两，每斤银四厘，该银五厘。

黄丹三斤八两，每斤银三分七厘，该银一钱二分九厘五毫。

麻布一十六匹，每匹银二钱，该银三两二钱。

丁字库，

鱼胶六十斤，每斤银八分，该银四两八钱。

白麻三十一斤，每斤银三分，该银九钱三分。

桐油三十斤，每斤银三分六厘，该银一两八分。

丙字库，

白绵八两，每斤银五钱，该银二钱五分。

通州抽分竹木局，

猫竹一百一十二段，照四号折得二百十六根，每根银五分，该银十两八钱。

盔甲厂，

牛筋四十四斤，每斤银一钱二分七厘，该银五两五钱八分八厘。

戊字库，

废铁一百二十五斤，每斤银三分二厘，该银四两。

节慎库，

建铁二百五十斤，每斤银一分六厘，该银四两。

钢十二斤八两，每斤银三分六厘五毫，该银四钱五分。

以上十二项共银三十五两二钱三分二厘五毫。

召买：

炸块九百六十八斤，每百斤银一钱二分七厘五毫，该银一两二钱三分四厘二毫。

石灰七十六斤，每百斤银一钱二厘，该银七分七里五毫二丝。

桑皮纸一百五十张，每百张银三分，该银四分五厘。

木炭九十六斤十二两，每百斤银三钱五分，该银三钱三分八厘六毫二丝五忽。

白面一百三十二斤，每斤银八厘，该银一两五分六厘。

瓦灰一百六十斤，每百斤银五分，该银八分。

杂油十四斤，每斤银二分三厘，该银三钱二分二厘。

香油一斤二两，每斤银二分八厘，该银三分一厘五毫①。

杉木枪心四百杆，每根银六分，该银二十四两。

烟子十一斤，每斤银五厘，该银五分五厘。

以上十项共银二十七两三钱三分九厘八毫四丝五忽。

工食银四十三两五钱五分。

前件，查系京营官军三年兑换，军器合应二年一次，照该营兑换下数目，分别造修。

造修　虎叉四百杆

会有：

甲字库，

无名异一斤四两，每斤银四厘，该银五厘。

苎布一十六匹，每匹银二钱，该银三两二钱。

黄丹三斤八两，每斤银三分七厘，该银一钱二分九厘五毫。

丙字库，

---

① 原文系"分"，文意不通，据上下文应为"毫"，今改。

白绵八两，每斤银五钱，该银二钱五分。

丁字库，

桐油三十斤，每斤银三分六厘，该银一两八分。

鱼胶六十斤，每斤银八分，该银四两八钱。

白麻三十一斤，每斤银三分，该银九钱三分。

通州抽分竹木局，

猫竹一百一十一段，照四号，折得二百一十六根，每根银五分，该银十两八钱。

盔甲厂，

牛筋四十四斤，每斤银一钱二分七厘，该银五两五钱八分八厘。

戊字库，

废铁二百八十七斤，每斤银三分二厘，该银九两二钱。

节慎库，

铁五百七十五斤，每斤银一分六厘，该银九两二钱。

钢二十斤八两，每斤银三分六厘五毫，该银七钱四分八厘六毫。

以上十二项共银四十五两九钱三分一厘。

召买：

杂油十四斤，每斤银二分三厘，该银三钱二分二厘。

烟子十一斤，每斤银五厘，该银五分五厘。

桑皮纸一百五十张，每百张银三分，该银四分五厘。

香油一斤二两，每斤银二分八厘，该银三分一厘五毫。

杉木枪心四百杆，每杆银六分，该银二十四两。

白面一百三十二斤，每斤银八厘，该银一两五分六厘。

石灰七十六斤，每百斤银一钱二厘，该银七分七厘五毫二丝。

瓦灰一百六十斤，每百斤银五分，该银八分。

炸块二千二百六斤四两，每百斤银一钱二分七厘五毫，该银二两八钱一分二厘八毫六丝八忽。

木炭二百二十斤，每百斤银三钱五分，该银七钱七分。

以上十项共银二十九两二钱四分九厘八毫八丝八忽。

工食银七十两七钱七分六厘。

前件，查系京管兑换军器，合应二年一次，照该营兑换数目，分别造修。若小修，则工料递减，查四十二年科院合估量修，每百杆用物料五分五厘二毫，工食一两。以后照此，分别修理。

修理　大滚刀一千把

会有：

甲字库，

白麻一十八斤十二两，每斤银三分，该银五钱六分二厘五毫。

苎布二十三匹一丈，每匹银二钱，该银四两六钱六分六厘。

无名异一十三斤八两，每斤银四厘，该银五分。

丁字库，

鱼胶一百八十七斤八两，每斤银八分，该银十五两。

桐油二百五十斤，每斤银三分六厘，该银九两。

通州抽分竹木局，

青皮猫竹二千片，每片银六厘五毫，该银一十三两。

盔甲厂，

牛筋一百八十七斤八两，每斤银一钱二分七厘，该银二十三两八钱二分九厘五毫。

以上七项共银六十六两一钱八厘。

召买：

麻子油三十一斤四两，每斤银二分，该银六钱二分五厘。

白面六十二斤八两，每斤银八厘，该银五钱。

石灰一百二十五斤，每百斤银一钱二厘，该银一钱二分八厘五毫。

瓦灰一百二十五斤，每百斤银五分，该银六分二厘五毫。

烟子六斤四两，每斤银五厘，该银三分一厘。

木柴二百五十斤，每百斤银一钱五分六厘，该银三钱九分。

以上六项共银一两七钱三分七厘。

工食银一百两。

前件，查系京营兑换军器，合应二年一次，照该营兑换数目，分别修理。

修理戊字库　红盔、青布摆①锡钉甲、铁帽儿盔、紫花布摆锡钉甲、黑油腰刀共三万顶、副、把。内：

修理　红盔一万顶。

会有：

甲字库，

黄丹六十二斤八两，每斤银三分七厘，该银二两三钱一分二厘

---

①　原文系"擺"，今改为"摆"，以合简体文之规范，下文同，不再注。

五毫。

丁字库，

桐油九百三十七斤八两，每斤银三分六厘，该银三十三两七钱五分。

甲字库，

藤黄二十五斤，每斤银五分，该银一两二钱五分。

水花珠二百五十斤，每斤银四钱三分五厘，该银一百八两七钱五分。

无名异六十二斤八两，每斤银四厘，该银二钱五分。

水胶九十三斤十二两，每斤银一分七厘，该银一两五钱九分三厘七毫五丝。

光粉二十五斤，每斤银一分，该银二钱五分。

丙字库，

白绵三斤二两，每斤银五钱，该银一两五钱六分二厘五毫。

以上八项共银一百四十九两七钱一分八厘七毫五丝。

召买：

麻子油二百五十斤，每斤银二分，该银五两。

烧造红土二百五十斤，每斤银五厘，该银一两二钱五分。

白面四百三十七斤八两，每斤

银八厘，该银三两五钱。

石灰三百一十二斤八两，每百斤银一钱二厘，该银三钱一分八厘七毫五丝。

瓦灰三百一十二斤八两，每百斤银五分，该银一钱五分六厘二毫五丝。

木柴五千斤，每万斤银十五两六钱，该银七两八钱。

以上六项共银一十八两二分五厘。

工食银二百一十四两四钱，运价在内。

修理　铁帽儿盔二万顶。内：
补造　盔九千顶。

会有：

甲字库，

乌梅二百二十五斤，每斤银二分，该银四两五钱，近年不用。

细三梭布七百三匹四尺，每匹长三丈二尺，阔一尺八寸，每丈银八分四厘，该银一百八十九两。

粗白绵布七百三匹四尺，每匹长三丈二尺，阔一尺八寸，银三钱，该银二百一十两九钱三分七厘五毫。

丁字库，

白硝羊皮四百五十张，每张银

一钱,该银四十五两。

高锡二百二十五斤,每斤银八分,该银一十八两,近年不用。

戊字库,

废铁一万一千九百四十三斤十二两,又原运破烂盔刀作废铁一万八千一百五十斤,共三万九十三斤十二两,每斤银三分二厘,该银九百六十三两。

节慎库,

熟建铁六万一百八十七斤八两,每斤银一分六厘,该银九百六十三两。

丁字库,

绿①豆铁线八百四十三斤十二两,每斤银四分,该银三十三两七钱五分。

以上六项共银二千四百四两六钱八分七厘五毫。

召买:

香油五百六十二斤八两,每斤银二分八厘,该银一十五两七钱五分。

紫白绵线十三斤八两,每斤银一钱二分,该银一两六钱二分。

以上二项共银一十七两三钱七分。

匠头自备:

炸块二十二万五千七百三斤二两,每百斤银一钱三分,该银二百九十三两四钱一分。

木炭二万二千五百七十斤五两,每百斤银三钱,该银六十七两七钱一分。

以上二项共银三百六十一两一钱二分。

染户变染:

紫花布七百三匹四尺,每匹银三分,该银二十一两九分三厘七毫,三十五年会估,每匹加银一分。三十七年会估,每匹减五厘,仍旧三分五厘。

工食银五千六百八十二两九钱六分,运价在内。

修理　一等盔二千顶。

会有:

甲字库,

细三梭白布九十三匹二丈四尺,每匹长三丈二尺,阔一尺八寸,每丈银八分四厘,该银二十五两二钱。

粗白棉布四十三匹二丈四尺,每匹长三丈二尺,阔一尺八寸,银

① 原文系"菉",古文中同"绿",今改以合简体文之规范,下文同,不再注。

三钱,该银一十三两一钱二分五厘。

丁字库,

白硝羊皮一百张,每张银一钱,该银十两。

以上三项共银四十八两三钱二分五厘。

召买:

香油一十六斤四两,每斤银二分八厘,该银四钱五分五厘。

紫白绵线二斤八两,每斤银一钱二分,该银三钱。

以上三项共银七钱五分五厘。

染户变染:

紫花布九十三匹二丈四尺,每匹银三分,该银二两八钱一分二厘五毫,三十五年会估,每匹加银一分。三十七年会估,减银五厘,仍旧三分五厘。

工食银八十二两八钱八分,运价在内。

修理　二等盔九千顶。

会有:

丁字库,

白硝羊皮四百五十张,每张银一钱,该银四十五两。

戊字库,

废铁一千一百二十五斤,每斤银三分二厘,该银三十六两。

节慎库,

熟建铁二千二百五十斤,每斤银一分六厘,该银三十六两。

甲字库,

细三梭白布四百二十一匹二丈八尺,各长三丈二尺,阔一尺八寸,每丈银八分四厘,该银一百一十三两四钱。

粗白绵布一百九十六匹二丈八尺,每匹长三丈二尺,阔一尺八寸,银三钱,该银五十九两六分二厘。

丁字库,

绿豆铁线四百五十斤,每斤银四分,该银一十八两。

以上六项共银三百七两四钱六分二厘。

召买:

香油七十三斤二两,每斤银二分八厘,该银二两四分七厘。

紫白绵线一十一斤四两,每斤银一钱二分,该银一两三钱五分。

以上二项共银三两三钱九分七厘。

匠头自备:

炸块八千四百三十七斤八两,每百斤银一钱三分,该银一十两九钱六分八厘七毫五丝。

木炭八百四十三斤十二两，每百斤银三钱，该银二两五钱三分一厘二毫五丝。

以上二项共银一十三两五钱。

染户变染：

紫花布四百二十一匹二丈八尺，每匹银三分，该银一十二两六钱五分六厘二毫五丝。三十三年会估，每匹加银一分，三十七年会估，每匹减银五厘，仍旧三分五厘。

工食银五百五十二两九钱六分，运价在内。

修理　青甲一万副。

会有：

甲字库，

乌梅九百三十七斤八两，每月银二分，该银一十八两七钱五分。

细三梭白布三千三百七十五匹，每匹长三丈二尺，阔一尺八寸。每丈银八分四厘，该银九百七两二钱。

粗白布三千三百一十二匹一丈六尺，每匹长三丈二尺，阔一尺八寸，银三钱，该银九百九十三两七钱五分。

丁字库，

白硝羊皮四千张，每张银一钱，该银四百两。

高锡八百四十三斤十二两，每斤银八分，该银六十七两五钱。

戊字库，

废铁一万一千二百五十斤，每斤银三分二厘，该①银三百六十两。

节慎库，

熟建铁二万二千五百斤，每斤银一分六厘，该银三百六十两。

以上七项共银三千一百七两二钱。

召买：

松香七百五十斤，每斤银二分，该银一十五两。

生挣牛皮一百二十五张，每张银四钱，该银五十两。

青白绵线三百一十二斤八两，每斤银一钱二分，该银三十七两五钱。

以上三项共银一百二两五钱。

匠头自备：

炸块八万四千三百七十五斤，每百斤银一钱三分，该银一百九两

---

①　原文无此字，今据上下文补，以便阅读。

六钱八分七厘五毫。

木炭八千四百三十七斤八两，每百斤银三钱，该银二十五两三钱一分二厘五毫。

以上二项共银一百三十五两。

染户变染：

青布三千三百七十五匹，每匹银七分五厘，该银二百五十三两一钱二分五厘。三十五年会估，每匹加银二分五厘。三十七年会估，减一分，每匹九分。

工食银三千一十四两四钱，运价在内。

修理　紫花布甲二万副

会有：

甲字库，

乌梅一千八百七十五斤，每斤银二分，该银三十七两五钱。

细三梭白布六千七百五十匹，每匹长三丈二尺，阔一尺八寸，每丈银八分四厘，该银一千八百一十四两四钱。

粗白绵布六千六百二十五匹，每匹长三丈二尺，阔一尺八寸，银三钱，该银一千九百八十七两五钱。

丁字库，

白硝羊皮八千张，每张银一钱，该银八百两。

高锡一千八百七十五斤，每斤银八分，该银一百五十两。

戊字库，

废铁二万二千五百斤，每斤银三分二厘，该银七百二十两。

节慎库，

熟建铁四万五千斤，每斤银一分六厘，该银七百二十两。

以上七项共银六千二百二十九两四钱。

召买：

紫白绵线六百二十五斤，每斤银一钱二分，该银七十五两。

松香一千八百七十五斤，每斤银二分，该银三十七两五钱。

木柴一万斤，该银一十五两六钱。

生①挣牛皮二百五十张，每张银四钱，该银一百两。

以上四项共银二百二十八两一钱。

---

① 原文模糊不清，作"牛"字，疑笔画缺漏，据上下文应为"生"，今改。

匠头自备：

炸块一十六万八千七百五十斤，每百斤银一钱三分，该银二百一十九两三钱七分五厘。

木炭一万六千八百七十五斤，每百斤银三钱，该银五十两六钱二分五厘。

以上二项共银二百七十两。

染户变染：

紫花布六千七百五十四，每匹银三分，该银二百二两五钱。

三十五年会估，每匹加银一分。三十七年会估，每匹减五厘，仍旧三分五厘。

工食银六千二十八两八钱，运价在内。

修理　二等腰刀一万五千把。

会有：

甲字库，

苎布二百九十五匹一丈，每匹银二钱，该银五十九两六分二厘。

黄丹四十六斤十四两，每斤银三分七厘，该银一两七钱三分四厘。

丁字库，

鱼线胶三百七十五斤，每斤银八分，该银三十两。

桐油一千一百二十五斤，每斤银三分六厘，该银四十两五钱。

白麻二百八十一斤四两，每斤银三分，该银八两四钱三分七厘。

丙字库，

荒丝一十八斤十二两，每斤银四钱，该银七两五钱。

甲字库，

无名异四十六斤十四两，每斤银四厘，该银一钱八分七厘。

以上七项共银一百四十七两四钱六分。

召买：

香油九十三斤十二两，每斤银二分八厘，该银二两六钱二分五厘。

椴木一千三百五十丈，折得八百一十丈，每丈银二钱五分，该银二百二两五钱。

麻子油三百七十五斤，每斤银二分，该银七两五钱。

石灰四百六十八斤十二两，每百斤银一钱二厘，该银四钱七分六厘。

瓦灰四百六十八斤十二两，每百斤银五分，该银二钱三分四厘。

烟子九十三斤十二两，每斤银五厘，该银四钱六分八厘。

木柴一千八百七十五斤，每百斤银一钱五分六厘，该银二两九钱二分五厘。

白面四百六十八斤十二两，每斤银八厘，该银三两七钱五分。

白硝牛脂皮二百十四张二分，每张银四钱六分，该银九十八两五钱三分二厘。

以上九项共银三百一十九两一分。

工食银六百八两四钱，运价在内。

修理　三等腰刀一万五千把。
会有：
丁字库，

白麻二百八十一斤四两，每斤银三分，该银八两四钱三分七厘。

鱼线胶五百六十二斤八两，每斤银八分，该银四十五两。

桐油一千一百二十五斤，每斤银三分六厘，该银四十两五钱。

甲字库，

苎布三百四匹二丈二尺，每匹银二钱，该银六十两九钱三分七厘。

黄丹四十六斤十四两，每斤银三分七厘，该银一两七钱三分四厘。

丙字库，

荒丝一十八斤十二两，每斤银

四钱，该银七两五钱。

甲字库，

无名异四十六斤十四两，每斤银四厘，该银一钱八分七厘。

丁字库，

绿豆铁线七十五斤，每斤银四分，该银三两。

红铜九十三斤十二两，每斤银七分，该银六两五钱六分。

以上九项共银一百七十三两八钱五分五厘。

召买：

香油九十三斤十二两，每斤银二分八厘，该银二两六钱二分五厘。

椴木一千四百二十五丈，折得八百五十五丈，每丈银二钱五分，该银二百一十三两七钱五分。

麻子油三百七十五斤，每斤银二分，该银七两五钱。

白面四百六十八斤十二两，每斤银八厘，该银三两七钱五分。

石灰四百六十八斤十二两，每百斤银一钱二厘，该银四钱七分九厘。

瓦灰四百六十八斤十二两，每百斤银五分，该银二钱三分四厘。

烟子九十三斤十二两，每斤银

五厘,该银四钱六分八厘。

木柴一千八百七十五斤,每百斤银一钱五分六厘,该银二两九钱二分五厘。

紫胶九十三斤十二两,每斤银一分五厘,该银一两四钱六厘。

熟铁叶一万五千片,折得一万片,每片银二分,该银二百两。

黄蜡①九斤六两,每斤银一钱二分,该银一两一钱二分五厘。

白硝牛脂皮二百十四张二分,每张银四钱六分,该银九十八两五钱三分二厘。

以上十二项共银五百三十二两七钱九分四厘。

匠头自备:

炸块一万九千六百八十七斤八两,每百斤银一钱三分,该银二十五两五钱九分。

木炭五千六百二十五斤,每百斤银三钱,该银一十六两八钱七分。

以上二项共银四十二两四钱六分。

工食银七百五十八两四钱,运价在内。

前件,《条例》内开修理盔、甲、刀,三万项、副、把,系官军兑换披戴匠头,半给顶支,半扣米食,诚不可缺。但查工料,比别项年例钱粮,最为浩巨。《条例》开载,有议减一万副者,有议减七千副者,每年议论纷纭,筑②舍靡定,久致簿阁。合应照《条例》修理三万副,酌议三年一次举行。

预造　盔甲二千五百副。

会有:

甲字库,

细三梭白布一千三十九匹二尺,每匹长三丈二尺,阔一尺八寸,每丈银八分四厘,该银二百七十九两三钱。

粗白棉布一千七百五十七匹二丈零,各长三丈二尺,阔一尺八寸,每匹银三钱,该银五百二十七两三钱四分。

乌梅六百二十五斤,每斤银二分,该银一十二两五钱。

丁字库,

白硝羊皮一千三百七十五张,每张银一钱,该银一百三十七两五钱。

高锡六百二十五斤,每斤银八

---

① 原文系"蠟",今改为"蜡",以合简体文之规范,下文同,不再注。
② 原文系"築",今改为"筑",以合简体文之规范,下文同,不再注。

分,该银五十两。

丁字库,

废铁四万五千八百五十九斤六两,每废铁一斤,作熟建铁二斤,每斤银一分六厘,该银一千四百六十七两五钱。

节慎库,

熟建铁九万一千七百一十八斤十二两,每斤银一分六厘,该银一千四百六十七两五钱。

甲字库,

粗白绵布八百二十八匹四尺,每匹长三丈二尺,阔一尺八寸,银三钱,该银二百四十八两四钱三分七厘五毫。

丁字库,

绿豆铁线三百一十二斤八两,每斤银四分,该银一十二两五钱。

以上九项共银四千二百二两五钱七分七厘五毫。

召买:

松香一千二百五十斤,每斤银二分,该银二十五两。

香油四百六十八斤十二两,每斤银二分八厘,该银一十三两一钱二分五厘。

紫白绵线九十三斤十二两,每斤银一钱二分,该银一十一两二钱

五分。

生挣牛皮五十张,每张银四钱,该银二十两。

木柴二千五百斤,每百斤银一钱五分六厘,该银三两九钱。

以上五项共银七十三两二钱七分五厘。

匠头自备:

炸块三十四万三千九百四十五斤,每百斤银一钱三分,该银四百四十七两一钱二分八厘五毫。

木炭三万四千三百九十四斤八两,每百斤银三钱,该银一百三两一钱八分三厘五毫。

以上二项共银五百五十两三钱一分二厘。

染布变染:

紫花布一千三十九匹二尺,每匹银三分,该银三十一两一钱七分一厘九毫二丝。三十五年会估,每匹加银一分。三十七年会估,每匹减五厘,仍旧三分五厘。

工食银五千九百五十两。

前件,查得盔甲系十六门官军兑换,既有修理紫花盔甲,此项似缓,合于五年一次举行。

丁壬年折价盔甲厂,查盘军器雇夫银五十三两。

前件，查得本厂五年一次清选军匠，查盘军器雇夫银两，俟五年一次，查明给发。

不等年分。

折修　京营明盔二百五十顶。

会有：

盔甲厂，

二珠线四斤十一两，每斤银一两六钱，该银七两五钱。

甲字库，

粗白绵布二十八匹六尺七寸，每匹长三丈二尺，阔一尺八寸，每匹银三钱，该银八两四钱六分三厘。

以上二项共银十五两九钱六分三厘。

召买：

香油七斤十三两，每斤银二分八厘，该银二钱一分八厘七毫五丝。

红潞绸七匹二尺九寸八分，每匹长三丈六尺，阔一尺八寸，银二两六钱，该银一十八两四钱一分五厘二毫。

绿潞绸一匹二丈六尺二寸二

分，每匹长三丈六尺，阔一尺八寸，银二两六钱，该银四两四钱九分三厘八毫。

熟软①黄羊皮二百张，每张银一钱七分，该银三十四两。

绒绳三斤二两，每斤银九钱，该银二两八钱一分二厘五毫。

以上五项共银五十九两九钱四分。

工食银一百二十两，以后不用锁绤线三道，每副议减二工，计五百工，共减银三十两，实该工食银九十两。

染户变染：

红扣线四斤十一两，每斤工料银一钱八分，该银八钱四分三厘七毫五丝。

量修　明盔二百五十顶

召买：

香油七斤十三两，每斤银二分八厘，该银二钱一分八厘七毫五丝。

绒绳三斤二两，每斤银九钱，该银二两八钱一分二毫五丝。

以上二项共银三两二分九厘。

---

① 原文系"歀"，古同"歀"，据上下文，应为"软"之别字，今改以合简体文之规范，下文同，不再注。

工食银六十两。

拆修　明甲二百副。
会有：
盔甲厂，
扣线四百一十斤，每斤银九钱，该银三百六十九两。
甲字库，
粗白绵布四十八匹四尺五寸，每匹长三丈二尺，阔一尺八寸，每匹银三钱，该银一十四两四钱四分。
以上二项共银三百八十三两四钱四分。

召买：
香油一百五十斤，每斤银二分八厘，该银四两二钱。
红潞绸一十二匹九尺二寸一分六厘，每匹长三丈六尺，阔一尺八寸，银二两六钱，该银三十一两八钱六分。
绿潞绸一匹三丈八寸八分，每匹长三丈六尺，阔一尺八寸，银二两六钱，该银四两八钱三分八毫。
熟软黄羊皮二百张，每张银一钱七分，该银三十四两。
鹿皮条二十六张八分，每张银四钱八分，该银十二两八钱六分

四厘。
以上六项共银八十七两七钱六分。

工食银一千五十六两，以后背心不用锁缉线三道，每副议减十工，计二千工，共减银二百二十两，实该工食银九百三十六两。

染户变染：
红扣线四百一十斤，每斤工料银一钱八分，该银七十三两八钱。

量修　明甲一百五十副。
会有：
盔甲厂，
扣线一百五十七斤八两，每斤银九钱，该银一百四十一两七钱五分。
甲字库，
粗白绵布三十六匹三尺二寸，每匹长三丈二尺，阔一尺八寸，每匹银三钱，该银十两八钱三分。
以上二项共银一百五十二两五钱八分。

召买：
红潞绸九匹六尺九寸一分三厘，每匹长三丈六尺，阔一尺八寸，银二两六钱，该银二十三两八钱九

分九厘。

绿潞绸一匹一丈四尺一寸六分，每匹长三丈六尺，阔一尺八寸，银二两六钱，该银三两六钱二分三厘一毫。

鹿皮条二十张一分，每张银四钱八分，该银九两六钱四分八厘。

以上三项共银三十七两一钱七分。

工食银三百四十二两，以后背心不用锁缉线三道，每副议减十工，计一千五百工，共减银九十两，实该工食银二百五十二两。

染户变染：

红扣线一百五十七斤八两，每斤工料银一钱八分，该银二十八两三钱五分。

连补　明甲一百五十副。

会有：

盔甲厂，

扣绵七十五斤，每斤银九钱，该银六十七两五钱。

召买：

红潞绸一匹一丈三尺九寸九分，每匹长三丈六尺，阔一尺八寸，银二两六钱，该银三两六钱一分。

工食银七十二两。

染户变染：

红扣线七十五斤，每斤工料银一钱八分，该银一十三两五钱。

修理　臂手五百副。

会有：

盔甲厂，

扣线十五两，每斤银九钱，该银八钱四分三厘七毫五丝。

召买：

香油六十二斤八两，每斤银二分八厘，该银一两七钱五分。

绢线带三千条，每条银七厘，该银二十一两。

狗皮二百五十张，每张银三分五厘，该银八两七钱五分。

红潞绸三十三匹二丈三寸三分，每匹长三丈六尺，阔一尺八寸，银二两六钱，该银八十七两二钱六分八厘四毫八丝。

熟软黄羊皮三百张，每张银一钱七分，该银五十一两。

以上五项共银一百六十九两七钱六分八厘四毫八丝。

工食银三百三十两。

染户变染：

红扣线一十五两,每斤工料银一钱八分,该银一钱六分八厘七毫五丝。

成造　缨头木桶五百个。旗、枪事件全。

明盔皮套五百件。

明甲皮包五百件。

臂手皮包五百副。

会有:

甲字库,

粗白绵布一百九十二匹,每匹银三钱,该银五十七两六钱。

节慎库,

熟建铁一千斤,每斤银一分六厘,该银一十六两。

丁字库,

桐油一千八百七十五斤,每斤银三分六厘,该银六十七两五钱。

甲字库,

黄丹五斤一两,每斤银三分七厘,该银一钱八分七厘三毫一丝二忽五微。

水胶二百五十斤,每斤银一分七厘,该银四两二钱五分。

以上五项共银一百四十五两五钱三分七厘三毫一丝二忽五微。

召买:

麻子油十五斤十两,每斤银二分,该银三钱一分二厘五毫。

红真牛皮五百张,各见方五尺,每张银四钱七分五厘,该银二百三十七两五钱。

驴皮三十张,每张银三钱,该银九两。

牛脂皮二十五张,各见方五尺,每张银①四钱六分,该银一十一两五钱。

无名异四斤十一两,每斤银四厘,该银一分八厘七毫五丝。

茜红羊毛一十五斤十两,每斤银一钱二分,该银一两八钱七分五厘。

茜红马尾三十七斤八两,每斤银五钱,该银十八两七钱五分。

入油红土六斤四两,每斤银五厘,该银三分一厘二毫五丝。

生丝四十六斤十四两,每斤银五钱,该银二十三两四钱三分七厘五毫。

麻线五百条,每条银二毫,该银一钱。

黄蜡六十二斤八两,每斤银一

① 原文系"钱",据上下文,今改为"银",以合文意。

钱六分,该银七两五钱。

椴木七十丈,每丈银一钱五分,该银一十两五钱。

以上十二项共银三百二十两五钱二分五厘。

匠头自备:

炸块二千五百斤,每百斤银一钱三分,该银三两二钱五分。

木炭二百五十斤,每百斤银三钱,该银七钱五分。

以上二项共银四两。

工食银一百五十两。

前件,盔甲、臂手,本司万历三十九年题准,每年照例修理五百副。但前项盔甲俱用潞绸、丝绒,工料最巨。军士收藏少不如法,即浥烂不堪,殊为可惜。且前项盔甲只备圣驾谒陵、郊祀,京营选锋披戴以肃仪卫,合行暂停。俟有命驾之日,该营先期题请修造木桶、皮包。京营盛贮明盔甲、臂手,以防浥烂锈蠹,诚不可缺。《条例》内未经开载,万历三十九年会同科院,本司酌议增造。俟提造明盔甲之日,照估成造,此项增入。

修理　战车二百辆。

会有:

甲字库,

靛花九斤八两,每斤银八分,该银七钱五分。

定粉十八斤十二两,每斤银五分,该银九钱三分七厘五毫。

银珠七斤十四两,每斤银四钱三分五厘,该银三两四钱二分五厘六毫。

黄丹四十三斤,每斤银三分七厘,该银一两五钱九分一厘。

无名异一十七斤八两,每斤银四厘,该银七分。

水胶一百八十九斤,每斤银一分七厘,该银三两二钱一分三厘。

丙字库,

土丝四斤八两,每斤银四分,该银一钱八分。

丁字库,

川白麻一百八十三斤,每斤银三分,该银五两四钱九分。

鱼胶十二斤,每斤银八分,该银九钱六分。

桐油五百四十八斤,每斤银三分六厘,该银一十九两七钱二分八厘。

戊字库,

废铁三千一百八十六斤,每斤银三分二厘,该银一百一两九钱五分二厘。

节慎库,

铁①六千三百七十一斤，每斤银一分六厘，该银一百一两九钱五分二厘。

以上十二项共银二百四十两二钱四分九厘一毫。

召买：

辕条榆木四十根，每根银一两五分，该银四十二两。

前扒头榆木三根，每根银二钱五分，该银七钱五分。

车枕榆木十根，每根银一钱八分，该银一两八钱。

推杆榆木五十二根，每根银二钱六分，该银一十三两五钱二分。

梯档榆木四十六根，每根银三分，该银三两三钱八分。

斜仙②榆木九根，每根银一钱，该银九钱。

后扒头榆木一十一根，每根银一钱六分，该银一两七钱六分。

柁工榆木四十根，每根银二分，该银八钱。

车头槐木一百八个，每个银五钱五分，该银五十九两四钱。

车辋③枣木八百六十六块，每块银一钱五分五厘，该银一百三十四两二钱三分。

车辐槐木一千九百一十六根，每根银二分七厘，该银五十一两七钱三分二厘。

车轴檀木八根，每根银九钱，该银七两二钱。

框档榆木二百五十根，每根银一钱八分，该银四十五两。

车椿撑档榆木一百根，每根银五厘，该银五钱。

柳木车椿脚一百根，每根银二分，该银二两。

顺撑④榆木四十九根，每根银二分，该银九钱八分。

鹰翅板用散木六根，每根银二两一钱，该银十二两六钱。

生铁车间三百七十七根，重五十五斤，每斤银一分，该银五钱五分。

生铁川十四副，重七百三十斤，每斤银一分，该银七两三钱。

黄蜡一斤四两，每斤银一钱二分，该银一钱五分。

---

① "底本"、"北图珍本"此字系"鈇"，上下文意不通，"续四库本"作"铁"，今据之改。
② "底本"、"北图珍本"此字模糊不清，今据"续四库本"补出。
③ 原文系"綱"，应为"辋"之通假，今改为"辋"，以合简体文之规范。
④ 原文系"樿"，应为通假，今据上下文改为"撑"，以合简体文之规范，下文同，不再注。

杂油一百三十六斤八两，每斤银二分三厘，该银三两一钱二分九厘五毫。

红土三百三十斤，每斤银五厘，该银一两六钱五分。

漆碌七斤十二两，每斤银七分，该银五钱四分二厘五毫。

漆黄二斤十五两，每斤银三分，该银八分八厘一毫。

瓜儿粉十七斤八两，每斤银二厘，该银三分五厘。

土黄九斤，每斤银三分，该银二钱七分。

炸块二万三千八百九十八斤十二两，每百斤银一钱二分七厘五毫，该银三十两四钱七分九毫。

木炭二千三百八十九斤十四两，每百斤银三钱五分，该银八两三钱六分四厘五毫六丝。

以上二十八项共银四百二十九两一钱二厘五毫六丝。

工食银共七百二两一钱二厘五毫。

前件，旧例每年京营送战车厂修理，自三十六年该营送厂二百五十辆，极坏不堪。四十一年料计造一百辆，近营议改轻偏，俟该营提请举行。

造修　战车围裙二百条。

会有：

甲字库，

银珠一斤十两，每斤银四钱三分五厘，该银七钱六厘八毫七丝五忽。

定粉三斤十四两，每斤银五分，该银一钱九分三厘七毫五丝。

靛花一斤十四两，每斤银八分，该银一钱五分。

无名异八两，每斤银四厘，该银二厘。

黄丹一斤，该银三分七厘。

水胶五斤，每斤银一分七厘，该银八分五厘。

白绵布四十二匹二丈四尺，每匹银三钱，该银十二两八钱一分。

丙字库，

土丝四两，每斤银四分，该银一分。

丁字库，

桐油三十五斤，每斤银三分六厘，该银一两二钱九分五厘。

以上九项共银一十五两二钱八分九厘六毫二丝五忽。

召买：

杂油四斤，每斤银二分三厘，该银九分二厘。

土黄一斤十二两，每斤银三

分,该银五分二厘五毫。

漆碌一斤十两,每斤银七分,该银一钱一分三厘七毫五丝。

漆黄十两,每斤银三分,该银一分八厘七毫五丝。

瓜儿粉三斤八两,每斤银二厘,该银七厘。

白绵线五两六钱,每斤银一钱二分,该银四分二厘。

以上六项共银三钱二分六厘。

工食银一十三两一钱六分八厘。

前件,系战车停修,亦宜停造,统俟该营提请举行。

修造　盾牌四百面。

会有:

甲字库,

银珠六斤四两,每斤银八钱三分五厘,该银五两二钱一分八厘七毫五丝。

定粉一十五斤,每斤银五分,该银七钱五分。

靛花七斤八两,每斤银八分,该银六钱。

黄丹四斤,每斤银三分七厘,该银一钱四分八厘。

无名异二斤,每斤银四厘,该银八厘。

水胶十一斤,每斤银一分七厘,该银一钱八分七厘。

丁字库,

桐油七十斤,每斤银三分六厘,该银二两五钱九分。

丙字库,

土丝八两,每斤银四分,该银二分。

以上八项共银九两五钱二分一厘七毫五丝。

召买:

杨木板三百一十三面,每面银一钱,该银三十一两三钱。

穿带榆木四百三十根,折得三百五十九根,每根银一分,该银三两五钱九分。

提子榆木二百六根,折得二百六十五根,每根银二分,该银五两三钱。

枣核钉二十一斤,每斤银三分,该银六钱三分。

杂油十五斤,每斤银二分三厘,该银三钱四分五厘。

土黄七斤四两,每斤银三分,该银二钱一分七厘五毫。

双连钉二百四十斤,每斤银三分,该银七两二钱。

雨点钉四十二斤,每斤银五

分,该银二两一钱。

白硝牛皮条三张五分,每张银三钱六分,该银一两二钱六分。

生血黄牛皮一百五十张,每张银三钱七分,该银五十五两五钱。

漆碌六斤四两,每斤银七分,该银四钱三分七厘五毫。

漆黄二斤五两,每斤银三分,该银六分九厘三毫七丝五忽。

瓜儿粉一十四斤,每斤银二厘,该银二分八厘。

红土三十斤,每斤银五厘,该银一钱五分。

以上十四项共银一百八两一钱二分七厘三毫七丝五忽。

工食银六十三两四钱五分六厘。

造修　大小日月旗各四百面。

会有:

甲字库,

黄丹五斤四两,每斤银三分七厘,该银一钱九分四厘。

苎布二十匹,每匹银二钱,该银四两。

无名异二斤,每斤银四厘,该银八厘。

丙字库,

白绵二两,每斤银五钱,该银六分二厘五毫。

丁字库,

鱼胶三十斤,每斤银八分,该银二两四钱。

白麻一十五斤八两,每斤银三分,该银四钱六分五厘。

桐油五十五斤,每斤银三分六厘,该银二两三分五厘。

通州抽分竹木局,

猫竹五十六段,照四号,折得一百八根,每根银五分,该银五两四钱。

盔甲厂,

牛筋二十二斤,每斤银一钱二分七厘,该银二两七钱九分四厘。

戊字库,

废铁二百斤,每斤银三分二厘,该银六两四钱。

节慎库,

铁四百斤,每百斤银一两六钱,该银六两四钱。

钢二十五斤,每斤银三分六厘五毫,该银九钱一分二厘五毫。

以上十二项共银三十一两七分一厘二毫。

召买:

白面六十六斤,每斤银八厘,该银五钱二分八厘。

石灰三十八斤，每百斤银一钱二厘，该银三分八厘七毫六丝。

瓦灰八十斤，每百斤银五分，该银四分。

绵䌷一百三匹一丈六尺，每匹银八钱，该银八十二两八钱。

红真牛皮八分，每张银五钱，该银四钱。

白麻线八十条，折得一百八十六条，每百条银二分，该银三分七厘二毫五丝。

杉木枪心二百杆，每杆银六分，该银一十二两。

桑皮纸七十三张，每百张银三分，该银二分一厘九毫。

杂油七斤，每斤银二分三厘，该银一钱六分一厘。

炸块一千五百六十二斤八两，每百斤银一钱二分七厘五毫，该银一两九钱九分二厘一毫八丝。

木炭一百五十六斤四两，每百斤银三钱五分，该银五钱四分六厘八毫七丝五忽。

烟子五斤八两，每斤银五厘，该银二分七厘五毫。

香油一斤二两，每斤银二分八厘，该银三分一厘五毫。

茜红羊毛十七斤，每斤银一钱三分，该银二两二钱一分。

白绵线带八百八十条，每条银三厘，该银二两六钱四分。

丝线一斤，该银八钱七分。

柳木小旗枪杆二百根，折得七十三根八分，每根银五分，该银三两六钱九分。

红土十二斤，每斤银五厘，该银六分。

以上一十八项共银一百八两九分四厘九毫六丝五忽。

工食银九十三两五钱八分。

前件，盾牌、日月旗俱系战车内钱粮，俟造修战车之日一并议举。

造修　搏刀四百杆。每杆：

会有物料十项，共银六分八厘七毫六忽二微。

召买物料七项，共银六分二厘四毫二丝五忽。

以上二项，共银一钱三分一厘一毫三丝一忽二微。

匠头自备：

炸块三斤二两，每百斤银一钱三分，该银四厘六丝二忽五微。

木炭五两，每百斤银三钱，该银九毫三丝七忽五微。

以上二项共银五厘。

工食银二钱二分四厘七毫五丝。

前件，查系《条例》未载，合应增入。遇修造战车，每一辆修造二把。

修理　羊角枪四百杆。

会有：

甲字库，

黄丹一斤十二两，每斤银三分七厘，该银四分六厘二毫五丝。

无名异十二两，每斤银四厘，该银三厘。

丁字库，

桐油十五斤，每斤银三分六厘，该银五钱五分五厘。

以上三项共银六钱四厘二毫五丝。

召买：

柳木二百根，折得九十四根八分，每根银五分，该银四两七钱四分。

香油一斤一两，每斤银二分八厘，该银三分一厘五毫。

杂油一斤，该银二分三厘。

红土十一斤，每斤银五厘，该银五分五厘。

以上四项共银四两八钱四分九厘五毫。

工食银二十一两六钱。

修理　拒马枪六百杆。

召买：

锃磨香油一斤二两，每斤银二分八厘，该银三分一厘五毫。

工食银一十七两一钱。

修理　毛枪一千杆。

会有：

甲字库，

黄丹九斤六两，每斤银三分七厘，该银三钱四分六厘八毫。

无名异九斤六两，每斤银四厘，该银三分七厘五毫。

丁字库，

鱼线胶二百八十一斤四两，每斤银八分，该银二十二两五钱。

桐油二百五十斤，每斤银三分六厘，该银九两。

白麻六十二斤八两，每斤银三分，该银一两八钱七分五厘。

盔甲厂，

牛筋一百八十七斤八两，每斤银一钱二分七厘，该银二十三两八钱一分二厘五毫。

通州抽分竹木局，

青皮猫竹一千段，各长六尺，围八寸，每根银五分，该银五十两。

以上七项共银一百七两五钱七分一厘八毫。

匠头自备：

木炭九十三斤十二两，每百斤银三钱，该银二钱八分一厘二毫五丝。

召买：

桑皮纸一千张，每百张银三分，该银三钱。

瓦灰一百二十五斤，每百斤银五分，该银六分二厘五毫。

麻子油三十一斤四两，每斤银二分，该银六钱二分五厘。

烟子一十八斤，每斤银五厘，该银九分三厘七毫五丝。

白面一百二十五斤，每斤银八厘，该银一两。

石灰一百二十五斤，每百斤银一钱二厘，该银一钱二分七厘五毫。

木柴二百五十斤，每百斤银一钱五分六厘，该银三钱九分。

以上七项共银二两五钱九分八厘七毫五丝。

工食银七十两。

前件，毛枪、拒马枪、羊角枪查非兑换数内，似应暂停，俟该营取讨提请举行。

成造　涌①珠炮六百位。

会有：

戊字库，

废铁一万八千斤，每斤银三分二厘，该银五百七十六两。

节慎库，

熟建铁三万六千斤，每斤银一分六厘，该银五百七十六两。

以上二项共银一千一百五十二两。

匠头自备：

炸块一十三万五千斤，每百斤银一钱三分，该银一百七十五两五钱。

木炭一万三千五百斤，每百斤银三钱，该银四十两五钱。

以上二项共银二百一十六两。

工食银八百二十八两。

成造　连珠炮八百位。

会有：

戊字库，

废铁六千斤，每斤银三分二厘，该银一百九十二两。

节慎库，

熟建铁一万二千斤，每斤银一分六厘，该银一百九十二两。

以上二项共银三百八十四两。

---

① 原文系"湧"，今改为"涌"，以合简体文之规范，下文同，不再注。

匠头自备：

炸块四万五千斤，每百斤银一钱三分，该银五十八两五钱。

木炭四千五百斤，每百斤银三钱，该银一十三两五钱。

以上二项共银七十二两。

工食银四百一十六两。

前件，查得涌珠炮、连珠炮二项，系京营兑换火器，俟该营移文成造，照例举行。

修理　两厂库藏作房。

前件，查得库房收贮各项，军器关系最重。旧例三年一小修，五年一大修，如遇天雨连绵坍塌，不拘年分修理。《条例》未载，合应增入。

成造　军器规则。

成造　迅炮。每一位，

会有物料八项，共银三分九厘九毫一丝五忽。

召买物料六项，共银一分一厘七毫三丝五忽。

工食银三分六厘。

成造　大铁铳。每一位，

会有物料一项，银一两六钱。

工食炸炭银一两四钱。

成造　大铁铳铅弹。每百个，

会有物料一项，银一两一钱二分五厘。

工食炸炭银六分三厘四毫三丝七忽。

成造　鸟嘴铳。每一把，

会有物料三项，共银五钱二分九厘二毫八丝。

工食炸炭银一两四钱九分。

成造　鸟嘴铳铅弹。每百个，

会有物料一项，银八分七厘一毫三丝五忽。

工食炸炭银一分九厘一毫。

成造　黑油长枪。每一杆，

会有物料十项，共银二钱一厘七毫二丝。

召买物料八项，共银二厘八毫七丝六忽。

工食炸炭银三钱九分二厘。

成造　大砍刀。每一把，

会有物料八项，共银二钱二分三厘四毫一丝。

召买物料六项，共银一厘八毫六丝一忽。

工食炸炭银五钱三分。

修理 朱①红长枪。每一杆，

会有物料九项，共银九分五厘三毫八丝。

召买物料六项，共银五厘九毫。

工食银七分。

成造 阔面弓一张，箭三十枝，弦二条。

会有物料十六项，共银三钱五分六毫六丝。

召买物料九项，共银八分一厘二丝四忽。

工食炸炭银五钱二分二厘五毫四丝。

成造 随铳牛皮大褡裢②一副。

会有物料六项，共银八厘四毫五忽。

召买物料三项，共银二钱七分一厘三丝五忽。

工食银三分五厘。

成造 大杏黄旗。每一面，

会有物料二项，共银一两八钱六分二厘。

召买物料六项，共银四两八钱八分一厘二毫。

工食银一两五钱九分六厘。

成造 小杏黄旗。每一面，

会有物料二项，共银六钱四分八厘。

召买物料七项，共银四钱二分九毫六丝八忽。

工食银七钱四分一厘。

前件，以上各项缓急不等，俟各衙门移文成造。

成造 大佛朗机一架，提炮六个，事件全。

会有物料二项，共银六两四钱五分九厘。

工食炸炭银三两八钱六分四厘七毫。

前件，铁佛朗机、提炮系京营官军兑换火器，最为吃③紧。三年一次，赴厂兑换。若于按数，分别工料修理。如遇该营兑换缺额，不拘年分造成。

成造 战车一辆。

---

① 原文系"硃"，今改为"朱"，以合简体文之规范。
② 原文系"连"，应为通假，今据上下文改为"裢"，以合简体文之规范，下文同，不再注。
③ 原文系"喫"，此处据上下文改为"吃"，以合今简体文之规范，下文同，不再注。

会有物料一十九项，共银四两八钱五分八厘四丝五忽。

召买物料四十七项，共银一十五两五钱一分七厘三毫八丝九忽。

木匠等匠工食银九两四分五厘七毫五丝。

前件，京营车兵营十枝，额设战车一千二百辆。因营车朽烂，不堪修理，始移文成造补额。今议改轻偏等车，俟该营移文成造。

成造　火箭一架，计三十枝。

会有物料三项，共银二分二厘一毫二丝四忽。

召买物料五项，共银一钱七分一厘四毫三丝七忽。

工食银一钱八分。

成造　铁箭头三十个。

会有物料二项，共银一钱一毫六丝。

召买物料三项，共银二分六厘二毫四忽。

工食银一两二钱。

成造　箭溜一根。

会有物料四项，共银五分二厘五毫六丝六忽。

召买物料九项，共银四分七毫

七忽。

工食银六分。

成造　箭罩一个。

会有物料六项，共银一分二厘八毫八丝。

召买物料五项，共银一钱六分四厘一毫五丝。

工食银一钱二分。

成造　药桶三十个。

会有物料二项，共银三分七厘六毫。

召买物料四项，共银九分八厘九毫七丝五忽。

工食银七钱八分。

成造　木架一座。

会有物料二项，共银七分五毫。

召买物料七项，共银二钱八分四厘五毫。

工食银六分。

每架随用火药并药线，

会有物料三项，共银一钱八厘一毫六丝二忽。

召买物料四项，共银二分三厘八丝五忽。

工食银在药桶内。

每棕木桶一个，

会有物料二项，共银九分五厘五毫。

召买物料七项，共银一钱五分四厘八毫一丝五忽。

工食并炸炭银九钱六分八厘。

此项《条例》未载，火药发营必须合应增入。

前件，查得国家御①侮惟恃火攻，火箭为最吃紧。万历三十六年，该兵部尚书李□②条议多造火箭。除将未完三十三年修造三千架，催料严督造完，第此项成造甚艰，或五年成造千架，以备急需。

成造　令旗、令牌。每一面，

会有物料十七项，共银三钱八分八厘八毫六丝五忽。

召买物料一十九项，共银四钱九分八毫五丝。

工食银二钱五分六厘五毫。

前件，令旗、令牌，兵部提催，各边镇官不时给发各厂，造完送解本司库内，俟完日另行提造。

成造　玄武门更鼓一面。

会有物料一十七项，共银三十一两一钱一分一厘。

召买物料二十一项，共银一十三两一钱三分三厘。

工食银八两二钱八分。

成造　国子监更鼓一面。

会有物料五项，共银二钱八分七厘。

召买物料九项，共银一十一两四钱七分二厘。

工食银五两七钱。

成造　西直门更鼓一面。

会有物料十三项，共银一十一两六钱八分。

召买物料九项，共银二两一钱三分三厘。

工食银三两一钱二分。

前件，各项更鼓，俱系各衙门年久破坏不堪。提请移文料估，不拘年分成造。

---

① 原文系"禦"，今改为"御"，以合简体文之规范，下文同，不再注。

② 此字各本原文俱遗缺。

盔甲、王恭二厂　条议：

一　核硝黄。

国家御房，惟火药为长。拔未有不堪之硝黄，能造堪用之药者，先年两厂关领库硝俱低假盆折数多，匠头赔累，苦告无补。迩来，验试厅加意查核铺商，只纳硝黄必领匠头会盆，真正始收立法，详且悉矣。讵意一入该库，阉竖①作奸手滑，恣意侵渔，随掺和积陈泥碱，以充原数备查。包封字样俱拆毁，无稽所出，非所入徒深浩叹法。惟令各商上纳年例，预备硝黄，经验试厅盆验，径进两厂，无仍入内库转辗②以滋弊。窦知该库垂涎铺垫，必援旧例执争。但年例火药供春秋操演之用，屡经巡视，京营条议非可苟且塞责。而预备细药一项，乃备九边警急，不时取讨者。岂仅以饱③阉竖之溪壑哉？若念积年雄踞，恐难骤革，或量给铺垫之半，令渠属餍④，则所损小而所益犹大也。

一　酌修造。

谨按条例内，每年修理预造。凡盔甲、刀枪、铳炮、火药、铅子，一切御房之具，条目甚多。若诸项纷然并⑤举，无论帑藏之委输莫继，而费繁日久，百弊业生。莫如酌议缓急，以为行止；分别年分，以为修造。除起火屏风、夹靶火药、大小铅弹，每年应造，无容别议外。其盔甲修理三万顶、付、把，预造二千五百顶副，为费不赀。合于年例修理，或三年一举预造，或五年一举。其长枪、快枪、拒马枪、钩镰、虎叉、佛朗机、连珠炮等项军器，查系兑换所必需者，照三年兑换之期，增减数目，克⑥期二年一举。修理明盔甲，造修战车、盾牌、旗帜、迅炮、铁铳等件及令旗、令牌、更鼓合应暂停，听该衙门提请举行。弓箭外解内库，积贮颇多，并杏黄大、小旗，不必议造。他如催造未完细药、火箭以补年例；亟造预备细药、

---

① 原文系"竪"，古同"竖"，今改为"竖"，以合简体文之规范，下文同，不再注。
② 原文系"展"，今据上下文改为"辗"，以合简体文之规范，下文同，不再注。
③ 原文系"飽"，疑为"飽"之别字，今据上下文改为"饱"，以合简体文之规范，下文同，不再注。
④ 原文系"饜"，今改为"餍"，音同"燕"，以合简体文之规范，为"满足私欲"之意。
⑤ 原文系"竝"，古同"并"，今改以合简体文之规范，下文同，不再注。
⑥ 原文系"尅"，古同"克"，今改以合简体文之规范，下文同，不再注。

铅子以防不虞。此又通融《条例》之未尽载而有备无患之也。

一　清完欠。

查得工料实收，例俟全完出给。然钱粮大小，端绪不一，岂能一时交纳？铺匠希图冒破，故意延挨，旷日持久，奸蠹因而窟穴。及经管更替，接管谁执其咎？以致实收累年不销，未完累年比追，殊非政体。故欲清逋[1]负，莫如截给，除以[2]前完过钱粮，业经会收册籍，无伪者尽行算给。实收扣销嗣后，钱粮随完随即出给。即有工程洪巨，未可即完者，役过工料计千余两，即行截算。如工有绪，而预支完者，不妨续发，工未完而预支欠者，合行严比。即有神奸无所容其影射，且监督会同巡视亲收亲给，耳目最真，宁复有不白之钱粮乎？铺匠知刻期销算，颠末了然，必不敢冒破观望，而经管逐年清楚，亦不至贻不了之案也。

虞衡清吏司管厂主事　臣王道元　谨议
工　科　给　事　中　臣何士晋　谨订

---

① 音同“哺”，为“拖欠”之意。
② 原文系“已”，此处据上下文改为“以”，以合今简体文之规范，下文同，不再注。

工部厂库须知

卷之九

工 科 给 事 中	臣何士晋	汇辑
广东道监察御史	臣李 嵩	订正
都水清吏司署印郎中	臣胡尔慥	考载
营缮清吏司 主事	臣陈应元	
虞衡清吏司 主事	臣楼一堂	
都水清吏司 主事	臣黄景章	
屯田清吏司 主事	臣华 颜	同编

都水司

掌川渎、陂①池、桥道、舟车、织造、衡量之事。除奉敕分理于外者，为北河差郎中、南河差郎中、中河差郎中、夏镇闸差郎中、南旺泉闸差主事、荆州抽分差主事、杭州抽分差主事、清江厂差主事。其钱粮俱不系本部，故不载。载通惠河器皿厂、六科廊，皆本司总理者所属，为文思院大使、副使，织染所大使、副使。

年例钱粮，一年一次。

御用监　年例　雕填钱粮。

会有：

丁字库，

白围藤二百斤，每斤银四分，该银八两。

广漆七千斤，每斤银五分五厘，该银三百八十五两。

以上二项共银三百九十三两。

召买：

广漆一万三千斤，每斤银五分五厘，该银七百一十五两。

川漆二万斤，每斤银一钱六分，该银三千二百两。

金箔三万五千贴，每贴见方三寸，每贴银三分，该银一千五十两。

银箔六千贴，每贴银一分，该银六十两。

---

① 音同"杯"，为"池塘、水岸"之意。

朱①砂三十五斤，每斤银三两二钱，该银一百二十两。

雄黄三十五斤，每斤银三钱五分，该银十二两二钱五分。

石黄三百斤，每斤银四分二厘，该银十二两六钱。

樟脑②三十斤，每斤银五分，该银一两五钱。

轻粉九十五斤，每斤银三钱二分，该银三十两四钱。

水和炭五万斤，每万斤银一十七两五钱，该银八十七两五钱。

石灰五千斤，每百斤银七分，该银三两五钱。

木柴四万斤，每万斤银二十四两，该银九十六两。

木炭四万斤，每万斤银五十两，该银二百两。

以上十三项共银五千五百八十两七钱五分。

外屯田司　付办　御用监年例钱粮

会有：

丁字库，

川添六千斤，每斤银一钱六分，该银九百六十两。

召买：

川漆九千斤，每斤银一钱六分，该银一千四百四十两。

广生漆一万斤，每斤银五钱五分，该银五千五百两。

云母石一千斤，每斤银三钱，该银三百两。

以上三项共该银二千二百九十两。

前件，查得备考，内开该监，每年成造龙床之顶架及袍匣、服橱、宝箱，系本司项下其屯司付办。则称上用龙凤座床顶架与天坛庙③供器，总一雕漆钱粮也。除以上所开会有、召买外，又严④漆二千斤，罩漆二百斤，桐木五十段又七十五根，行浙江川二珠⑤二百斤，行四川广胶一百斤，行广东各采取本色。解用人匠提奉钦依取到浙江三十名、广东三十名、河南二十名、云南三十名、贵州三十名、应天三十名、苏州二十名、镇江十四名、太平二名、徽州一十七名、安庆四名、庐州二十五名、

---

① 原文系"硃"，今据上下文改为"朱"，以合简体文之规范。
② 原文系"腦"，今改为"脑"，以合简体文之规范，下文同，不再注。
③ 原文系"廟"，今改为"庙"，以合简体文之规范，下文同，不再注。
④ 原文系"嚴"，今改为"严"，以合简体文之规范，下文同，不再注。
⑤ 原文系"硃"，今改为"珠"，以合简体文之规范。

扬州二十六名、淮安二十八名等处，共三百二十名。今见在□百□十名，各司府议解，帮贴衣裳①银两，续本部咨行。各抚按每名给银十两八钱，遇闰加九②钱，每年解部送监给领。夫雕填剔漆，精细之器也。工不易成，成不易坏，安有一年之间，尽用得许多钱粮？且③甫成而次年庋④置何所，复另行成造也哉？今以一年而一提，其为干⑤没也多矣。本司胡郎中呈堂议裁，而该监两次渎奏得旨，聊录以俟览择⑥焉。再照屯田司付办，一项备考内开。旧系三年一提，隆庆二年提议匀作三分，一年一派，其数如上，至期该监具提到部。屯田司查例复请，命下之日移付水司召商买办，除屯田司付办。项下《条例》开会有广生漆一万斤，召买川漆一万五千斤，及查近年见行，将川漆改会有分六千斤，而广生漆一万斤，则全入召买项下。以价较之，广生漆每斤五分五厘，川漆每斤一钱六分，可省四百一十两，相应先行改正外前议，再俟酌行。

　　供用库　柴、炭等料
　　会有：
　　丁字库，
　　白麻一千斤，每斤银三分，计

银三十两。

　　召买：
　　松木一十六根六分，照八号，每根银三钱九分，该银六两四钱七分。
　　猫竹二十根，每根银三钱，该银六两。
　　木柴三十三万三千三百三十四斤，每万斤银三十五两，该银一千一百六十六两六钱六分。
　　木炭一万七千三百三十四斤，每万斤银七十五两，该银一百三十两。
　　荆条二千三百三十四斤，每百斤银一钱五分五厘，该银五两九钱五分。
　　榆木二十段，照七号，折得八根，每根银五钱，该银四两。
　　柏木六段六分，照四号，折得七根，每根银六钱，该银四两二钱。
　　苘麻连包六百个，每个银一钱二分，该银七十八两。

---

①　音同"资"，为"复襦"之意。或又音同"济"，衣交衿也。
②　此三字"底本"、"北图珍本"俱不清，今据"续四库本"补出。
③　原文系"且"，应为"且"之异体，今改以合简体文之规范，下文同，不再注。
④　音同"鬼"，为"置放、收藏"之意，或为"放器物的架子"。
⑤　原文系"乾"，此处据上下文改为"干"，以合今简体文之规范，下文同，不再注。
⑥　原文系"擇"，今改为"择"，以合简体文之规范，下文同，不再注。

磨盘松木板二十三片三分,各长八尺,阔一尺,厚二尺,照十一号,折得十七片七分,每块二钱,该银三两五钱四分。

槐木一十段,各长九尺五寸,围六尺,照一号,折得六根五分,每根银二两二钱,该银一十四两三钱。

以上十项共银一千四百一十九两一钱二分,运①砖脚价银六两四钱。

前件,见行事例,压②年给领。再查备考,内开该库。除行河南大样磁坛③三百个、小样磁坛三百个、石磨一副、铁脐全,池州府芒苗苕箒五千四百八十一把、竹笤帚三千九百十三把,真定府中样磁坛六百个办解本色外,本部召商,买办木柴三十三万三千三百三十四斤、木炭一万七千三百三十四斤、苘麻连包一千个、荆条二千三百三十四斤、猫竹二十根、白麻一千斤、榆木二十段、槐木十段、柏木六段六分、松木十六段六分、磨盘松木板二十三片三分,大约费银七百六十余两,则与今《条例》之数不符。但查历年来商人苦于该监刁难,今径给该监,与商便矣。骤难议减,只压年给领,微④存不当,增之意

云耳。

司苑局　采莲船

会有:

丁字库,

白麻一百三十斤,每斤银三分,该银三两九钱。

熟建铁三十七斤,每斤银一分六厘,该银五钱九分二厘。

桐油一百三十斤,每斤银三分六厘,该银四两六钱八分。

石灰五百斤,每百斤银七分五厘,计银三钱七分五厘。以上石灰,系付缮司拨囚搬运。

以上四项共银八两九钱九分。

召买:

木炭七十四斤,每百斤银四钱二分,该银三钱一分八毫。

桄木四根,各长一丈八尺,围三尺五寸,每根银一两八钱九分,该七两五钱六分。

以上二项共银七两八钱七分八毫,外人匠工食银一十一两八钱,付营缮司支取。

---

① 原文系"運",今改为"运",以合简体文之规范,下文同,不再注。
② 原文系"壓",今改为"压",以合简体文之规范,下文同,不再注。
③ 原文系"罈",今改为"坛",以合简体文之规范,下文同,不再注。
④ 原文系"微",古同"微",今改以合简体文之规范,下文同,不再注。

织染局　打造靛青合用矿子石灰。

会有：

石灰七万斤。

前件，查本部据该局揭帖，具提行马鞍山烧造前灰，行法司拨囚运送，该局不支库银。

光禄寺　小油红器皿，折工食银四季，每季五百两。

前件，查近年俱压年给发。

神宫监　修理祭器，折送工食银孟春、孟夏、孟秋、孟冬、岁暮，各一十一两七钱八分。

修仓①厂派支料价，每年木植等项银数，凭②缮司付派，多寡不等。

前件，凭缮司付派，旧例派料价有并派铺商者，近屯、虞、水三司议照发银，听缮司铺商赴领，免派三司，铺商相应斟酌从便。

营缮所整点笙簧，折工食银一十五两。

前件，礼部咨文前来，该所官具文，作头投领。

赏各夷番僧折段银两。只眼同包封，并不涉六科廊，故载本司。

前件，查得海西朵颜等卫、泰宁等卫、福余等卫、女直等夷人、顺义王、朝鲜③国王、陕西番僧番人、四川番僧番人，有一年一至者，有三年一至者，有六年而并修两次贡者，人数不常且赏格不等钱粮，难以拟定。礼部咨文前来本司，查填实收呈堂，随具印领，移节慎库支银。堂札六科廊主事，眼同该所包封，移送赏房，听礼部主客司颁赏。四十年，贡夷番僧共三千五百八十四名，发银一万五千七百二十六两。四十一年，贡夷番僧共二千四百九十四名，发银三万一千七百一十四两。四十二年，贡夷番僧共三千五百二十四名，发银三万四千八百八十八两五钱。

光禄寺　包瓶白麻

会有：

丁字库，

白麻六千斤，查旧卷，每年光禄寺移文到部，转札该库，照数取用。

云南、四川、贵州远方监生折

---

①　原文系"兪"，应为"倉"之异体，今改为"仓"，以合简体文之规范，下文同，不再注。

②　原文系"憑"，此处改为"凭"，以合今简体文之规范，下文同，不再注。

③　原文系"鮮"，应为"鲜"之异体，今改为"鲜"，以合简体文之规范，下文同，不再注。

衣服银两,每名夏衣八钱一分四厘、冬衣三两二钱六分五厘。

前件,查得监生折衣服银两,准礼部咨文,到日按名算①给,每年名数多寡不等。

二年一次。

司设监 年例金箔等料乙、丁、巳、辛、癸②年

会有,今免支不开。

召买:

金箔二万六千三百二十五贴,每贴见方三寸五分,每贴银四分,该银一千五十三两。

天大青十七斤八两五钱,每斤银二两,共该银三十五两六分。

天大碌十七斤八两五钱,每斤银一钱二分,共该银二两一钱。

白山羊绒四百三十八斤十二两,每斤银三钱,共该银一百三十一两六钱二分五厘。

白绵羊秋毛一万三千一百六十二斤八两,每斤银九分,共该银一千一百八十四两六钱二分五厘。

黑绵羊秋毛六千一百四十二斤八两,每斤银一钱,共该银六百一十四两二钱五分。

白山羊毛一万三千一百六十二斤八两,每斤银一钱,共该银一千三百一十六两二钱五分。

入油红土一千五十三斤,每斤银一分,共该银一十两五钱三分。

红真牛皮六百一十四张二分五厘,每张银五钱,共该银三百七两一钱二分五厘。

白棉花绒六百五十八斤二两,每斤银一钱,共该银六十五两八钱六厘。

木柴二十五万四千四百七十五斤,每万斤银十八两,该银四百五十八两五分五厘。

木炭二十五万四千四百七十五斤,每万斤银四十二两,共该银一千六十八两七钱九分。

石灰二十万一千八百二十五斤,每万斤银七两五钱,共该银一百五十一两三钱六分八厘。

水和炭二十万一千八百二十五斤,每万斤银十七两五钱,共该银三百五十三两一钱九分三厘。

铜丝二十六斤四两,每斤银二钱一分,共该银五两五钱一分二厘。

① 原文系"筭",应为"算"之异体,今改以合简体文之规范,下文同,不再注。
② 原文系"癸",应为"癸"之异体,今改以合简体文之规范,下文同,不再注。

杉木四十三根八分七厘，各长三丈五尺，径一尺五寸，每根银五两五钱，共该银二百四十一两二钱八分五厘。

松桤木六十五根八分一厘，各长一丈八尺，径一尺五寸，每根银二两九钱，共该银一百九十两八钱四分。

松木枋桤四十三根八分七厘，各长二丈二尺，阔一尺四寸，厚八寸，每根银三两七钱，共该银一百六十二两三钱一分九厘。

榆木四十三根八分七厘，各长一丈二尺，径一尺二寸，每根银七钱，共该银三十两七钱九厘。

椴木八十七根七分五厘，各长七尺，径七寸五分，每根银二钱，共该银十七两五钱五分。

以上二十项共银七千四百两。

前件，查得《条例》内开，会有项下八百三十七两五钱，召买项下八千四百三十三两二钱，三十六年间崔郎中议以四百两抵作物料，免支而召买，一项定价七千四百两。不派铺商，径给该监，向俱分作两年给发，第一年四千两，第二年三千四百两，其裁定数目与《条例》不同，今改正如上①。

针工局　折冬衣银两

前件，查得备考开载，隆庆年间用银八万两，至万历十八年《条例》开载增至十二万七千余两。虽据该局原提具复，然中间犹恐虚冒。相应核查，竟以中官停选，人数渐减。如万历三十八年领银八万七千八百六十四两，四十年领银八万四千五百五十八两，四十二年领银八万五百九十二两，官每员三匹，中使、长随每名二匹，每匹折价三两，南京官、中使、长随俱在内。

御马监　晾马绳索

会有：

丁字库，

白麻五万斤。

前件，查备考内开，如该库会无，暂行召买，大约用银一千三百两。近年俱会有，有该本司胡郎中看得白麻每年外解，共一万一十余斤，则该库之称会无者，悉妄也。须核循环文薄，以杜召买之弊②。

司礼监

上用各色洒③金笺、纸扇等项。

金箔一万贴，折价银五百两。

---

① 原文系"右"，为繁体竖排之故，今改为"上"，以合简体横排之规范。
② 原文系"獘"，应为"弊"之异体，今改以合简体文之规范，下文同，不再注。
③ 原文系"灑"，今改为"洒"，以合简体文之规范，下文同，不再注。

前件，查《条例》无备考，内开此项付营缮司动支，苇课银给，今见行系二年一提，以五百两分作两年支用。

挑挖①新河

前件，查得《条例》开载，挑河夫银额定二千八百六十四两五钱，分为两年支用。近年通惠河道每年只请银两一千七十八两二钱，此系挑浅远近，用夫多寡，临时酌量请给。大率无容出于额银之外，应照原议。

三年一次。

尚衣监　冠顶，子、午、卯、酉年会有：

台基厂，

杉木五十根，各长二丈七尺，围二尺八寸，照平头杉木四号估，每根银二两二钱，该银一百十两。

散头木五十根，各长一丈四尺，围三尺五寸，照散木四号估，每根银一两一钱五分，该银五十七两五钱。

以上二项共银一百六十七两五钱。

召买：

金箔五千贴，各见方三寸，每贴三分，该银一百五十两。

天大青七斤八两，每斤银二两，共该银一十五两。

天大碌七斤八两，每斤银一钱二分，共该银九钱。

羊皮金二十五张，每张银二钱二分，共该银三两。

铜丝二十五斤，每斤银二钱，共该银五两。

蓝马斜皮二十五截，每截八分，共该银二两。

掏②金线一百每副，每副银二分五厘，共该银二两五钱。

白水牛皮底五十张，每张银五两五钱，共该银二百七十五两。

白山羊绒③二百五十斤，每斤银三钱，共该银七十五两。

秋白绵羊毛二百五十斤，每斤银九分，共该银二十二两五钱。

黄绵羊皮二百五十张，每张银二钱，共该银五十两。

红真牛皮五十张，每张银五钱，共该银二十五两。

---

① 原文系"㝉"，古同"挖"，今改以合简体文之规范，下文同，不再注。
② 原文系"搯"，今改为"掏"，以合简体文之规范，下文同，不再注。
③ 原文系"羢"，今改为"绒"，以合简体文之规范，下文同，不再注。

杉木五十根,各长二丈七尺,围二尺八寸,照平头杉木四号估,每根银二两二钱,共该银一百一十两。

散木五十根,各长一丈四尺,围三尺五寸,照散木四号估,每根银一两一钱五分,共该银五十七两五钱。

木柴五万斤,每万斤银十八两,共该银九十两。

木炭五万斤,每万斤银四十二两,共该银二百一十两。

以上十六项共银一千九十三两四钱。

前件,查得《条例》内开,会有项下一百六十七两五钱,召买项下一千九百八十七两五钱。四十二年沈郎中议,照万历十三年例,于召买一项裁去八百九十四两一钱,只给银一千九十三两四钱。提奉钦依与《条例》不合,今改正如上,备考开载。隆庆元年提定六百五十两,陆续增加,逐至今数。

司礼监 御前作房 成造龙床等项,辰、戌、壬、未年。

会有:

丁字库,

白圆藤三千斤,每斤银四分,该银一百二十两。

台基厂、山西厂,

鹰架杉木一百根,各长四丈五尺,径一尺五寸,照估一号,每根长三丈,围二尺一寸五分,折得三百一十三根,每根银一两二分,该银三百一十九两二钱六分。

楠木一百五十根,各长二丈五尺,围六尺,照楠木短段一号估,长五尺,围四尺,折得一千一百二十五段,每段银九钱,该银一千一十二两五钱。

杉木一百五十根,各长二丈五尺,径二尺,照估二号杉木,长三丈五尺,围四尺五寸,折得一百四十二根,每根银五两五钱,该银七百八十一两。

抽分竹木局,

猫竹一百八十根,各长二丈五尺,径五寸,照估二号,长一丈八尺,围一尺,折得三百七十五根,每根银九分,该银三十三两七钱五分。

松木二百五十根,各长一丈六尺,径一尺六寸,每根银一两六钱,该银四百两。

以上六项共二千六百六十六两五钱一分。

召买：

松木一百七十根七分二厘，各长一丈六尺，径一尺六寸，每根银一两六钱，共该银二百七十三两一钱五分二厘。

严漆二万四千五百八十四斤四两，每斤一钱二分五厘，该银三千七十三两。

大碌三十四斤一两四钱，每斤银一钱二分，该银四两零八分。

大青三十四斤一两四钱，每斤银二两，该银六十八两一钱。

螺①钿②二千五百二十六斤七两，每斤银三钱，该银七百五十七两九钱四分。

南熟金漆四千四百四十一斤八两，每斤银二钱四分，该银一千六十五两九钱六分。

金箔三万七千五百五十九贴半，每贴银四分五厘，该银一千六百九十两一钱七分七厘。

木柴三万七千五百五十九斤半，每万斤银一十八两，该银六十七两六钱六厘。

以上八项通共该银七千两。

外运价银二百六两九钱二分。

前件，查得备考内开，除会有外，其召买猫竹、松木、螺钿、青碌、川漆、严漆、金箔、圆藤、木柴等料，召商买办。隆庆元年提定经制，该银七千余两后，以婚礼、各礼增至一万有余，然不得援此为例。查万历四十二年，轮及应提年份，前任沈郎中呈堂提奉钦依，仍照一万二百五十两，派有商人黄恩、林有年承办。任卷该本司胡郎中看得，近年婚礼已经传派别项钱粮，则本项只合照七千两之数，况隆庆元年已经提出定为经制乎？今将逐项物料改正如上，至于运价，《条例》内开两百六两九钱二分，迩来增至八百余两。以前项会有木植从湾厂起运，远于神木、山、台也。但查神木、山、台厂原有杉木板枋，何故舍近而必求诸远乎？合照《条例》改正，仍于神木、山、台厂取用，其运价只照二百六两九钱二分。

四年一次。

供用库 油椿槐木，申、子、辰年。

召买：

槐木二根，价银五十两。万历十七年议增八十两。此项付营缮司苇课银内出给。

前件，查得会估内开，槐木头号每

---

① 原文系"螺"，应为"螺"之异体，今改以合简体文之规范，下文同，不再注。
② 原文系"甸"，应为通假，据上下文改为"钿"，以合今简体文之规范，下文同，不再注。

根长二丈五尺，围三尺五寸者，只该银二两二钱，则二根五十两已十倍不啻矣，何得议增？且据《条例》，增八十两亦谓增三十金于五十之外，以合八十之数。若逐增八十，则增数百倍于原数，无是理矣。近缮司开一百三十两之数，想年前多为该监所误，所当据理执争，以复旧额者也。

修盖 通惠河黄船苫盖芦席三十两，己、酉、戊、戍年。

前件，查得芦席用以苫盖黄船，计一千五百领，额银三十两，价非虚冒，每年凭通惠河道印信堂呈，前来给领。查三十五、三十九年铺商洪仁、陈汉尚未投领，四十二年铺商任一清于四十三年四月内领讫。

五年一次。

内官监 净车，折银二千七百五十两。辛、丙年。

前件，查《会典》内开，系该监领银成造，其年分、银数与《条例》相同。

六年一次。

针①工局 折铺盖银两。辰、戌年。

前件，查得备开载，隆庆间数仅九千余两，万历间增至二万余两。二十六年领银二万六百八十八两。三十二年领银一万八千三十三两。三十八年领银一万八千八百八十五两。虽人数难定，然必临时核查，庶免虚冒。

七年一次。

内官监 成造蛤粉。

会有：

白榜纸一千八百张，每张银七厘，该银十二两六钱。以上虞衡司取用。

苓苓香二十六斤七两，每斤银三分，该银七钱九分三厘三毫一丝二忽。以上太医院取用。

以上二项共银一十三两三钱九分三厘三毫一丝二忽。

召买：

丁香二十三斤七两，每斤银二分，该银四钱六分八厘。

蛤粉三千一百八十七斤八两，每斤银一分五厘，该银四十七两八钱一分二厘。

以上二项共银四十八两二钱八分。

前件，应照旧。

十年一提，均作二分，每五年办一次。

---

① 原文系"鍼"，今改为"针"，以合简体文之规范，下文同，不再注。

内官监　恤①典器物

会有：

甲字库，

黄丹九十三斤十二两，每斤银三分七厘，计银三两四钱六分八厘七毫五丝。

水胶七百五十斤，每斤银一分七厘，计银一十二两七钱五分。

丁字库，

桐油三千斤，每斤银三分六厘，计银一百八两。

甲字库，

无名异九十三斤，每斤银四厘，该银三钱七分五厘。

以上四项共银一百二十四两五钱九分三厘七毫五丝。

召买：

木炭六万斤，每万斤银四十二两，该银二百五十二两。

黑煤五百斤，每斤银五厘，该银二两五钱。

矾②红土一千五百斤，每斤银五厘，该银七两五钱。

钉线九万二千个，各长四寸五分，每个重二两，共重一万一千五百斤，每斤银三分，该银三百四十五两。

以上四项共银六百七两。

前件，《会典》内开，二十年一次续，该本部酌议，定为今限，均作二分，每五年办一次。

不等年分。

丙字库，串五等丝遇缺，具提派商。

召买：

串五细丝一万五千斤，每斤银一两四分二厘，该银一万五千六百三十两。

黄白长荒丝一万斤，今照新议，荒丝例每斤银四钱，该银四千两。

以上二项共银一万九千六百三十两。

前件，查得《条例》内开，乙、酉、戊、子、庚、寅年提自来价银，仅用二万两。及查备考内开，该库预备织造上用袍服并御用诸物，如遇缺乏，具揭到部，酌量提办。夫日遇缺，又日酌量，则不当刻定乙、酉、戊、子、庚、寅等年，亦不当取盈二万之数。第当检查循环文簿，勿为该监所误耳。乃

---

① 原文系"邮"，今据上下文改为"恤"，以合简体文之规范，下文同，不再注。

② 原文系"礜"，今改为"矾"，以合简体文之规范，下文同，不再注。

迩来不待缺乏，只凭揭帖，便与提复。每次增至五万余两，甚至有前丝未经买完，而即为提买新丝。又有已提者具提豁免，而更为新商提办者，不识何意？此皆铺商赍①缘内监，与书役通同作弊耳。查黄白长荒丝一项，原议每斤五钱，续增三分在卷。本司于该库中取一束验之，粗纰不堪，价实太浮。乃知向来之提黄白长荒丝，竟无虚岁，且将细丝之已提者提免，而汲汲于荒丝者，良有以也。今查该库原有荒丝一项，定价四钱，名殊、价殊而丝实②不殊。即该库循环簿内，向来收发只开荒丝，并不见黄白长荒丝一项。此其证矣。本司议将黄白长荒丝照依荒丝四钱之价，每斤减去一钱三分，其串五细丝仍照原估，每斤一两四分二厘，呈堂批允，今改正如上。

丁字库　漆、麻等料遇缺　具提派商。

召买：

苘麻一十三万九千斤，每斤银一分四厘，该银一千九百四十六两。

白麻二十万三千六百斤，每斤银三分，该银六千一百八两。

苏木二万八百斤，每斤银九分，该银一千八百七十二两。

鱼线胶八千斤，每斤银一钱三分，该银一千四十两。

沥青一万四千六百斤，每斤银二分五厘，该银三百六十五两。

生漆一万八千六百六十六斤，每斤银六分五厘，该银一千二百十三两二钱九分。

桐油二万三千八百斤，每斤银三分六厘，该银八百五十六两八钱。

以上七项共银一万三千四百一两九分。

前件，查得《条例》内开，乙、酉、丙、戌、戊、子年遇缺，召卖苘麻、白麻、苏木、鱼线胶、沥青、生漆、桐油七项共银一万三千四百一两九分耳。及查三十九年间，提卖一次至银四万余两，多增白围藤、铁线、川白麻、苎麻等项，不几滥乎？且糜有用之部帑，易不堪之物料，以置之不可稽查之，该库于铺商各胥役似甚利矣。如国计何？今后凡遇该库揭帖到司，除多添物料，悉照《条例》删减外，犹当比对循环文簿，若各项非大缺乏，不得曲徇③该库，即行提办。或各项物料下果有一、二项缺乏，只将一、二项具提。亦不得概称缺乏，糜帑金也。

各监局各项不时传派钱粮。

---

① 音同"银"，"赍缘"意为"攀缘上升，喻拉拢关系，向上巴结"。
② 原文系"寔"，古同"实"，今改以合简体文之规范，下文同，不再注。
③ 原文系"狥"，今改为"徇"，以合简体文之规范，下文同，不再注。

内官监 成造修理南北大方舟。

前件,查万历四十年该监提修大方舟二艘①,该本司王郎中因该监滥估至四千九百余两,呈堂量准一半。除会有外,召买物料及雇募夫匠,共折银二千四百九十五两,与该监自行修理。似可为例,但折银数目,又须临时酌议耳。

内官监 修造龙凤舟。

前件,近年久不成造。

御用监 成造 乾清宫 龙床顶架等件钱粮。

前件,查万历二十六年,该监为乾清宫鼎建落成,提造陈设,龙床顶架、珍羞亭山子、龛殿、宝厨、竖厨、壁柜、书阁、宝椅、插屏、香几、屏风、书轴、围屏、镀金狮子、宝鸭、仙鹤、香筒、香盘、香炉、黄铜鼓②子等件,合用物料,俱系召买。照原估,只办三分之二,共银十万一千三百六十七两九钱二分一厘。外云南采大理石六十八块、凤凰石五十六块,湖广采靳阳石五十块。

御用监 成造 慈宁宫等处陈设 龙床、宝厨、竖柜等物。

前件,

查得万历十二年,偶逢灾毁③无存。本年十月该监提造,除会有木、铁等料,及金银、纻④丝等料于宝藏库等衙门取用外,其召买及工匠共费银一十万三千四百一十二两一钱。

御用监 成造 铺宫龙床。

前件,查万历十二年七月二十六日,御前传出红壳面揭帖,一本传造龙凤拨步床、一字床、四柱帐架床、流背坐床各十张,地平御踏等俱全。合用物料,除会有鹰平木一千三百根外,其召买六项计银三万一千九百二十六两,工匠银六百七十五两五钱。此系持旨传造,固难拘常例。然以四十张之床费,至三万余金,亦已滥矣。

司设监 成造 慈宁宫铺宫物件。

前件,查万历十三年三月,该监成造铺宫物件,出给实收计银三万四千六百一十七两二钱七分五厘。

内官监 成造 慈宁宫铺宫物件。

---

① 原文系"隻",为"只"之繁体,据上下文改为"艘",以合简体文之规范,下文同,不再注。
② 原文系"皷",古同"鼓",今改以合简体文之规范,下文同,不再注。
③ 原文系"燬",今改为"毁",以合简体文之规范,下文同,不再注。
④ 原文系"紵",今改为"纻",以合简体文之规范,下文同,不再注。

前件，查万历十三年正月，该监成造铺宫物件，出过实收计银一万九千六百三十五两二分。

司设监　成造　金殿龙床等项。

前件，查万历十六年九月，提修金殿龙床等物，除会有杉、楠等六项外，其召买物料十七项，计银一万三千九百五十一两七钱七分。

御用监　成造　天灯等灯。

前件，查万历十四年三月内，该监提造天灯十九对、万寿灯三对及春联①七十三对，本部因该监估料太滥，复议停止。奉旨准办三分之二，又工料提请停造。奉旨七万内准，再减二万五千两后，实过工料，除会有外，召买银四万六千八百八十九两六钱六分，工匠银二千四十九两二钱五分，共费四万八千一百三十八两九钱一分。以二十②二对之灯，纵每对一千金算，不过二万二千。以七十二对之春联，每对以百金算，不过七千二百两。合之尚不满三万。况必无千金之灯、百金之联乎？该监虚冒，固不必言。乃彼③时当事者，竟以巨万金钱轻掷，良可惜也。

司设监　修造　天、地、日、月等坛帐幕、帏幄、毡④毯等项

前件，查万历十四年，该监提造天、地、夕月三坛，正位、配位顶帐、围幕、案衣、盖袱并帏幄等件四百八十一件，合用物料本部执奏，呈准一半。乃该监朦胧取旨，竟从全派，致縻帑金一万四千三百五十五两。后之当事者，当亦有慨于斯云。

司礼监　传造　小绵纸等料。

前件，查得万历十五年三月内，该监提造，至费八千一百五十八两。虽经本部执事复办三分之二，而该监朦胧取旨，竟从全派。

内官监　成造　册封王府玉器、册篚⑤、袱匣等项。

前件，查得万历十六年，该监提造珠翠五十项、册篚、袱匣三百副。办过物料，除会有十五项，约计银六千余两外。其召买二十三项，计银二万一千六百一十六两五钱三分七厘，而户部召买珠玉之费，尚不与焉。冒滥之极不啻月一估十。近于四十年间，王郎中量行裁簿，案候在巷未提，至四十三年，该监复以篚、袱用尽

---

① 原文系"聯"，今改为"联"，以合简体文之规范，下文同，不再注。
② 原文系"千"，上下文意不通，应为刻误，今改为"十"。
③ 原文系"比"，此处应为通假，今改为"彼"以合简体文之规范。
④ 原文系"氈"，今改为"毡"，以合简体文之规范，下文同，不再注。
⑤ 原文系"盝"，古同"篚"，为"竹箱或小匣"之意，今改以合简体文之规范，下文同，不再注。

告矣。且谓历年透应过五十三副，不思十六年所提物料尽丰，堪以通融措办，不必补给。本司只据见年所需一十九副具提，至于物料，于五月二十一日内，官监发出册籯、褙袱前来，本司一一谛视之。每册籯一个，长八寸五分，阔四寸，高四寸五分，质皆杉、楠薄板外，戗金云龙凤，俱漆灰累①线为之，非雕镂精巧者比。内涂以朱红，周围贴金，红素纻丝约见方一尺三寸，其包册、钧册、夹册、垫册、褙袱并约包袱，每副各五件一用。黄闪色绒锦为表，红罗里见方六寸。一用绿闪红绒锦为表，木红平罗里，阔二寸，长六寸。一用黄闪色绫钧为表，红绢里见方一尺一寸。一用木红销金平罗为表，里用红绢见方一尺四寸。一用木红销金平罗为表，里用红绢阔二尺六寸，长二尺七寸。籯后用二小铜环、二铰链，前用薄铜皮二块、锁扭一副，共用铜约二两，小铜锁一把，匙全，约值六分，此册籯之大较也。至于服匣，该监尚未发出本司备询仪制，司书役，每个约见方二尺五寸，中有小扆②，下有底抽。周围朱丹其内，金贴其外，云龙凤文亦系漆灰累线。有铁环二、铁锁一、前后铰链全，俱以金箔饰之。匣外有套箱一个，约见方四尺，内外矾红，并③无戗金龙凤纹④采，总计册籯、褙袱合服匣、锁钥⑤方成一副。若照器皿厂造办，王府诰命轴匣、罗袱，每副工料可按而定也。

御用监 造办 皇极殿 皇极门陈设乐器。

前件，查得万历二十四年八月，该监提办皇极殿中和乐一份、侑食一份、皇极门丹陛大乐一份，除会有生漆外，召买物料，计银二万二百五十一两四钱四分。

兵仗局 造办 御前供应及乾清弃⑥宫⑦陈设乐器。

前件，查得万历二十四年八月，该局提办御前供应茶饭等项，乾清等宫并各殿陈设，锦衣大乐、铜鼓、坐鼓、扎子、钟磬⑧、响⑨盏等件，召买物料银二万一千二百六十五两九钱八分八厘。

---

① 原文系"纍"，今改为"累"，以合简体文之规范，下文同，不再注。
② 原文系"替"，应为通假，据上下文改为"扆"，以合简体文之规范，下文同，不再注。
③ 原文系"竝"，古同"并"，今改以合简体文之规范，下文同，不再注。
④ 原文系"文"，应为"纹"之通假，今改以合简体文之规范。
⑤ 原文系"鑰"，今改为"钥"，以合简体文之规范，下文同，不再注。
⑥ 原文字形如此，此处据上下文，疑为"等"或"并"之异体。
⑦ 原文系"官"，据上下文应为"宫"之别字，今改以合简体文之规范。
⑧ 原文系"磬"，古同"磬"，今改以合简体文之规范，下文同，不再注。
⑨ 原文系"嚮"，为"向"之繁体，此处应为通假，今改为"响"，以合简体文之规范，下文同，不再注。

御用监 兵仗局 成造 圣母丧礼随陵乐器。

前件,查万历三十四年,为仁圣皇太后丧礼,御用监提办随陵乐器,计物料银六千一百八十六两五钱七分三厘。

兵仗局 提随陵乐器,计物料银一千零八十九两五钱七分八厘。俱召商①买办,该本司署印胡郎中呈议,丧礼时值倥偬②乐器极多糜滥,将实收内减裁一千七十余两,不给家③堂,批允在卷。

银作局 成造 圣母徽④号、各色金器。

前件,查得万历三十四年,为圣母徽号。该局提办金册、仪仗、金盆、香盒等各金器,计物料银一万九千一百一十七两三钱六分,并兑⑤金在内。

兵仗局 成造 圣母徽号乐器。

前件,查万历三十四年,圣母徽号。

该局提办陈设、铜鼓、坐鼓、金钟、响盏、云乐等乐⑥器,本部执奏,此项乐器原无提办例,或令该局将旧器量修供应。后又奉旨量办一半,计召商买办物料银一万四千五百六两三钱二分二厘六毫。该本司署司胡郎中议裁四千两,呈堂批允在卷。

内官监 提造 公主婚礼玉器、仪仗、帐幔等件。

前件,查得万历三十五年八月,该监提造七公主婚礼玉器、仪仗、帐幔等件,除会外有外,召买牙玉、珊瑚、琥珀、纻丝、纱罗、铜铁、竹木等一百四十六项,共银五万一千七百两二钱一分七厘四毫三丝七忽五微。

内官监 成造 东宫亲王婚礼花朵,为纳采、发册、亲迎等礼应用。

前件,查得万历三十年,皇太子婚礼,共用银三百八十六两四钱。

御用监 成造 亲王婚礼床帐等物件。

---

① 原文系"啇",应为"商"之错字,今改以合简体文之规范。
② 原文系"偬",古同"偬",今改以合简体文之规范,下文同,不再注。
③ 原文系"蒙",应为"家"之错字,今改以合简体文之规范,下文同,不再注。
④ 原文系"徽",应为"徽"之异体,今改以合简体文之规范,下文同,不再注。
⑤ 原文系"兊",古同"兑",今改以合简体文之规范,下文同,不再注。
⑥ 此处原文重复"等乐"两字。

内官监 成造 亲王婚礼仪仗、妆①奁等物。

司设监 成造 亲王婚礼床帐、轿②乘等物。

银作局 成造 亲王婚礼、金册、冠顶等各金器。

前件，以上计亲王婚礼五项，应查潞王、福王例，酌行。

内官监 成造 亲王出府物件。

前件，查得万历三十一年十一月，该监为福王出府，提办椅桌等器物。除会有外，其召买物料折价一万五千七百一十一两九钱。与该监自办器物细数，本司案卷可查。

司设监 成造 亲王之国钱粮。

屋殿、轿乘、帐房、软床、铺陈、帐幔、围幕、皮箧③、史袋、车毡、轿衣、苫毡、花毯④等物。

内官监 成造 亲王之国龙

床、坐褥、板箱等物。

巾帽局 成造 亲王之国冠带、鞋靴等物。

针工局 成造 亲王之国执事、衣服等件。

兵仗局 成造 亲王之国仪仗等件。

前件，应查照潞王、福王例行。

御前监 成造 皇极门等门殿陈设、家火⑤，行南京造办。

前件，查万历三十七年，该监具提造办，本部即咨行南京工部及应天等府，设处协办，解运协济。南部因门殿停工，落成未期，提请停办。俟门殿工完工办送。

司设监 成造 大婚乾清、坤宁宫殿应设行帘⑥、帐幔、花毯、地毡等项物件。

前件，

查万历五年正月内，该监提造两宫前后殿，竹帘⑦、帐幔等一千五十八件。其

---

① 原文系"桩"，古同"妆"，今改以合简体文之规范，下文同，不再注。

② 原文系"驕"，应为"轎"之通假，今改为"轿"，以合简体文之规范，下文同，不再注。

③ 原文系"箧"，今改为"箧"，以合简体文之规范，下文同，不再注。

④ 原文系"毯"，应为"毯"之异体，今改以合简体文之规范，下文同，不再注。

⑤ 原文系此，据上下文解为"伙"，似更合今简体文之规范。

⑥ 原文系"簾"，今改为"帘"，以合简体文之规范，下文同，不再注。

⑦ 原文系"廉"，应为"簾"之通假，今改为"帘"，以合简体文之规范，下文同，不再注。

物料除会有外,召买二十六项,计银一万六千六百九十二两二钱。

内官监 成造 选立九嫔等项钱粮。

前件,查万历五年,该监提办器物,除会有外,召买物料计六万一千六百五十九两四钱三分。

年例公用钱粮,一年一次。

先关后补勘合司礼监,工食银每年四两八钱。四年轮为首者,加一两二钱。司礼监写字领,四司同。

工科精微薄籍、纸札、朱盒、笔砚等项银一两五钱。四司同工科吏领。

本司炙①砚、木炭银一十二两。四司同本司关领。

每年冬季厂库科道炙砚、木炭银三两。

查得《条例》无备考,有向未领送,此项仍留库中。今②应开造至期,听科院支用。

本司裱③背匠 装钉簿籍、绫壳等项工食银五两。四司同本司裱背匠领。

科道年终奏缴纸札,工食银六两五钱。四司俱有,数各不同,科道造册,书办领。

内府承运库 冬至用芦苇、芦席,银三两七钱五分。

查得旧例,俱派本司铺户承办,仍候给价。今议承行吏办送价,即听本司关领,不必骚扰铺商。《条例》开载三两三钱八分,今照《条例》改定,各司无。

冬至小脚雇夫,扛送柴炭工食银一两七钱八分。

查得旧例,俱派本司铺户承办,仍候给价。今议承行吏辨送价,即听本吏关领,不行铺商,各司无。

内府承运库 包裹④年终勘合 黄杭细绢二匹,银二两。

查《条例》开载二两,备考开载六钱,今照《条例》改正。向年久不给领,徒派铺商,深为未便,应议支给承行该吏买办,

---

① 原文系"炙",应为"炙"之异体,今改以合简体文之规范,下文同,不再注。
② 此字"底本"、"北图珍本"模糊不清,今据"续四库本"补出。
③ 原文系"表",应为"裱"之通假,今改以合简体文之规范,下文同,不再注。
④ 原文系"裹",古同"裹",今改以合简体文之规范,下文同,不再注。

各司无。

节慎库 主事　差满交盘钱粮造。

奏缴文册、纸张，工食银一两九钱五分二厘五毫。四司同节慎库，造册书办领。

四季支领。

本司巡风斋宿油烛银，四季每季一两二钱五分。四司同，今定本司关领分送各差，收帖附卷。

本司印色笔墨等项银，四季每季一两一钱二分。四司同，本司柜吏领办，免派铺户。

本司写揭帖等项纸价银，四季每季八钱。四司同，本司杂科书办领。

街道厅 银珠、笔墨、印色银，四季每季三两。遇闰加银一两，旧系街道厅书办领，今应听该厅移司支送。

本司司官每月每员，纸札银五钱。备考有故八本，官领有别，差不重支。

不等年月。

工科抄呈号纸三月、七月、十一月各七钱。遇闰加银七钱，工科吏领，四司同。

工科挂号纸银正月、五月、九月各四钱八分。挂号书办领，各司无。

本年上半年、下半年造，奏缴文册、纸札工食银各五两六钱四分。本司杂科书办领，数视三司独少。

轮该秋季。俱四司同。

承发科填写精微薄银三两六钱。承发科吏领。

工科抄誊①草奏纸张工食银一十一两二钱八分。遇闰加银三两六钱，工科抄誊吏领。

赁西阙朝房银四两。本司关领，移送内相，取回②文附卷。

知印 印色银一两五钱。大堂知印领。

本科提奏本纸银二两。本科本头领。

三堂司务厅 纸札、笔墨银九两八钱六分。本司关领解送，取回文附卷。

本科写本工食银五十两六钱。遇闰加银一十六两八钱六分，本科本头领。

节慎库 烧银、本炭银一两五

---

① 原文系"膳"，今改为"誊"，以合简体文之规范，下文同，不再注。
② 原文系"廻"，应为"廻"之通假，今改为"回"，以合简体文之规范，下文同，不再注。

钱七分五厘。节慎库库官领。

巡视厂库科道 纸札银八两八钱八分。照季移送科道，取回照附卷。

巡视厂库科道 到库收放钱粮，茶果、饭食银九两六钱二分五厘。节慎库库官领。

节慎库关防印色、修天平等项银三两。节库库官领。

三堂司厅、四司书办工食银三十两六钱。遇闰加银一十两二钱，本司杂科领分散。

三堂、四司抄报工食银一十二两六钱。遇闰加银四两二钱，本部抄报吏领。

节慎库 纸札并裱背匠工食银一十一两五钱。库官领。

上本抄旨意官工食银九两。遇闰加银三两，旨意官领。

精微科吏工食银一两八钱。遇闰加银六钱，精微科吏领。

内朝房宫工食并香烛二两一钱。遇闰加银七钱，本部内朝房宫领。

工科办事官工食银五两四钱。遇闰加银一两八钱，工科办事官领。

报堂官三人，工食银三两五钱。遇闰加银一两一钱六分六厘，三堂报堂官领。

不等年分。

针工局 冬衣、纸札、锁扛①等项工食银三两一钱，雇夫银一两三钱。甲、丙、戊、庚、壬年，今议承行吏关领办送，不必更行铺商。

进考成银五钱。甲、丙、戊、庚、壬年。

三堂夏季桌②围、座褥、垫席，大堂、川堂、火房三处三副，共九副，银十二两。子、午、卯、酉年，旧俱票行铺户。今议本可关领呈堂，转发司取办送，取回照附卷。

司厅桌围、座褥银五两。子、午、卯、酉年，查得此项《条例》开载五两，《备考》开载二两四钱，应照《条例》，本司关领径送，司厅自备，取回照附卷，各司无。

本司桌围、座褥银五两。子、午、卯、酉年，今改杂科书吏领办，不派铺商，四司同。

三堂冬季桌围、座褥、毡垫共九副，该二十七两。寅、申、己、亥年，本司至期关领，呈堂转发司厅办送，取回照附卷。或每年九两，支办亦可。

刷卷工食银二两五钱。寅、申、己、亥年，四司同，杂科书办领。

---

① 原文系"撋"，古同"扛"，今改以合简体文之规范，下文同，不再注。
② 原文系"卓"，应为通假，据上下文改为"桌"，更合文意。

节慎库　余丁草荐①银三两。
巳、酉、丑年，节慎库余丁领。

科道会估酒席、纸札银九两三钱七分六厘。寅、午、戌年，四司同。近不会估不支。

都水司　外解额征②。
顺天府，
料银一千八百一十五两七钱二分四厘六毫。
永平府，
料银七百二十六两三钱二分九厘四毫四丝。
保定府，
料银一千八百一十五两八钱二分三厘六毫。
河间府，
料银一千一百七十八两九钱九分八厘三毫三丝。
真定府，
料银二千三百六十两五钱七分八厘九毫九丝。
顺德府，
料银九百七两九钱二分八毫。
广平府，
料银一千二百七十一两七分

六厘五毫三丝。
大名府，
料银一千二百七十一两七分六厘五毫二丝。
应天府，
料银四千五百三十九两五钱五分九厘。
安庆府，
料银二千三百六十两五钱七分八厘七毫九丝。
徽州府，
料银四千五百三十九两五钱五分九厘。
宁国府，
料银二千七百二十三两七钱三分六厘。
池州府，
料银一千八百一十五两八钱二分四厘。
太平府，
料银一千八百一十五两八钱二分四厘。
苏州府，
料银八千一百七十一两二钱七厘。
松江府，

---

① 原文系"薦"，此处改为"荐"，以合今简体文之规范，下文同，不再注。
② 原文系"徵"，今改为"征"，以合简体文之规范，下文同，不再注。

料银七千二百六十三两二钱九分五厘。

常州府，

料银六千三百五十五两三钱八分三厘。

镇江府，

料银四千五百三十九两五钱五分九厘。

庐州府，

料银二千七百二十三两七钱三分六厘。

凤阳府，

料银二千七百二十三两七钱三分六厘。

淮安府，

料银二千七百二十三两七钱三分六厘。

扬州府，

料银二千七百二十三两七钱三分六厘。

广德州，

料银七百二十六两三钱三分九厘四毫四丝。

滁州，

料银三百六十三两一钱七分四厘七毫二丝。

徐州，

料银三百六十三两一钱七分四厘七毫二丝。

和州，

料银三百六十三两一钱七分四厘七毫三丝。

浙江布政司，

料银九千七十九两一钱二分。

江西布政司，

料银九千七十九两一钱二分。

福建布政司，

料银八千一百七十一两二钱七厘。

湖广布政司，

料银八千一百七十一两二钱七厘。

河南布政司，

科银七千二百六十三两二钱九分五厘。

山东布政司，

料银八千一百七十一两二钱七厘。

山西布政司，

料银三千六百三十一两四分八厘。

四川布政司，

科银五千四百四十七两四钱八分。

陕西布政司，

料银三千六百三十一两六钱四分八厘。

广东布政司，

料银八千一百七十一两二钱七厘。

年例，外解，并本司开纳。

前件，查各省直纳银者，具文解部。近浙江提留抵织造矣。其本司钦奉圣谕，开纳户七工三，银数难以额定。

河泊　额征，内本色解十库，折色解厂库。

应天府，

黄麻一万七百五十九斤五两，遇闰加三百零一斤一两。

白麻八千三百一十九斤七两，遇闰加二百四十六斤十一两三钱。

鱼线胶四百三十八斤十五两，遇闰加十一斤十二两。

翎毛十二万三千三百根，遇闰加三千九百三十四根。

碎小翎毛七百六根。

以[1]上惟白麻、鱼线胶应解本色，其余三项折银三百零六两九钱八分六丝七忽五微，遇闰加八两八钱一分二厘七毫五丝七忽五微[2]。

安庆府，

黄麻四万四千二百二十九斤，遇闰加三千二百三十二斤十二两一钱。

白麻三万八千五百二十八斤二两，遇闰加一千八百六十二斤一两。

熟铁一万七千三百六十七斤，遇闰加七百一十八斤三两。

鱼线胶二千三百八十七斤，遇闰加一百二十二斤十三两八钱。

翎毛七十八万五千八百十三根，遇闰加八万七千七百五十九根。

以上惟白麻、鱼线胶应解本色，其余三项折银一千七百四十一两七钱九分七厘二毫四丝，遇闰加一百三十两八钱四分九厘三毫一丝一忽七微五纤[3]。

宁国府，

熟铁五千九百三十三斤四两，遇闰加四百九十二斤四两一钱。

生铜七百三十斤二两四钱，遇闰加六十斤八两八钱。

鱼线胶一百五十二斤三两，遇闰加十一斤十五两三钱。

---

① 原文系"已"，应为通假，据上下文改为"以"，以合简体文之规范，下文同，不再注。
② 原文系"微"，应为"微"之异体，今改以合简体文之规范，下文同，不再注。
③ 原文系"纖"，古同"纤"，据上下文改为"纤"，以合简体文之规范，下文同，不再注。

翎毛四万八千六百七十七根，遇闰加六千零六十一根。

以上惟生铜、鱼线胶应解本色，其余二项折银一百四十二两零二分九厘九毫六丝，遇闰加一十二两七钱。

池州府，

黄麻八千六百三十五斤四两五钱，遇闰加二百八十九斤八两九钱。

白麻六千五百四斤十两，遇闰加一百九十一斤一两六钱。

鱼线胶四十八斤一两，遇闰加二斤一两二钱。

翎毛七万三千三十六根，遇闰加一千九百五十二根。

以上惟白麻、鱼线胶应解本色，其余二项折银二百三十三两八钱一分二厘七毫四丝八忽七微五纤，遇闰加银七两五钱八分三厘九毫六丝。

太平府，

黄麻二万四千五百四十四斤十四两四钱，遇闰加二千二百二十二斤七两。

鱼线胶四百斤十三两五钱，遇闰加三十五斤二两二钱。

翎毛一十三万九千七百一十八根，遇闰加一万三千四百零二根。

采办翎毛一万七千七百三十七根。

以上惟鱼线胶应解本色，其余二项折银六百四十两零一分一厘一毫一丝，遇闰加银五十七两五钱四分八厘九毫六丝。

苏州府，

黄麻一万五千六百二十六斤。

桐油一百九十斤零四两。

白麻一万一千五百五十九斤。

翎毛二十一万三千五百八十八根。

以上惟白麻、桐油应解本色，其余二项折银四百六十一两九钱二分二毫四丝。

松江府，

黄麻九百斤。

白麻四百七十五斤。

鱼线胶二十七斤。

桐油一百九十一斤四两。

翎毛八千六百零八根。

以上惟白麻、鱼线胶、桐油应解本色，其余二项折银二十四两八钱三分一厘八毫四丝。

常州府，

黄麻一万六千四百五斤八两四钱。

白麻七百七十三斤。

鱼线胶二百八十六斤五两五钱。

翎毛九万一千四百二十四根。

以上惟白麻、鱼线胶应解本色，其余二项折银四百二十一两一钱九分八厘五毫二丝。

镇江府，

黄麻三千二百二十九斤七两，遇闰加六百三十一斤十五两。

鱼线胶八十二斤五两，遇闰加十二斤零七厘。

翎毛二万八百八十七根，遇闰加九百三十三根。

以上鱼线胶应解本色，其余二项折银八十四两三钱零二厘七毫六丝，遇闰加一十四两九钱八分二厘八毫四丝。

庐州府，

黄麻一万二千四百二十一斤，遇闰加五百五十二斤。

白麻一千四百五十二斤六两，遇闰加四十一斤十两。

熟铁一万一千四百二十六斤，

遇闰加六百六十三斤十两。

生铜六百六十九斤四两，遇闰加八斤十二两。

鱼线胶三百八十三斤八两，遇闰加二十一斤八两。

翎毛一十二万四千六百十六根，遇闰加七千一百七十八根。

牛角一十六副，遇闰加一副。

牛筋四斤，遇闰加十二两。

以上惟白麻、生铜、鱼线胶、牛角、牛筋应解本色，其余三项折银五百七十四两零一分八厘六毫八丝，遇闰加银二十九两四钱一分五厘四毫四丝。

凤阳府，

黄麻三百十二斤八两。

白麻二百六斤四两。

以上惟白麻应解本色，其黄麻折银七两一钱八分七厘五毫。

淮安府，

黄麻二万八千四百三十八斤九两。

白麻二万六千二百三十一斤四两五钱。

桐油一千二百斤。

熟铁七百五十四斤十一两八钱。

生铁九百六斤六钱。

鱼线胶七百六十五斤九两。

翎毛二十九万四千九百五十五根。

以上惟白麻、桐油、生铁、鱼线胶应解本色，其余三项折银二百二十二两八分二厘五毫五丝。

扬州府，

黄麻二万六千五百八十七斤三两二钱，遇闰加一千九百二斤九两。

白麻二万三十八斤一两三钱，遇闰加一千六百斤一两六钱。

鱼线胶八百三十四斤九两三钱，遇闰加五十八斤七两八钱。

熟铁一千二百六十六斤四两四钱，遇闰不加。

翎毛二十五万六千五百二十一根，遇闰加一万六千零九根。

桐油八十八斤四两。

以上惟白麻、鱼线胶、桐油应解本色，其余三项折银七百五十九两九钱五分五厘五毫八丝，遇闰加银五十一两四钱四分二厘三毫七丝。

和州府，

黄麻三千八百三十三斤十二

两八钱，遇闰加一百八十二斤九两九钱。

白麻三千五十一斤十二两九钱，遇闰加十斤七两三钱。

生铁一千九百五十八斤九两，遇闰不加。

鱼线胶一百六斤八两五钱，遇闰加十九斤十五两三钱。

翎毛五万三百九十七根，遇闰加一万七千三百零。

以上惟白麻、生铁、鱼线胶应解本色，其余二项折银一百一十二两三钱六分七厘五毫六丝，遇闰加银十二两五钱零四厘。

浙江布政司，

黄麻一万二千二百八十八斤八两四钱，遇闰加八百八十斤十三两七钱。

白麻四百九十三斤三两七钱，遇闰加五十一斤六两五钱。

黄络麻五千九百三十四斤十五两，遇闰加四百八十二斤十三两五钱。

苎麻四百五十二斤十两四钱，遇闰加三十九斤四两二钱。

熟铁三万七千五百二十八斤五两，遇闰加二千八百三十二斤十三两九钱。

生铁一千三百三斤二两,遇闰加一百八斤九两七钱。

熟铜五百二十六斤,遇闰加四十三斤五两二钱。

生铜九百三十六斤六两,遇闰加六十六斤十三两三钱。

鱼线胶一千七百二斤九两四钱,遇闰加一百零三斤七两五钱。

银珠一百四十四斤十四两七钱,遇闰加十二斤四两三钱。

生漆二百二十六斤二两一钱,遇闰加十九斤一两六钱。

桐油五百九十五斤十五两六钱,遇闰加三十四斤三两。

以上白麻、苎麻、生铁、生熟铜、鱼线胶、银珠、生漆、桐油应解本色,其余三项折银一千一百二十八两一钱六分二厘,遇闰加银八十四两六钱四分一厘五毫。

江西布政司,

黄麻、白麻、熟铁、鱼线胶、桐油①、银珠、生铁,以上各料共一十四万四千九百二十二斤三两三钱一分八厘,该折解银一千九百七十

二两六钱七分七厘。

湖广布政司,

黄麻、白麻、银珠、生铁、鱼线胶、桐油、红铜、生铜、熟铁,以上各料共六十万三千二百七十一斤十五两,该折银一万三千六百三十一两二钱六厘八毫,遇闰加料三万三千六百六十一斤七两七钱,该加折银八百三十四两九分五厘五毫。

前件,查得刊书开载折色,近年历来俱解本色。该本司署印郎中胡查照刊书厘正,仍上折色,呈堂批允,今改正。

福建布政司,

黄麻八十八斤,遇闰加一十九斤。

熟铁二千三百三十四斤十两一钱,遇闰加一百九十斤七两二钱。

鱼线胶五百九十一斤一两四钱,遇闰加四十六斤五两一钱。

以上惟鱼线胶应解本色,其余二项折银四十八两九钱三分三厘,遇闰加银四两二钱四分七厘。

---

① 此处至"六百六十一斤""北图珍本"原文次序混乱,今据"续四库本"调整。

四川布政司,

黄麻一万五千三百七十九斤。

鱼线胶二千三百六斤十五两。

熟铁二万五百五斤一两。

以上惟鱼线胶应解本色,其余二项折银七百六十三两七钱二分八厘二毫,遇闰加银三十四两二钱二分五厘六毫。

广东布政司,

熟铁一万七千十四斤五两,遇闰加一千二百八十七斤三两。

黄麻一万一千一百十二斤六两九钱,遇闰加八百零九斤三两七钱。

鱼线胶一千二百八十四斤十一两,遇闰加一百二十五斤十二两九钱。

熟铜四百六十四斤十两六钱,遇闰加三十八斤五两二钱。

生铜一百一斤二两五钱,遇闰加十四两一钱。

翎毛一十七万七千八百四十九根,遇闰加一万五千四百八十七根。

以上惟鱼线胶、生熟铜应解本色,其余三项折银六百八十一两二钱三分八厘五毫六丝,遇闰加银五十一两八钱三分零七毫二丝。

广西布政司,

黄麻一千五百十六斤四两四钱。

熟铁一万二百三十四斤四两。

生铜二百八十四斤三钱。

鱼线胶一千十六斤五两。

翎毛十八万五千一百九十七根。

以上惟鱼线胶、生铜应解本色,其余三项折银三百二十八两四钱五分二厘五毫六丝。

附各司、府应解物料价值数目:

黄麻每斤折银二分三厘,惟湖广二分。

白麻每斤折银三分,惟湖广二分五厘。

熟建铁每斤折银二分,惟湖广一分六厘。

络麻每斤折银一分六厘。

鱼线胶每斤折银八分,惟湖广六分五厘。

熟铜每斤折银八分,惟湖广一钱二分。

银珠每斤折银六分。

生漆每斤折银六分,惟湖广一钱一分六厘。

生铜每斤折银七分,惟湖广

八分。

　　桐油每斤折银四分。

　　生铁每斤折银一分。

　　杂派额征，内本色径解监局，第经十库挂号，不由验试厅查验，其折色由厂库挂号，送节慎库收。

　　顺天府　每年应解：

　　本色黄栌①木一千三百斤，椴木九十六段，送御用监交收。

　　本色冰窨②物料，该蓻秸③七百束、芦蓆六十束，每束重六十斤，蒲草三万斤，送内官监交收。

　　折色蓝靛银四百五十九两。

　　挑河夫银二千八百六十四两五钱，帖发节慎库上纳。

　　永平府　每年应解：

　　本色染榜纸五千五百张，送御用监交收。

　　挑河夫银七百七十三两二钱，帖发节慎库上纳。

　　真定府　每年应解：

本色中样磁坛六百个，送供用库交收。

　　徽州府　每年应解：

　　本色槐花一千斤、乌梅一千五百斤、栀子五百斤，札发甲字库交收。

　　宁国府　每年应解：

　　本色笔管五千枝、兔皮一百二十五张、香狸皮六十五张、山羊毛二十斤，送司礼监交收。

　　池州府　每年应解：

　　本色芒苗筶帚④五千四百八十一把、竹扫帚三千九百十三把，送供用库交收。

　　太平府　每年应解：

　　本色笔管五千枝、兔皮一百二十五张、香狸皮六十五张、山羊毛二十斤，送司礼监交收。

　　苏州府　每年应解：

　　本色席草一万斤，送司设监

---

①　原文系"樐"，今改为"栌"，以合简体文之规范，下文同，不再注。

②　音同"印"，为"地下室"之意。

③　原文系"稭"，古同"秸"，今改以合简体文之规范，下文同，不再注。

④　原文系"幇"，应为"帚"之异体，今改为"帚"，以合简体文之规范，下文同，不再注。

交收。

扬州府 每年应解：

本色蒲草一万斤，送司设监交收，折色蓝靛银五百两，帖发节慎库上纳。

浙江布政司 每年应解：

本色白猪鬃五十斤，该价银一十五两，帖发节慎库上纳。

本色笔管二万枝、兔皮三百张香狸皮二百张、山羊毛六十斤，送司礼监交收。

本色粗、细铜丝，各八十斤，粗、细铁丝，各五百三十二斤，铁条五百三十八斤，针条一百一十一斤，镀白铜丝四斤，碌子四斤，青花绵二斤，松香五百五十斤，光叶五十斤，桐木五十段又七十五根，书籍纸三千五百张，斑①竹二百五十根，严漆二千斤，罩漆二百斤，送御用监交收。

本色猫竹一万根、筭竹五百根、紫竹一百根、桐油七千五百斤，送司设监交收。

本色槐花六百斤、乌梅一千五

百斤、栀子五百斤，札发甲字库交收。

江西布政司 每年应解：

本色猫竹七百五十根，水竹五万根，棕毛一千五百斤，白圆藤五千斤，送司设监交收。

福建布政司 每年应解：

本色翠毛九百三十个，斑竹二百五十根，送御用监交收。

湖广布政司 每年应解：

本色斑竹二百五十根，椰桑木十段，实心斑竹五十根，长节猫竹一千五百根，送御用监交收。

河南布政司 每年应解：

闸夫银五百六十两，遇闰加四十六两六钱六分六厘二毫六丝，帖发节慎库上纳。

本色大样磁坛三百个，小样磁坛三百个，石磨一副，铁脐全，送供用库交收。

山东布政司 每年应解：

本色焦②炭四万五千斤，近议

---

① 原文系"班"，应为通假，今改为"斑"，以合简体文之规范，下文同，不再注。
② 原文系"燋"，古同"焦"，今改以合简体文之规范，下文同，不再注。

折色并脚价，共该银二十二两五钱，帖发节慎库上纳。

四川布政司　每年应解：

本色川二珠二百斤，送御用监交收。

广东布政司　每年应解：

本色生漆五千斤，送司设监交收。

胭脂木十段、花梨木十段、南枣木十段、紫榆木十段、沙叶一百斤、翠毛一千八十四个、广胶一百斤，送御用监交收。

广西布政司　每年应解：

翠毛九百三十个，送御用监交收。

云南布政司　每年应解：

折色实心斑竹一千五百根，该银一千六百五十两，帖发节慎库上纳。

河间府　每年应解：

椿木、苇草、茼麻、砖灰、河滩籽粒赁基银五百三十六两一钱五

分九厘三毫，帖发节慎库上纳。

通惠河道　每年应解：

椿草银一千一百五十四两六钱五分，房基退滩地亩①籽粒银二百五十三两四钱六分四厘零，俱帖发节慎库上纳。

西城兵马司　每年征解王在宁等入官，房地租银一十二两四钱四分。

前件，万历四十三年，解到四十、四十一、四十二年，三年共银三十七两三钱二分，堂批转发司厅抵公费讫。

织造额解，共二万八千六百八十五匹一丈九尺一寸五分，遇闰共加二千六十一匹二丈三寸五分，解内承运库。

苏州府，

纻丝一千五百三十四匹，遇闰加一百三十九匹。

松江府，

纻丝一千一百六十七匹，遇闰加九十九匹。

常州府，

纻丝二百匹，遇闰加一十七匹。

镇江府，

---

① 原文系"畒"，古同"亩"，今改以合简体文之规范，下文同，不再注。

纻丝一千四百四十四,遇闰加一百二十匹。

徽州府,

纻丝七百二十一匹,遇闰加五十九匹。

宁国府,

纻丝六百九十六匹,遇闰加五十八匹。

池州府,

生绢二百一十一匹一丈九尺一寸五分,遇闰加一十九匹二丈八尺二寸九分。

太平府,

生绢五百匹,遇闰加四十二匹。

安庆府,

生绢六百八匹,遇闰不加。

扬州府,

纻丝二百三十匹,遇闰加一匹。

生绢七百一匹,遇闰不加。

广德州,

纻丝二百四十匹,遇闰加二十匹。

浙江布政司,

纻丝九千五百八十八匹,遇闰加五百九十匹;纱六百六十六匹,

遇闰加二十五匹;罗一千三百二十匹,遇闰加一百七十七匹;绫五百六十匹,遇闰加四十六匹;绸①五百二十八匹,遇闰不加。

福建布政司,

纻丝二千二百五十八匹,遇闰加一百八十八匹二丈四尺。

山西布政司,

绫五百匹,生绢五百匹,遇闰加八十六匹。

四川布政司,

生绢四千五百一十六匹,遇闰加三百七十七匹。

段匹折价,嘉靖六年十月内,该本部会同礼部提议,得江西、湖广、河南、山东四省不善织造。将应解段匹,每岁折价解部,以备买段应用。共该段价银二万三千五百一十八两三钱三分五厘七毫,遇闰加一千七百六十两三钱,通解节慎库。

江西布政司一万六百五十一两四钱,遇闰加九百三十一两。

湖广布政司四千五百二十六两六钱,遇闰加六百四十八两四钱。

河南布政司三千一百六十九两五钱三分五厘二毫,遇闰不加。

---

① 原文系"紬",古同"绸",今改以合简体文之规范,下文同,不再注。

山东布政司二千一百七十两八钱，遇闰加一百八十两九钱。

各省直改造段匹，遇缺提派织造，其段匹数目难以拟定。

陕西羊绒原无额数，偶遇缺乏。钦降花样，定拟数目。揭帖差人赍①送彼处镇巡等官，照数织办。如或差及内监官员，节该本部及科道官执奏停止。惟嘉靖五年，差太监梁玉织造。七年以陕西灾伤取回。二十四年差太监孟忠织造，二十九年以绒匹稀松，奉旨着锦衣卫官校将忠拿②解来京。是后间有织造，只系行文并未差遣内臣矣。近年该省解羊绒一次，铺垫不赀。又每次四、五十匹，捏称不堪。应退要行补织。而原绒仍留③内库不肯发回地方苦之。

御用葛布，原无额解。

嘉靖三十五年五月内，内阁传奉世宗皇帝圣谕：我每取葛匹，内司皆无。祖宗时，只是下人进者。夫葛为服见于经，亦为可用。可着工部议奏，钦此。本部议得河南、湖广、两广系产葛地方，候钦定数目、式样，分派织解。是年提准，每岁四省共解八百匹。隆庆元年奉诏停止。万历十四年又行传造。本部酌量提派织解。

南京神帛堂制帛，十年一提，每年起运赴京一千九十六段。南太常寺请用二百五十五段起运。显④陵一十八段，其丝线装盛等费，俱该南京户、工二部提给。洪武三年，钦定织文、郊祀及配享，皆曰郊祀制帛。太庙祖考曰：奉先制帛，亲王配享，曰展亲制帛。社稷、历代帝王、先师孔子及诸神祇，皆曰礼神制帛。功臣曰报功制帛。苍、白、青、黄、赤、黑各以其宜，织完解到，径送内府交收。至万历三年，续增一万九千一百二十段，合之年例，则三万有奇矣。乃四十三年司礼监太监李恩等复称缺乏，巧添钦取名色，具提该工科抄参⑤，寝行在卷。

---

① 原文系"賷"，应为"賫"之异体，今改为"赍"，以合简体文之规范，下文同，不再注。
② 原文系"拏"，古同"拿"，今改以合简体文之规范，下文同，不再注。
③ 原文系"畱"，古同"留"，今改以合简体文之规范，下文同，不再注。
④ 原文系"顯"，今改为"显"，以合简体文之规范，下文同，不再注。
⑤ 原文系"叅"，为"参"之异体，今改以合简体文之规范，下文同，不再注。

司礼监　每年成造　上用并进宫兔毛等笔钱粮。

前件，查得该监年例笔，共该二万九千九百余枝，合用物料，俱采各省府征解。直隶宁国府笔管五千枝、兔皮一百二十五张、香狸皮六十五张、山羊毛二十斤。直隶太平府笔管五千枝、兔皮一百二十五张、香狸皮六十五张、山羊毛二十斤。浙江布政司笔管二万枝、兔皮三百张、香狸皮二百张、山羊毛六十斤。嘉靖元年内，该监提催到部。本部复奉钦依派定数目，一年一次起解赴部，转送该监应用。

司礼监　成造　上用经书、画轴等项装盛柜匣并屏风、画轴、楣杆等件。

前件，查得本项钱粮，合用杉木板枋六百块。成化十四年，该监具提到部复行，南京工部转行守备司礼监官差官抽取。每年分作二次解进，南工部摘发船只运送来京。仍备张家湾雇车脚价银四百两，雇夫进监银五十两。差监丞等官每年解进到部，转送该监应用。嘉靖间，南京拖欠数多，该监提请每年折补杉条木五千根，其板枋六百块，至今每年仍旧起运。查车脚、雇夫银两，就于南京备给。

内官监　成造　宫殿等处供应床、桌、器皿等件。

前件，查得本项钱粮，合用竹木板枋每年二万七千八百八十根、块。先年该监具提到部，复行南京工部于龙江、芜湖抽分厂抽取。仍备张家湾雇车脚价银八百四十一两九钱二分八厘，雇夫进监小脚银五十五两四钱。差监丞等官每年解运到部，转送该监收用。查车脚及雇夫小脚银两俱南部处给。

内官监　成造　御用器皿如彩漆膳盒、托盒之类及备用油漆、银珠、金箔、银箔等项。

前件，查得前项银粮，虽无定例，大约十年一次具提到部。本部酌议查复，转给南京工部办料行、南京守备衙门并内官监成造。陆续起运，径送该监应用。如系折色价银，解赴本部，办料转送。

内官监　合用生铁锅灶①、砂铫②、罐、盘等件。

前件，查得前项银粮，系该监伺候各官及膳房答应用者。遇有缺乏，具提到部复行。广东铸造，陆续解部，转送该监。隆庆五年内，以广东解进愆③期，暂令本

---

① 原文系"竈"，古同"竈"，据上下文改为"灶"，以合简体文之规范，下文同，不再注。

② 原文系"銚"，今改为"铫"，为"一种煮开水、熬东西用的器具"，以合简体文之规范，下文同，不再注。

③ 音同"千"，此处为"耽误、超过"之意。

部召买送用,原非旧例。

御用监 南京楠、杉、竹木板枋。

前件,查得前项系该监年例应用者。如遇缺乏,该监具提到部。复行南京抽取完日,一年一次,差官解运八千六百五十根、块。南京兵部拨船装载,仍备雇车、雇夫脚价银两,投文到部,送监交收。

御用监 成造 上用兜①罗、绒袍服合用鱼牙、柘茨。

前件,查得前项钱粮,如遇缺乏,具提到部,查照旧例复行。浙江、江西、湖广、广东、广西五省各采办鱼牙一百斤,柘茨一百斤,解赴本部,转送该监。

司设监 成造 各宫筏②簟、蒲席、棕荐③等项。

前件,查得前项钱粮,俱系该监成造。合用物料,先年具提到部复行。各司府采办本色,直隶扬州府解本色席④草一万斤,苏州府解本色席草一万斤,浙江布⑤政司解本色猫竹一万根、筀竹五百根、紫竹一百根、桐油七千五百斤,江西布政司解本色猫竹七百五十根、水竹五万根、棕毛二千五百斤、白圆藤五千斤,广东布政司解本色生漆五千斤。节年差官解部,转送该监应用。

织染局 晒⑥晾木架一座,计十间。

前件,查得前项钱粮,如遇损坏,该局具提到部,转行南京工部。成造完备,解赴本部,转送该监应用。

银作局 倾银大小砂锅二十万个。

前件,该局如遇缺乏,提行本部,照例转行山西布政司烧造解部,转送该局应用。

司苑局 成造 进用蔬菜竹篮、筐盒合用物料。

前件,查得前项钱粮,如遇缺乏,该局提行本部。转行南京工部于龙江、瓦屑二抽分局解运,猫竹五千根、筀竹一万根,送局应用。其余绢布、包袱、毡片、桶只等件,该局径自处备,不得增累。本部提奉钦依,节年遵行。

---

① 原文系“兠”,古同“兜”,今改以合简体文之规范,下文同,不再注。
② 原文系“筏”,应为“筏”之异体,今改以合简体文之规范,下文同,不再注。
③ 原文系“薦”,今改为“荐”,以合简体文之规范,下文同,不再注。
④ 原文系“蓆”,古同“席”,今改以合简体文之规范,下文同,不再注。
⑤ 此处起“续四库本”缺一页,今据“底本”、“北图珍本”补出。
⑥ 原文系“曬”,今改为“晒”,以合简体文之规范,下文同,不再注。

内承运库 合用荷叶锅罐、锅铫、茶瓶、汁瓶、罐鐺等样砂器。

前件,查得缺乏,该库具提到部,照例查复行山西布政司烧造解部,转送该库应用。

南京 孝陵神宫监 进送奉先殿荐新供养及进京鲜姜①、果品等物。

前件,合用竹篮装盛,每二年料造一次。搭盖姜棚、葡萄架五年一次。石碾、磨油榨桶、篓等件,十年料造一次。俱该南京工部具提到部,本部照例查复,转行彼处办料修理。

南京 司苑局 进送荐新荸荠、藕鲜并上用姜果等物合用竹篓、杠索等件。

前件,查得三年料造一次,搭盖姜棚并葡萄架五年料造一次,俱该南京工部具提到部,本部照例查复,转行彼处办料修理。

凡文武官应给诰敕,俱该内府印绶监提行本部,转行南京内织染局照依品级、制度如式成造。诰织用五色纻丝,其前织文曰:奉天敕命。敕织用纯白绫,其前织文曰:奉天敕命。俱用升、降龙纹②,左右盘绕,后俱织某年、月、日造,其带用五色。织完之日,每年春秋二季,南京工部转文,即差内官并堂长解进二千余道,送赴内府。印绶监同本部六科廊主事及中书科掌印官会同验收。

内织染局 织罗匠役。

前件,如遇缺乏,内局提行本部。查实行南直隶、浙江抚按于苏州、杭州二府内,照依旧例拣③选年力少壮、艺业精通者,随带妻子,解部转送该局。其每年工食,每名该银十两八钱。本处解送到部,转发该监给散。

---

① 原文系"薑",今改为"姜",以合简体文之规范,下文同,不再注。
② 原文系"文",应为通假,据上下文改为"纹",更合文意。
③ 原文系"揀",今改为"拣",以合简体文之规范,下文同,不再注。

工部厂库须知
卷之十

工　科　给　事　中　臣何土晋　纂辑
广东道监察御史　臣李　嵩　订正
都水清吏司　署印郎中　臣胡尔慥　参阅
都水清吏司　员外郎　臣朱元修
营缮清吏司　主事　臣陈应元
虞衡清吏司　主事　臣楼一堂
都水清吏司　主事　臣黄景章
屯田清吏司　主事　臣华　颜　同编

通惠河

　　都水司奉敕注差员外郎三年驻通州，掌通会河漕政。自大通桥至通州，迤南至天津止。其中闸埧①之事皆隶焉，兼管修理通州仓廒②并湾厂收发木料事。

　　年例收解钱粮：

　　霸③州每年原额苇课银一千五十一两五钱八分七厘六丝，又增丈出张等课银五十两八钱七分七厘。

　　武清县每年原额苇课银三千七百五十六两六钱六分三厘，三十四年因水灾提免水地银七百二十九两五钱七分九厘。如遇生鱼、征鱼课，今每年实额课银三千二十七两八分四厘。

　　文安县每年原额苇课银三百八十三两五厘四毫八丝五忽，近提免富管营水、占地银四十四两一钱七厘六毫五丝。又蠲④免滩里等三庄，还官水地银六十三两九钱五分五厘一毫六丝。今每年实额课银二百七十四两九钱四分二厘六

---

① 音同"具"，为"堤塘"之意。
② 原文系"厫"，古同"廒"，为"贮藏粮食的仓库"，今改以合简体文之规范，下文同，不再注。
③ 原文系"霸"，古同"霸"，今改以合简体文之规范，下文同，不再注。
④ 音同"娟"，为"免除"之意。

毫七丝五忽。

大城县每年原额苇课银三百五十八两二钱九分四厘四毫四丝。

静海县每年原额苇课并新增认，共银四百七十四两一钱二厘八毫一丝七忽。

东岎管①河指挥，每年额解滩房基银一百七两三钱五分一厘六丝六忽。

西岎管河主簿，每年额解滩房基银九十八两四分二厘二毫四丝。

通流闸闸官，每年原额河滩地廠银四十一两一钱四分二厘六毫。部札遵照节年旧例，每年秋挑挖天津海口、新河内，动支雇船、运米、扛②米脚价一十三雨二钱五分。又督工总委官支纸札、饭食、筑坝③、祭物等项银十两外，每年各解一十七两八钱九分二厘六毫。系通湾、临河、淤涨、沙滩、地亩，年每冲坍，征科不全。

年例支用钱粮：

挑挖天津海口新河，额该募夫银二千八百六十四两五钱，三年一次。今以每年坍涨不等，岁请银一千□百□④十。

修理通仓，每年修廠⑤一十五座。额设官军四百五十五员，名系通州等一十二卫编送着工。每年二月初一兴工，九月终止，仍候巡视阅验。其歇工月份办料，听候支用。应添木植，取于厂局，不敷量行买办。砖料、石坝、砖厂，折缺内取。如南来砖少，烧造黑城砖用灰瓦、钉麻、苇草等物，出自军办料银。每年除木植、砖料于厂局取用，其买办物料大约计费六、七百两。为率俱出本司，征贮各军料银，并不赴节慎库关领。

---

① 原文系"晉"，应为"管"之异体，据上下文改，以合简体文之规范，下文同，不再注。
② 原文系"抗"，应为通假，今改为"扛"，以合简体文之规范，下文同，不再注。
③ 原文系"霸"，应为通假，今改为"坝"，以合简体文之规范，下文同，不再注。
④ 此处二字各本俱模糊不清。
⑤ 原文系"廄"，古同"廄"，为"围起的园仓、住所"，亦指"贮藏粮食的仓库"，今改以合简体文之规范，下文同，不再注。

工 科 给 事 中　臣何士晋　纂辑
广东道监察御史　臣李　嵩　订正
都水清吏司　署印郎中　臣胡尔慥　参阅
都水清吏司　主事　臣徐　楠　考载
营缮清吏司　主事　臣陈应元
虞衡清吏司　主事　臣楼一堂
都水清吏司　主事　臣黄景章
屯田清吏司　主事　臣华　颜　同编

六科廊

　　都水司注差主事三年，公署在内府六科之傍，因名六科廊。专掌诸夷赏劳并内庭典礼之取给者，故待设此差于内，督官作匠役成造备赏，而诸事则文思院、马槽厂隶焉。

　　年例，按季领造。
　　夷人衣服、靴袜，
　　本廊匠作成造，系预备建州朵①颜、泰宁、福余、海西夷人及朝鲜使臣、暹罗②国王、陕西土官、吐③鲁番哈密卫各差、来夷使、抚按报捷舍人等项赏用。

　　春季：

① 原文系"朶"，今改为"朵"，以合简体文之规范，下文同，不再注。
② 原文系"邏"，今改为"罗"，以合简体文之规范，下文同，不再注。
③ 原文系"土"，今改为"吐"，以合简体文之规范，下文同，不再注。

织金纻丝，员领八百件。
素纻丝，员领三百件。
素纻丝袄褂贴里各千件。
绢员领袄褂贴里各三十件。
黑牛皮靴二千双，白羊毛袜二千双。

秋季：
织金纻丝，员领八百件。
素纻丝，员领二百件。
素纻丝袄褂贴里各千件。
绢员领袄褂贴里各三十件。
绢里一百套。此项载在《条例》，查近年旧案，并无所考。每年秋季亦只料造绢员领等件，随移文关领，不拘数。

　　会有：
　　内承运库各色纻丝八千二百六十丈，照估长三丈二尺，折得二千五百八十一匹八尺，每匹约银三两，该银七千七百四十三两七钱五分。
　　承运库阔生绢八千七百五十三丈五尺，送织染所染蓝、红二色，每匹长三丈六尺，折二千四百三十一匹一丈九尺。每匹银五钱五分，该银一千三百三十七两三钱三分八厘。近年绢匹不过三丈二尺，折该二千七百三十五匹一丈五尺，以上二项共银九千八十一两零八分八厘。系上、下半年提请一次，上半年兼成造靴袜，下半年无。

召买：

黑真牛皮靴二千双，每双银二钱八分，该银五百六十两。朝鲜陪臣特用麂皮靴，每双价银一两五分。

秋白羊毛毡袜二千双，每双银八分，该银一百六十两。《条例》额数，本廊预领，以备本色、折色之用。如库银足，而关给者少，量行少领。大约朝鲜靴袜用本色，余夷用折色。

青、红、蓝、绿熟细丝线一十八斤，每斤银八钱七分，该银十五两六钱六分。

熨衣木炭四百斤，每百斤银三钱五分，该银一两四钱。

以上四项共银七百三十七两零六分。

赏夷急缺面①红缎②衣。

系预备建州朵颜、泰宁、福余、海西夷人及朝鲜使臣、暹罗国王、陕西土官、吐鲁番哈密卫各差、来夷使、抚按报捷舍人等项赏用，每年终提造。

员领一千二百件，裙褶一千二百件，

贴里一千二百件。

会有：

内承运库各色纻丝三千六百匹，每匹银三两，该银一万零八百两。

承运库里绢三千六百匹，每匹银五钱五分，该银一千九百八十两。

以上二项，如查本库缺乏不多，只各请二千四百匹。按历年事例，急缺之料计在裙，褶为有余，然适可以补年例之不足也。

召买：

青、红、蓝、绿熟细丝线二十四斤八两，照卷估每斤银八钱七分，共该银二十一两三钱一分五厘。

熨衣木炭四百斤，照卷估每百斤银三钱五分，共该银一两四钱。

以上二项共该银二十二两七钱一分五厘。

工食，本廊额设作官、裁缝等五十名，每月各支米八斗，又每日各支口粮八合③。在官成造，凡春秋急缺三项夷衣，俱不另给工食。

---

① 原文系"靣"，应为"面"之异体，今改以合简体文之规范，下文同，不再注。
② 原文系"叚"，应为"段"之异体，今改为"缎"，以合简体文之规范，下文同，不再注。
③ 原文即此，似应为"盒"，更合文意。

附　成造夷衣规则：

员领每百件，用绽丝一百匹，里绢一百匹。

褡襫每百件，用绽丝七十八匹，里绢八十匹。

贴里每百件，用绽丝九十八匹，里绢一百匹。

前件，该本廊监督主事徐，查议成造员领褡襫、贴里等件，于内通融凑合，俱有节省。随时逐项，不必数同，总期毫无冒滥更约。每月不拘寒暑，酌量本库见存段绢，量加裁制。勿致临时仓皇，有误期限。

不等。

散赏各夷近额。查近年本差放赏数目，四十三年三月以后，系现①任徐主事放赏。各随礼部咨文，无定数。

四十年分赏过：

海西夷人

海西夷人工孛罗等，朵颜、泰宁、福余三卫夷人，孩子咬歹、杜乞儿、伯革安耳、只秃兀鲁、思罕②等共一千一百七十四员名。在边报事，加添各赏不等，共金素缎衣八千七百七十五件。

靴袜一千八百双，每双折银三

钱六分，共折银六百四十八两。

甘肃总督舍人王守奇十二名，红素缎衣三十六件。

朝鲜使臣吴百龄、赵廷坚、柳寅吉、赵存性等共一百五十四员名，各赏不等。共金素缎衣四百八十六件，绢衣二百零四件。

黑牛皮靴袜各二百十一双。

麂皮靴袜各九双。

暹罗国王差头目握坤、喇奈③、迈低厘等七十七员名，各赏不等，共金素缎衣一百八十六件。

黑牛皮靴袜各二十九双。

四十一年分赏过：

朵颜等卫夷人可脱④、赤母花力都、冷工木孩、子孛只速、斡抹秃等共五百八十三员名，在边报事，加添不等，共金素缎衣服五千三百六十一件，靴袜各五百七十双，每双折银三钱六分，共折银二百零五两二钱。

陕西巡按舍人江梧等十三名，素绽丝衣三十九件。

---

① 原文系"见"，应为通假，今改为"现"，以合简体文之规范，下文同，不再注。
② 此处系人名，暂断为此。
③ 原文系"柰"，古同"奈"，今改以合简体文之规范，下文同，不再注。
④ 原文系"脫"，应为"脱"之异体，今改为"脱"，以合简体文之规范，下文同，不再注。

朝鲜使臣<u>闵汝</u>、<u>任朱</u>、<u>荣耆</u>①、<u>尹暄</u>等共一百二十二员名，各赏不等，共金素缎衣服四百三十二件，绢衣五十八件。

黑牛皮靴袜各一百九十一双。

麂皮靴袜各六双。

陕西、老挝、车里土官差通事、象奴、<u>曩留</u>②等七名，素纻丝衣六件，绢衣十五套。

黑牛皮靴袜各七双。

四十二年分赏过：

泰宁、朵颜等<u>卫</u>夷人，<u>咬歹兀鲁</u>、<u>思罕</u>、<u>孩子兀</u>、<u>邦失</u>、<u>母花力</u>等共七百五员名，在边报事，加添不等，共金素缎衣六千三百四十五件。靴袜共六百九十一双，每双折银三钱六分，共折银二百四十八两七钱六分。

朝鲜、安南使臣<u>朴弘耆</u>、<u>刘廷质</u>、<u>许筠</u>、<u>闵馨男</u>、<u>郑弘翼</u>、<u>尹颛</u>、<u>沈彦名</u>等，共二百八十四员名。各赏不等，共金素缎衣六百七十二件，绢衣三百零三件，黑牛皮靴袜各三百十一双，麂皮靴袜各四十双。

陕西、吐鲁番夷使<u>马黑</u>、<u>麻剌恨</u>、哈密卫告袭③都督舍人<u>把都字剌</u>等共四十四名，共金素缎衣一百三十二件，黑牛皮靴袜各四十四双。

四十三年正月起至四月只赏过：

建州等<u>卫</u>夷人，<u>努尔</u>④<u>哈赤</u>等共四百九十九员名，各双赏，共织金纻丝衣二千九百九十四件。靴袜各九百九十八双，每双折银三钱六分，共折银三百五十九两二钱八分。

朵颜夷人<u>班吉</u>等一百九十员名，在边报事，加添不等，共金素缎衣二千零六十一件。靴袜各一百九十双，每双折银三钱六分，共折银六十八两四钱。

建州夷人<u>大针</u>等十五名，绢衣十五件。靴袜各十五双，每双折银三钱六分，共折银五两四钱。

朵颜等<u>卫</u>夷人<u>孩子兀</u>、<u>邦失</u>等二百三十四员名补贡，并在边报

---

① 原文系"耂"，古同"耆"，今改以合简体文之规范，下文同，不再注。
② 此二字底"北图珍本"模糊不清，今据"续四库本"补出。
③ 原文系"襲"，今改为"袭"，以合简体文之规范，下文同，不再注。
④ 原文系"奴儿"，今改为"努尔"，以合简体文之规范，下文同，不再注。

事,加添各赏不等,共金素缎衣二千零八十二件。靴袜各二百三十四双,每双折银三钱六分,共折银八十四两二钱四分。

朵颜等卫夷人朵儿只等六员,加添金素缎衣共一十八件。

海西夷人庄台等六百三十六员名补贡,各双赏,金素缎衣三千八百一十六件。靴袜一千二百七十二双,每双折银三钱六分,共折银四百五十七两九钱二分。

朝鲜使臣尹昉等五十三员名,赏不等,共金素缎衣二百二十件,绢衣九十六件,黑牛皮靴袜一百零二双,麂皮靴袜四双。临期料造。

套房① 赏衣。贡房衣数多寡无定,俱准礼部咨文为据。

四十年赏过十五套,每套三件。

会有:

内承运库各色纻丝四十五匹,价值多寡不等。

承运库里绢四十五匹。

召买:

青、红、蓝、绿熟细丝线六两,该银三钱二分六厘二毫五丝。

熨衣木炭十斤,该银三分五厘。

又赏过八十五套零一件,每套三件。

会有:

内承运库各色纻丝二百五十六匹。

承运库里绢二百五十六匹。

召买:

青、红、蓝、绿熟细丝线一十八两,每斤银八钱七分,该银九钱七分八厘七毫五丝。

熨衣木炭十五斤,该银五分二厘五毫。

四十一年赏过八十三套零二件,每套三件。

会有:

内承运库各色纻丝二百五十一匹。

承运库里绢二百五十一匹。

召买:

青、红、蓝、绿熟细丝线二十四两,每斤银八钱七分,该银一两三钱零五厘。

熨衣木炭十五斤,该银五分二厘五毫。

---

① 原文系"虏",今改为"房",以合简体文之规范,下文同,不再注。

四十二年赏过八十五套，每套三件。

会有：

内承运库各色纻丝二百五十五匹。

承运库里绢二百五十五匹。

召买：

青、红、蓝、绿熟细丝线二十四两，每斤银八钱七分，该银一两三钱零五厘。

熨衣木炭十五斤，该银五分二厘五毫。

以上俱招募外匠成造，每套工食银二钱三分。

成造　顺义王衣服。近年顺义王久不贡市，历查旧案，多寡不定。

三十六年分赏过各色纻丝衣一千一百三十六套零一件，每套三件。

会有：

内承运库各色纻丝三千四百零九匹。

承运库里绢三千四百零九匹。

召买：

青、红、蓝、绿熟细丝线三十斤八两，每斤银八钱七分，该银二十六两五钱三分五厘。

熨衣木炭七百斤，每百斤银三

钱五分，该银二两四钱五分。

三十七年分赏过各色纻丝衣一千一百一十八套零一件，每套三件。

会有：

内承运库各色纻丝三千三百五十五匹。

承运库里绢三千三百五十五匹。

召买：

青、红、蓝、绿熟细丝线三十斤八两，每斤银八钱七分，该银二十六两五钱三分五厘。

熨衣木炭七百斤，每斤银三钱五分，该银二两四钱五分。

三十八年分赏过各色纻丝衣一千五十九套零一件，每套三件。

会有：

内承运库各色纻丝三千一百七十八匹。

承运库里绢三千一百七十八匹。

召买：

青、红、蓝、绿熟细丝线三十斤八两，每斤银八钱七分，该银二十六两五钱三分五厘。

熨衣木炭六百斤，每百斤银三

钱五分,该银二两一钱。

以上俱召募外匠成造,每套工食银二钱三分。

前件,顺义王进贡给赏,原无定数,俱准礼部咨文,临期料造。当事者留心节省,提请之数不必拘于成例,裁制之日亦可仿①乎近规也。其合用里绢,如会有熟绢,径发成造。倘熟绢缺少,会系生绢,旧例召染,每匹该染价银六分,于往年实收簿可查。

各夷　赏缎折价。

前件,《条例》开载,夷人折缎,俱系礼部备,将应赏各夷银数,移咨本部批司,案呈札付。本差随于四司库火房领银,照数劈分,包封送赏。每年多寡不定,但凭咨文为准。司册详载,近该本廊徐主事议钦会官一员,共同包封,期于钱粮明白精②妥,宜著为令。

一年一次。

万寿　正旦宴花。文思院成造,系夷人贡贺宴赏应用。

成造:

罗绢花三千枝。

花筒一百五十个。

翠叶绒花一百五十枝,系召买。

会有:

乙字库,

白连七纸四百五十张,每百张银四分五厘,该银二钱二厘。

丁字库,

红铜七斤八两,每斤银八分五厘,该银六钱三分七厘。

四火黄铜二十七斤,每斤银九分四厘,该银二两五钱三分八厘。

广盈库,

红罗六匹,各长三丈二尺,每匹银六钱四分,该银三两八钱四分。

红熟绢六匹,各长三丈二尺,每匹银六钱四分,该银三两八钱四分。

蓝熟绢六匹,各长三丈二尺,每匹银六钱四分,该银三两八钱四分。

以上六项共银一十四两八钱九分七厘。

召买:

松香三十斤,每斤银二分,该银六钱。

铜丝九斤,每斤银二钱一分,该银一两八钱九分。

铜青一斤八两,每斤银六分,

---

① 原文系"做",今改为"仿",以合简体文之规范,下文同,不再注。

② 此字"底本"、"北图珍本"模糊不清,今据"续四库本"补出。

该银九分。

黄腊一斤八两，每斤银一钱二分，该银一钱八分。

红连七纸四百五十张，每百张银五分，该银二钱二分五厘。

炸块三百斤，每百斤银一钱二分七①厘五毫，该银三钱八分二厘。

金箔四十五贴，各见方三寸，每贴银二分八厘，该银一两二钱六分。

翠叶绒花一百五十枝，抹金铜牌脚全，每枝银四分五厘，该银六两七钱五分。

以上八项共银十一两三钱七分七厘。

工食银十二两六分四厘。

前件，据《条例》，工料共银三十八两三钱三分八厘，查得近年不成造，俱改召买。罗绢花估每枝银一分七厘，该银五十一两。翠叶绒花并花筒，照旧估每枝四分五厘，该银六两七钱五分，共用银五十七两七钱五分。照《条例》会值一十九两四钱一分二厘，以后临办相应再行斟酌，毋致糜费。

供用库板箱。马槽厂匠作成造，

红油板箱一千四百六十个，扛索事件全。瓷②坛木架一千二百个，杠索全。黄、红苫毡四十块，见方六尺。

会有：

甲字库，

水胶三百五斤十一两，每斤银一分七厘，该银五两一钱九分六厘。今减五十斤十一两，只用二百五十五斤，该银四两三钱三分五厘。

黄丹十七斤，每斤银三钱七分，该银六钱二分九厘。

明矾二百四十二斤，每斤银一分五厘，该银三两六钱三分。

槐花六十二斤八两，每斤银一分，该银六钱二分五厘。

丁字库，

鱼线胶一百九斤八两，每斤银八分，该银八两七钱六分。

桐油六百七十七斤十四两，每斤银三分六厘，该银二十四两四钱三厘。今减七十七斤，只用六百斤十四两，该银二十一两六钱三分一厘。

白麻四千九百三十一斤，每斤银三分，该银一百四十七两九钱三分。今减二百一十斤，只用四千七百二十一斤，该银一百四十一两六钱三分。

黄栌木八十斤，每斤银二分，

---

① 原文系"士"，此处据上下文应为"七"之别字，今改，下文同，不再注。

② 原文系"磁"，应为"磁"之异体，古同"瓷"，今改以合简体文之规范，下文同，不再注。

该银一两六钱。

苏木四百三十斤,每斤银九分,该银三十八两七钱。内一百五十斤代茜草用。

节慎库,

熟建铁九百十二斤八两,每斤银一分六厘,该银十四两六钱。

今减五十斤八两,只用八百六十二斤,该银十三两七钱九分二厘。

通州抽分竹木局,

松板一千六百三十二块半,照旧卷长六尺五寸,阔一尺二寸,厚三寸,折一千四百六十二块,每块银三钱,该银四百三十八两六钱。

丙字库,

土丝十斤,每斤银四分,该银四钱。

以上十二项该银六百七十四两三钱三分二厘。近年松板、白麻、苏木、鱼胶数项多会无补买,《条例》有无名异、木柴、茜草三项,今娄①主事议裁,革免会讫。

运价银三十一两五钱。按历年实收运价,俱以车数多寡、地里远近算给,不拘定数。

召买:

青皮猫竹一十五根,各长一丈八尺,围九寸,照估三号,每根银八分五厘,该银一两二钱七分五厘。

松木长柴四千四百六十根,各长七尺,围一尺,每根银五分,该银二百二十三两。

烧造土一百二十八公斤十二两,每斤银六厘,该银七钱七分二厘。

矾红土二百三十五斤二两,每斤银五厘,该银一两一钱七分五厘。

秋白羊毛三百四十斤,每斤银九分,该银三十两六钱。今减四十斤,只用三百斤,减银三两六钱,该银二十七两。

木炭三百五十斤,每百斤银三钱五分,该银一两二钱二分五厘。

炸块二千斤,每百斤银一钱二分七厘五毫,该银二两五钱五分。

今减一百斤,只一千九百斤,减银一钱二分七厘五毫,该银二两四钱二分二厘五毫。

以上七项共银二百六十两五钱九分七厘。除羊毛、炸块二项内,减银三两七钱二分七厘五毫,共该召买银二百五十六两八钱六分九厘五毫。

工食银一百五十三两二钱四分。

---

① 原文系"娄",今改为"娄",以合简体文之规范,下文同,不再注。

织染所 蓝靛小粉。此项据该所回文，要将蓝靛木柴量增，小粉量减。今备查，俱照隆庆三年提准例行，不依来文增减。

召买：

蓝靛二万五千三百五斤，每斤银一分八厘，该银四百五十五两四钱九分。

小粉一万八十八斤，每斤银一分一厘，该银一百一十两九钱六分八厘。

炼碱①一万五百斤，每斤银八厘，该银八十四两。

土碱一千四百一十五斤，每斤银五厘，该银七两七分五厘。

木炭一万六千三百三十六斤，每百斤银三钱五分，该银五十七两一钱七分六厘。

木柴二十一万九千八百二十一斤，每万斤银一十五两六钱，该银三百四十二两九钱二分。

以上六项共银一千五十七两六钱三分。历年实报俱同外，仍有石灰系缮工司搬运，数在司册中。

圜丘等坛 厨役净衣

会有：

承运库，

阔生绢二千三百八十五匹三丈一尺五寸，每匹银五钱五分，该银一千三百一十二两三钱，送织染所染蓝。

甲字库，

阔白棉布三千八百七匹三丈六寸，每匹长三丈二尺，每匹银二钱四分，该银九百一十三两九钱一分。内一千二百七十九匹二丈三尺二寸，送织染所染蓝。

丙字库，

绵花六百六十斤，每斤银五分，该银三十三两。

以上三项共银二千二百五十九两二钱一分。

召买：

阔白腰机夏布七百二十九匹，各长三丈二尺，阔一尺六寸，每匹银三钱五分，该银二百五十五两一钱五分。

蓝腰机夏布二百七十六匹，各长三丈二尺，阔一尺六寸，每匹银三钱五分，该银九十六两六钱。

以上二项共银三百五十一两七钱五分。

此系一年四次，总数共该工食银七十

① 原文系"醶"，古同"硷"，今改为"碱"，以合简体文之规范，下文同，不再注。

三两。所议径与整匹绢布，今自造无工食，并裁绵线一项。只给会库运价银五两，于本司杂项实收内，三次出给。

尚宝司 宝绦①。文思院成造。

会有：

丙字库，

上白绵二斤，每斤银五钱八分，该银一两一钱六分。送织染所变染大红。

棉花二百斤，每斤银五分，该银一十两。

丁车库，

麂皮四十张，每张银四钱五分，该银一十八两。

苏木四斤，每斤银九分，该银三钱六分。

以上四项共银二十九两五钱二分。

召买：

黄生丝线一百斤，每斤银五钱，该银五十两。

黄熟细丝线四斤，每斤银八钱七分，该银三两四钱八分。

木炭六百斤，每百斤银三钱五分，该银二两一钱。

以上三项共银五十五两五钱八分。

工食银一十九两六钱五分。

外付营缮司支取纺价银三两四钱五分。

历日黄罗销金袱。照钦天监开会袱数，文思院成造，各年多寡不齐，临时增减。

会有：

承运库，

阔生绢四十三丈四尺六寸，每三丈二尺折一匹，计十三匹一丈八尺六寸，每匹银五钱五分，该银七两四钱三分。送织染所染黄，本司收贮。

黄罗四十三丈四尺六寸，每三丈二尺折一匹，计十三匹一丈八尺六寸，每匹银一两九钱八分，该银二十六两八钱九分。应照王府诰轴、箱袱通用杜罗，每匹可减二钱二分。

以上二项共银三十四两三钱二分。

召买：

金箔九十四贴，各见方三寸，

---

① 原文系"緣"，今改为"绦"，以合简体文之规范，下文同，不再注。

每贴银二分八厘,该银二两六钱三分二厘。

黄熟细丝线一两三钱五分,该银六分。

以上二项共银二两六钱九分二厘。

三年一次。

王府 诰轴、箱袱。文思院成造,红罗销金大、小夹袱,各四千五百条。朱红板箱八十只,扛架绳、铜事件、锁钥、毡套全。

会有:

马槽厂,

短段松木一百六十段,每段银五分五厘,该银八两八钱。

甲字库,

银珠三十二斤,每斤银四钱三分五厘,该银十三两九钱二分。

二珠二十斤,每斤银二钱,该银四两。

苎布二十六匹,每匹银二钱,该银五两二钱。

水胶十斤,每斤银一分七厘,该银一钱七分。

丁字库,

水锡一斤,该银八分。

白麻八十斤,每斤银三分,该银二两四钱。

鱼线胶十二斤,每斤银八分,该银九钱六分。

铁线一斤,该银六分。

桐油八十斤,每斤银三分六厘,该银二两八钱八分。

四火黄铜一百六十斤,每斤银九分四厘,该银十五两四分。

广盈库,

木红平罗一千二百九匹一丈二尺,每匹长三丈二尺,阔一尺八寸,银二两五钱,该银三千二十三两四钱三分七厘。

红细熟绢一千二百四十九匹一丈二尺,每匹长三丈二尺,阔一尺八寸,银八钱五分,该银一千六十一两七钱五分二厘。

山、台、竹木等厂,

杉板一百四块,各长六尺五寸,阔一尺,厚三寸五分,每块银五钱,该银五十二两。

以上十四项共银四千一百九十两六钱九分九厘。

召买:

金箔九千贴,各见方三寸,每贴银二分八厘,该银二百五十二两。

红熟细线十四斤,每斤银八钱七分,该银一十二两一钱八分。

白面四十五斤,每斤银八厘,该银三钱六分。

毡套八十个,每十个重二十八斤,共重二百二十四斤。

白羊毛每斤银九分,该银二十两一钱六分。

广胶二十四斤,每斤银二分五厘,该银六钱。

杉木抬①杠②八十根,各长七尺五寸,径三寸,每根银五分,该银四两。

双连钉八斤,每斤银三分,该银二钱四分。

马蝗钩③六百四十个,共重四十斤,每斤银三分,该银一两二钱。

杂油二十五斤,每斤银二分三厘,该银五钱七分五厘。

木炭一百斤,该银三钱五分。

炸块三百五十斤,每百斤银一钱二分七厘,该银四钱四分四厘五毫。

砂罐五个,各高九寸,径四寸,每个银四分五厘,该银二钱二分五厘。

松香一斤,该银二分。

以上十三项共银二百九十二两三钱五分四厘五毫。

工食银二百三十九两四钱四分七厘。

前件,各项物料每临期遵④节,不拘成例。其平罗一项,近因滥恶不堪,四十二年改用杜罗。已经该廊呈堂,移会巡视衙门另定价值,每匹银一两七钱六分,案存本司。

文举宴花。子、午、卯、酉年。

召买:

翠叶绒花二百枝,花个全,每枝银四分五厘,该银九两。

状元、进士袍服。文思院成造,辰、戌、丑、未年。

会有:

承运库,

阔生绢二百二十丈八尺,领送织染所染蓝。每匹长三丈六尺,阔二尺,折六十一匹一丈二尺,每匹银五钱五分,该银三十三两七钱三分。

召买:

---

① 原文系"擡",今改为"抬",以合简体文之规范,下文同,不再注。
② 原文系"扛",应为通假,据上下文改为"杠",更合文意。
③ 原文系"鉤",今改为"钩",以合简体文之规范,下文同,不再注。
④ 原文系"樽",应为通假,据上下文改为"遵",更合文意。

大红丝罗五丈八尺,照旧卷,每尺银一钱一分,该银六两三钱八分。

黑青线罗一丈二尺,照旧卷,每尺银四分,该银四钱八分。

青苏州绢五尺,照旧卷,每尺银四分,该银二钱。

白苏州绢二丈二尺,照旧卷,每尺银四分,该银八钱八分。

红生绢九尺,照旧卷,每尺银二分,该银一钱八分。

锦绶一副,铜钩全,照估该三钱。

天青水纬罗五十五匹,各长三丈二尺,照旧卷,每匹银一两四钱,该银七十七两。

黑青水纬罗二十二匹,各长三丈二尺,照旧卷,每匹银一两四钱,该银三十两八钱。

红、白、蓝、绿熟细丝线十一两六钱,每斤银八钱七分,该银六钱三分七毫五丝。

木炭一百斤,照旧卷,该银三钱五分。

梁冠一顶,绦簪①全,该银五钱。

乌纱帽一项,展翅全,该银

三钱。

玎珰一副,铜钩全,该银三钱。

木笏一片,该银三分。

革带一条,该银一钱五分。

黑角束带一条,该银二钱五分。

履靴一双,该银四钱。

毡袜②一双,该银二钱。

进士巾一百八十顶,每顶银二钱,该银三十六两。

黑角革带一百五十条,每条银一钱五分,该银二十二两五钱。

木笏一百片,每片银一分,该银一两。

展翅三百副,每副银一分,该银三两。

翠叶绒花七百枝,照旧卷每枝银四分五厘,该银三十一两五钱。

以上二十三项共银二百一十三两三钱三分七毫五丝。

工食银十六两八钱三分。

前件,查四十一年分实收、成造状元、进士、冠服等件,召买前项物料该银二百零六两一钱一分六厘,工食银一十一两三钱零八厘八毫。又添造进士巾、袍带、笏等件,召买物料银九十一两七钱六分,

---

① 原文系"簪",应为通假,据上下文改为"簪",更合文意。
② 原文系"襪",应为"袜"之异体,今改为"袜",以合简体文之规范,下文同,不再注。

工食银四两二钱七分五厘。各件多寡，皆以礼部咨文、国子监手本为据。但每科进士并①无领一巾一带，而绒花又只各一枝，三项相应移文该衙门，照数支给，以光盛典。

武举宴花。辰、戌、丑、未年。
召买：
翠叶绒花三百枝，花筒全，每枝银四分五厘，该银一十三两五钱。查四十一年分实收同。
四年一次。

织染局 板箱。马槽厂成造五百个杠，扛事件全。寅、午、戌年。
会有：
甲字库，
水胶三十一斤四两，每斤银一分七厘，该银五钱三分一厘。
银珠一百三斤十二两，每斤银四钱三分五厘，该银四十五两一钱三分。
二珠七十二斤八两，每斤银二钱，该银一十四两五钱。
苎布一百九匹一丈二尺，每匹银二钱，该银二十一两八钱八分。
硼砂一斤，该银五钱五分。

黄丹七斤，每斤银三分七厘，该银二钱五分九厘。
无名异五斤，每斤银四厘，该银二分。
光粉七斤，每斤银一分，该银七分。

丙字库，
土②丝七斤，每斤银四分，该银二钱八分。
中白丝一斤，该银五钱。

马槽厂，
杉木杠五百根，每根银五分，该银二十五两。
木柴七百斤，每百斤银一钱四分五厘，该银一两一分五厘。

丁字库，
桐油四百斤，每斤银三分六厘，该银一十四两四钱。
二火黄熟铜八百二十七斤，每斤银八分一厘，该银六十六两九钱八分七厘。
鱼线胶四十斤，每斤银八分，该银三两二钱。

---

① 原文系"竝"，古同"并"，今改以合简体文之规范，下文同，不再注。
② 原文系"吐"，应为通假，据上下文改为"土"，更合文意。

湾厂,

杉板四百六十四块,长六尺五寸,阔一尺,厚①三寸五分,每块银五钱,该银二百三十二两。

以上一十六项共银四百二十六两三钱二分二厘。

召买:

黄红细绒四百斤,每斤银七钱,该银二百八十两。

双连钉四十斤,每斤银三分,该银一两二钱。

杂油九十三斤十二两,每斤银二分三厘,该银二两一钱五分六厘二毫五丝。

合焊②锡四斤,每斤银八分,该银三钱二分。

炸块一千五百斤,每百斤银一钱二分七厘五毫,该银一两九钱一分二厘五毫。

化铜大样砂罐二十个,各高九寸,径四寸,每个银四分五厘,该银九钱。

白面一百二十五斤,每斤银八厘,该银一两。

以上七项共该银二百八十七

两四钱八分八厘七毫五丝。

工食银一百八十一两一钱七分。

前件,近时四年一造,查旧例原系五年一次,相应酌议,以复旧规。

御马槽　椿桶双。本厂成造马槽一丈六尺,二十面③。一丈二尺,四百六十面。五尺五寸,四十面。其余椿桶、竹箩等件,俱照旧数。亥、卯、未年。

会有:

甲字库,

黄丹七十斤,每斤银三分七厘,该银二两五钱九分。

水胶四百三十二斤八两,每斤银一分七厘,该银七两三钱五分二厘。

无名异七十斤,每斤银四厘,该银二钱八分。

丙字库,

土丝十八斤,每斤银四分,该银七钱二分。

荒丝十斤,每斤银四钱,该银四两。

---

① 原文系"厚",古同"厚",今改以合简体文之规范,下文同,不再注。
② 原文系"銲",据上下文改为"焊",以合简体文之规范,下文同,不再注。
③ 原文系"面",古同"面",今改以合简体文之规范,下文同,不再注。

丁字库，

桐油一千四百二十斤，每斤银三分六厘，该银五十一两一钱二分。

熟建铁一万三千斤，每斤银一分六厘，该银二百八两。

白圆①藤二百二十五斤，每斤银四分，该银九两。

沥青十斤，每斤银二分五厘，该银二钱五分。

遮②火羊皮四张，每张银七分，该银二钱八分。

竹木局，

笔竹一千七百三十一根，每根银七厘，该银一十二两一钱一分七厘。

猫竹五百三十三根，各长一丈八尺，头径三寸，稍径二寸五分，每根银八分，该银四十二两六钱四分。

水竹软篾一千斤，每斤银一分，该银十两。

松板八十五块，各长一丈六尺，阔一尺二寸五分，厚二寸三分，每块银八钱，该银六十八两。又二千五十三块，各长一丈二尺，阔一尺二寸五分，厚二寸五分，每块银五钱五分，该银一千一百二十九两一钱五分。又二百块，各长五尺五寸，阔一尺一寸，厚二寸五分，每块银一钱五分，该银三十两。

杉板九百八十二块，各长七尺，阔一尺，厚三寸，每块银五钱，该银四百九十一两。

以上十七项共银二千六十六两四钱九分九厘。

召买：

杂油九百四十五斤十两，每斤银二分三厘，该银二十一两七钱四分九厘。

入油红土二千三百四十三斤十二两，每斤银一分，该银二十三两四钱三分。

香油十斤，每斤银二分八厘，该银二钱八分。

柁木三百九十五根，各长一丈五尺，围三尺八寸，每根银二两四分，该银八百五两八钱。

榆木钻椿六段，每段五分，该银三钱。

---

① 原文系"员"，应为通假，据上下文改为"圆"，更合文意。

② 原文系"遮"，古同"遮"，今改以合简体文之规范，下文同，不再注。

檀木把①刨②四百根，各长二尺，径一寸，每根银一分，该银四两。

散木一千一百九十根，各长一丈二尺，围二尺五寸，每根银六钱三分，该银七百四十九两七钱。

树棕一万三千二百斤，每斤银三分五厘，该银四百六十二两。

猪鬃③二百五十二斤，每斤银八分，该银二十两一钱六分。

生铁钻二个，每个重一百斤，照旧卷每百斤银八钱，该银一两六钱。

磁末三百斤，每百斤银一钱二分，该银三钱六分。

木炭二千一百斤，每百斤银三钱五分，该银七两三钱五分。

炸块三万六千斤，每万斤银十二两七钱五分，该银四十五两九钱。

以上十三项共银二千一百四十二两六钱二分九厘。

工食银三百三十五两三钱五分八厘。

前件，近年原会松板、杉板、筀竹、水竹软蔑、桐油、无名异、猫竹七项，俱会无召买。

成造象毡。皮作局成造，计八十条，各长一丈七尺二寸，阔一丈四尺五寸，又盖象蓝布绵被八十床，用表里布十四匹④，各长二丈。巳、酉、丑年。

会有：

甲字库，

粗阔白绵七百匹，每匹长三丈二尺，内三百五十匹送织染所染蓝，每匹银三钱，该银二百一十两。

明矾一千七百斤，每斤银一分五厘，该银二十五两五钱。

丙字库，

绵花二千斤，每斤银五分，该银一百两。

丁字库，

白川线麻一百四十斤，每斤银五分，该银七两。

以上四项共银三百四十二两五钱。

---

① 原文系"靶"，应为通假，据上下文改为"把"，更合文意。
② 原文系"鑤"，古同"刨"，今改以合简体文之规范，下文同，不再注。
③ 原文系"踪"，应为通假，据上下文改为"鬃"，更合文意。
④ 此字原文各本俱不清，据上下文意暂定为"匹"，今改。

召买：

秋白羊毛六千四百斤，每斤银九分，该银五百七十六两。

苏木六千斤，每斤银九分，该银五百四十两。

木柴三万九千零五十八斤，每万斤银十四两五钱，该银五十六两六钱二分四厘一毫。

炼碱一千六百斤，每斤银八厘，该银十二两八钱。

黄、蓝熟细丝线二十斤，每斤银八钱七分，该银十七两四钱。

苇席三十二领，各长六尺，阔四尺，每领银二分五厘，该银八钱。

苇箔三十二块，各长八尺，阔五尺，折得见方十二丈八尺，每丈银八分，该银一两二分四厘。

打毛竹条四十根，各长七尺，每根银一分二厘，该银四钱八分。

弹毛竹弦五十根，每根银二分，该银一两。

铺毡早簾二副，各长一丈八尺，阔一丈六尺，每副银一钱，该银二钱。

洗毡水簾一副，长一丈八尺，阔一丈六尺，该银一钱。

烧汤铁锅一口，径四尺五寸，量给银五钱。

挑水桶一副，担钩全，每只银五分，该银一钱。

淘①锅②把桶四个，每个银二分，该银八分。

以上十四项通共银一千二百零七两一钱一分八厘一毫。

工食银二百一十二两三钱三分五厘二毫。

前件，查得《条例》开载，会有五项，计银一千六百七十二两二钱。召买十五项，计银九百一十三两四钱四分二厘。工食银二百六十四两一钱九分五厘。又付营缮司召买酸浆银四十五两三钱四分二厘三毫六丝，共二千八百九十五两一钱七分九厘三毫六丝。近本差娄主事加意节省，其物料绵布、明矾、绵花、白麻、羊毛、木柴、炼碱等七项，俱各裁减。茜草改用苏木，缮司酸浆银亦不移文支给，俱呈堂议允在卷。今新定工料照《条例》原数，已减银一千一百三十三两二钱二分六厘六丝。

尚宝司　牌绦。文思院成造。

召买：

---

① 原文系"淘"，古同"淘"，今改以合简体文之规范，下文同，不再注。

② 原文系"鍋"，今改为"锅"，以合简体文之规范，下文同，不再注。

茶褐色细熟丝线三十四斤六两,每斤银八钱七分,该银二十九两九钱六厘二毫。

天青色细熟丝线七十三斤,每斤银八钱①七分,该银六十三两五钱一分。

黑青色细熟丝线七十三斤,每斤银八钱七分,该银六十三两五钱一分。

以上三项共银一百五十六两九钱二分六厘二毫。

工食银五十七两五钱。

八年一次。

三生袍服。文思院成造,庚、辰、戊、子年。

会有:

甲字库,

苎布四十一匹,各长三丈,阔二尺,每匹银三钱,该银一十二两三钱。

水花珠五斤,每斤银五钱二分,该银二两六钱。

水银五斤,每斤银七钱三分,该银三两六钱五分。

银珠四斤,每斤银四钱三分五厘,该银一两七钱四分。

二珠四斤,每斤银二钱,该银八钱。

黄②丹六斤,每斤银三分七厘,该银二钱二分二厘。

无名异四斤,每斤银四厘,该银一分六厘。

光粉二斤,每斤银一分,该银二分。

水胶一斤,该银一分七厘。

丁字库,

水锡二斤,每斤银八分,该银一钱六分。

广漆一百十五斤,每斤银五分五厘,该银六两三钱二分五厘。

红熟铜三十四斤,每斤银九分五厘,该银三两二钱三分。

鱼线胶二十斤,每斤银八分,该银一两六钱。

桐油四十六斤,每斤银三分六厘,该银一两六钱五分六厘。

四火黄铜四十五斤,每斤银九分四厘,该银四两二钱三分。

二火黄铜十五斤,每斤银八分一厘,该银一两二钱一分五厘。

---

① 原文系"銀",此处应为"钱"之别字,今据上下文改。以合简体文之规范。
② 原文系"黃",应为"黄"之异体,今改以合简体文之规范,下文同,不再注。

承运库，

阔生绢九匹，每匹银五钱五分，该银四两九钱五分。

广盈库，

红细熟大绢二百三十一匹八尺，每匹银八钱五分，该银一百九十六两五钱六分二厘。

蓝细熟大绢四十八匹二丈八尺，每匹银六钱五分，该银三十一两七钱六分八厘七毫。

玄色杭纱二百四十五匹二丈三尺，每匹银一两，该银二百四十五两七钱一分八厘七毫。

天青杭纱九匹一尺八寸，每匹银一两，该银九两五分六厘二毫。

蓝杭纱六尺六寸，该银二钱六厘二毫。

绿细熟大绢二匹一丈一尺，每尺银六钱七分，该银一两五钱七分三毫。

山、台、竹木等厂，

杉板八十六块，各长六尺五寸，阔一尺，厚三寸五分，每块银五钱，该银四十三两。

以上二十四项共银五百七十

二两六钱一分三厘一毫。

召买：

红生绢一百三十六匹一丈七尺，每匹银七钱二分，该银九十八两三钱二厘五毫。

青生绢三百九十匹二丈，每匹银七钱二分，该银二百八十一两二钱五分。

红绒锦三十四丈七尺，每丈银八钱，该银二十七两七钱六分。

红熟细丝线三十五斤四两，每斤银八钱七分，该银三十两六钱六分七厘五毫。

青熟细丝线三斤八两，每斤银八钱七分，该银三两四分五厘。

蓝熟细丝线十两，该银五钱四分三厘□[1]毫。

天青、黑青细丝线五十三斤，每斤银八钱七分，该银四十六两一钱一分。

五色扣线六斤九两，每两银一钱，该银一十两五钱。

黄细绒三十斤，每斤银七钱，该银二十一两。

串领白绵线四斤，每斤银一钱，该银四钱。

---

① "底本"、"北图珍本"、"续四库本"此字俱遗缺。

熟金漆六十七斤，每斤银二钱四分，该银一十六两八分。

大呈文纸①五百四十张，每百张银二钱四分，该银一两二钱九分六厘。

铁线八斤八两，每斤银六分，该银五钱一分。

生丝线五两，量给银一钱五分。

香油三斤，每斤银二分八厘，该银八分四厘②。

金箔六千二百贴，各见方三寸，每帖银二分八厘，该银一百七十六两四钱。

广胶二十斤，每斤银二分五厘，该银五钱。

福建靛花十斤，每斤银八分，该银八钱。

川碌九斤，每斤银六分，该银五钱四分。

笔管藤③黄十一斤，每斤银三分，该银三钱三分。

杭粉十三斤，每斤银五分，该银六钱三分。

胭脂六百四十个，每百个银五分，该银三钱二分。

乌梅五斤，每斤银二分，该银一钱。

合焊④锡七两，每斤银八分，该银三分五厘。

硼砂十两，每斤银四钱七分，该银二钱九分三厘七毫。

炸块三百斤，每百斤银一钱二分七厘，该银三钱八分一厘。

生挣牛皮三张，每张银四钱，该银一两二钱。

黄铜雀舌、结头事件四十四副，每副量给银一分，该银四钱四分。

水牛角簪⑤三百九十六根，每根银六厘，该银二两三钱七分六厘。

铜丝三斤八两，每斤银二钱，该银七钱。

大红纻⑥丝一匹七尺二寸，每匹银三两五钱，该银四两二钱八分七厘五毫。

① 原文系"紙"，此处应为"纸"之异体，今改以合简体文之规范，下文同，不再注。
② 原文系"分"，应为刻误，此处据上下文改为"厘"。
③ 原文系"滕"，应为通假，据上下文改为"藤"，以合简体文之规范，下文同，不再注。
④ 原文系"焊"，应为"焊"之异体，今改以合简体文之规范，下文同，不再注。
⑤ 原文系"簪"，应为"簪"之异体，今改以合简体文之规范，下文同，不再注。
⑥ 原文系"紵"，应为"纻"之异体，今改以合简体文之规范，下文同，不再注。

红缨宝珠、抹金铜筒各一百九十八副，每副量给银一分，该银三两九钱六分。

纻丝云头履鞋四百八十九双，每双银二钱，该银九十五两八钱。

白布夹袜六百八十七双，每双银一钱五分，该银一百三两五分。

红鞓①角带五百七条，每条银二钱五分，该银一百二十六两七分五厘。

麂皮皂云头抹泥靴一百九十八双，每双银一两五分，该银二百七两九钱。

木炭九百斤，每百斤银三钱五分，该银三两一钱五分。

赤叶子金四两，每两银六两，该银二十四两。

两尖钉六百个，共重二十斤，每斤银三分，该银六钱。

双连钉二十斤，每斤银三分，该银六钱。

椴木二十二根，各长五尺，径三寸，照估长六尺，围一尺，折十六根五分，每根银九分，该银一两四钱八分五厘。

竹竿二十二根，每根量给银一分，该银二钱二分。

直鸡榝②一百三十二副，每副量给银一分，该银一两三钱二分。

杂油九斤，每斤银二分三厘，该银二钱七厘。

白面十一斤，每斤银八厘，该银八分八厘。

石大碌一斤，该银七分。

砂罐十一个，各高九寸，口径四寸，每个银四分五厘，该银四钱九分五厘。

松香八两，该银一分。

以上四十八项共银一千二百九十六两六分一厘九毫。

工食银一百七十两二钱三分八厘六毫。

不等年份。

织染所 年例红花大料。丁、丑、甲、申、庚、寅年提过，约八年上下一次。

会有：

承运库，

细阔生绢一十五万匹，每匹银五钱五分，该银八万二千五百两。

---

① 音同"听"，为"皮革制成的腰带"，下文同，不再注。
② 原系"楉"，据上下文应为"榝"之异体，音同"曼"，为"抹子，泥工用的一种抹墙工具"，今改以合简体文之规范，下文同，不再注。

甲字库，

栀子一千五百斤，每斤银二分，该银三十两。

槐花六千一百二十五斤，每斤银一分，该银六十一两二钱五分。

红花五万三千斤，每斤银一钱二分五厘，该银六千六百二十五两。

乌梅五万三千斤，每斤银二分，该银一千六十两。

明矾二万三千三百七十五斤，每斤银一分五厘，该银三百五十两六钱二分五厘。

绿矾二百五十斤，每斤银四厘，该银一两。

黄丹二千六百二十五斤，每斤银三分七厘，该银九十七两一钱二分五厘。

乙字库，

中夹纸七万五千张，每百张银一钱，该银七十五两。

丁字库，

苏木二万七千六百二十五斤，每斤银九分，该银二千四百八十六两二钱五分。

白麻一千五百斤，每斤银三分，该银四十五两。

本所取用：

蓝靛八万一千五百斤，每斤银一分八厘，该银一千四百六十七两。

小粉四万三千九百六斤，每斤银一分一厘，该银四百八十二两九钱六分六厘。

炼碱四万三千五百九十六斤，每斤银八厘，该银三百四十八两七钱六分八厘。

剥花碱八千二百八十一斤四两，查估无，只有土碱，每斤银五厘，该银四十一两四钱六厘二毫五丝。

猪胰子七万一千五百个，每十个银一分，该银七十一两五钱。

木柴一百二万九千斤，每万斤银一十五两六钱，该银一千六百五两二钱四分。

以上一十七项共银九万七千三百四十八两一钱三分二毫五丝。

召买：

黄柏[1]皮一千五百斤，每斤银一分，该银一十五两。

---

[1] 原文系"栢"，古同"柏"，今改以合简体文之规范，下文同，不再注。

荆叶九千斤，每斤银一厘，该银九两。

以上二项共银二十四两。

外付营缮司，取酒糟八万八百斤，该银五百二十三两二钱五分。

前件，查上次买办前项物料于三十八年闰三月，出给实收，内红花、乌梅、明矾、黄丹、苏木、黄柏皮、荆叶七项皆会无，召买计用银六千八百八十八两六钱五分。事系内库移会有无，难干穷诘，以后相应斟酌提办。

亲王出府马槽。本厂成造木槽二十面，椿二十七根，布槽十面，鞍架、桶只各不等件。

会有：
甲字库，
阔白绵布三十六丈。

湾厂，
杉条木三十六根。

召买：
松板九十块，各长一丈二尺，阔一尺二寸五分，厚二寸五分，每块银五钱五分，该银四十九两五钱。

杉板三十八块，各长七尺，阔一尺，厚三寸，每块银五钱，该银一十九两。

柁大二十七根，各长一丈五尺，围三尺八寸，每根银二两零四分，该银五十五两零八分。

散木六十三根，每根长一丈二尺，围二尺五寸，每根银六钱三分，该银三十九两六钱九分。

树棕一千二百斤，每斤银三分五厘，该银四十二两。

猪鬃①九斤，每斤银八分，该银七钱二分。

猫竹二十八根，各长二丈，围八寸，每根银八分五厘，该银二两三钱八分。

筀竹二百四十根，每根银八厘，该银一两九钱二分。

白圆藤十一斤，每斤银四分，该银四钱四分。

水竹软篾六十斤，每斤银一分，该银六钱。

榆木四根，各长一丈，围三尺，每根银五钱，该银二两。

檀木抽一根，长四尺，围一尺八寸，每根该银二钱五分。

桐油一百斤，每斤银三分六厘，该银三两六钱。

---

① 原文系"踪"，据上下文应为"鬃"之通假，今改以合简体文之规范，下文同，不再注。

杂油三十五斤,每斤银二分三厘,该银八钱零五厘。

入油红土九十斤,每斤银一分,该银九钱。

水胶二十斤,每斤银一分七厘,该银三钱四分。

黄丹二斤八两,每斤银三分七厘,该银九分二厘五毫。

无名异四斤,每斤银四厘,该银一分六厘。

土丝二斤,每斤银四分,该银八分。

荒①丝六两,每斤银四钱,该银一钱五分。

香油六两,每斤银二分八厘,该银一分五毫。

沥青六两,每斤银二分五厘,该银九分三毫六丝。

绵花六两,每斤银五分,该银一分八厘七毫五丝。

熟建铁九百四十斤,每斤银一分六厘,该银一十五两零四分。

大铁锅三口,各口径二尺,每口银二钱,该银六钱。

炸块二千三百五十斤,每百斤银一钱二分七厘五毫,该银二两九

钱九分六厘二毫五丝。

木炭二百四十斤,每百斤银三钱五分,该银八钱四分。

白麻绳二十四丈,共重二十四斤,每斤银二分八厘,该银六钱七分二厘。

以上二十八项共该银二百三十九两七钱五分三毫六丝。

各作成造工食,共该银一十八两三钱二分二厘六毫。

王府　婚礼花朵②五千枝。

召买:

蓝绢叶罗帛花,每枝银一分七厘,该银八十五两。

公主婚礼花朵。召买价值同上。

内阁考满宴花。近年不行。

召买:

翠叶绒花一百枝,花筒全,该银四两五钱。

幸学赐衣。

会有物料一项,　该银四百八

---

① 原文系"荒",应为"荒"之异体,今改以合简体文之规范,下文同,不再注。
② 原文系"朶",古同"朵",今改以合简体文之规范,下文同,不再注。

十两。

召买物料二项,共银五钱五分。

前件,据《条例》开载,大略①如上。近时此典②久未见行。其物料、细数无从查考。

厨役　袍服、帽带。文思院成造。

三山帽一顶。

会有物料五项,共银四分七丝二忽五微。

召买物料七项,共银四分六厘一毫三丝六忽二微。

工食银五分七厘。

绦一副。

召买物料一项,该银二分七厘一毫八丝七忽五微。

工食银九厘五毫。

吕公绦一条。

召买物件一项,该银一钱八厘七毫五丝。

工食银五分七厘。

圆丘坛　青绢夹袍一件。

召买物料五项,共银一两二钱五分四厘三毫七丝二忽六微。

工食银八分口③厘五毫。

单袍一件。

召买物料四项,共银二钱二分九厘八毫一丝二微。

工食银五分七厘。

朝日坛　单袍一件。

会有物料一项,该银六钱二分一厘八毫四丝三忽七微。

召买物料三项,共银七厘九毫六丝六忽五微。

工食银五分七厘。

方泽坛　单袍一件。

会有物料一项,该银六钱二分一厘八毫四丝三忽七微。

召买物料三项,共银七厘九毫六丝七忽五微。

工食银五分七厘。

夕月坛　单袍一件。

召买物料四项,共银六钱二分八厘一毫一丝二微。

---

① 原文系"畧",古同"略",今改以合简体文之规范,下文同,不再注。

② 此句"时"、"典"二字"底本"、"北图珍本"模糊不清,今据"续四库本"补出。

③ 此处原文系"分厘"相连,据上下文意,可能漏缺一字。

工食银五分七厘。

欧阳巾一顶,价银一钱。
黑角红鞓带一条,价银二钱。
以上二项召买。

陪祀武官　祭服。一套计八件。
天青罗袍、白杭生绢中单;
红罗裙、绒锦绶;
蔽藤、白罗单;
蓝绢包袱、玎珰红纱口袋。
会有物料三项,共银二两一钱
一分六厘五丝。
召买物料一十二项,共银二两
九钱七分二毫二丝。
八件共工食银二钱二分八厘。

各坛　神马槽椿。本厂成造。
马槽一面,一丈二尺。
会有物件六项,共银二两五钱
一分八厘八毫二丝六忽一微。
召买物料四项,共银九钱二分
三厘。
二作工食银共三钱六分三厘
五毫。

马槽一面,五尺五寸。

会有物料六项,共银七钱九分
三厘三毫三丝四忽。
召买物料四项,共银八钱九分
四厘。
二作工食银共一钱五分。

马椿一根,栓全。
会有物料五项,共银四分五厘
七毫一丝六忽二微。
召买物料三项,共银一两三分
四厘七丝五忽。
二作工食银共二分九厘。

修造三院女乐　冠顶、衫裙。
前件,水部《备考》开载,恭遇内宫
喜庆,三院女乐例应入侍。所有穿戴、冠
顶、袄①衫、裙等件,该礼部移咨本部札
行。六科廊主事会同礼部司官,查验料
计,酌量多寡,具提备造,未有定数。

修理　织染所
前件,水部《备考》开载,织染所染
造绢匹家伙、什物并库藏晾架等项,遇有
损坏,申请修造。本部委官料计,具提修
理。合用物料,会有者行库支用,会无者
召商买办。行六科廊主事督管,大约每次
料价、工食费银一千五百余两。修理虽无
限期,约以八年为率。

————————

① 原文系"襖",此处改为"袄",以合今简体文之规范,下文同,不再注。

六科廊　条议

一　议备赏、节省、详慎事宜。

查节年年例，急缺与例外提请，赏赐料计段绢额数，各丰[1]啬[2]不同。斟酌近规，各项遵[3]节、定通融、凑合之法，大约每千匹之内，计可省二十余匹。至造完之日，必验其疏密度。其尺寸不如法者，阅衣上所标匠役姓名究治。年终将发裁并减省数目，一一报堂。又查春秋成造，实不宜拘，内除优赏，召募见造。余酌本库所贮[4]，须不避寒暑，逐月备办，以待关给。其本色之靴袜，亦须勿令缺乏。依主客司移文开送，庶工易精密，赏易[5]完足也。此外间有各夷折段银两，本差当奉堂札，于库署逐项包封，动至数百余。分期迫而数繁，合会司官一员，共同包封，要于明白精妥，公[6]事速完而已。

一　议年例会有、召买事宜。

查本差职掌，除赏赍[7]贡夷，其他兼摄[8]督造者，皆系年例定，额载在刊书。然时异势殊，会有物料往往变而为召买。至于松板、水竹之类，今亦称匮，不知金钱，且日增一日，当事者从何能给兹议？凡会有称乏，随为根究，果系真无？仍查他厂局所有，不妨公议，通融取用，而又稍为变通。如松板可用松木，苏木可代茜草，正自不宜胶柱，万不得已然后改召买，以济燃眉。盖省一分之价值，即省一分之库藏也。至召买诸料，临时酌量，主于省约，戒乎逾额，既不蠹国，亦勿病商，要于随时集事，照例修举而已。

都水清吏司　管差主事　臣徐　楠　谨议。
工科给事中　臣何士晋　谨订。

---

① 原文系"豐"，今改为"丰"，以合简体文之规范，下文同，不再注。
② 原文系"嗇"，今改为"啬"，以合简体文之规范，下文同，不再注。
③ 原文系"樽"，应为通假，据上下文改为"遵"，以合简体文之规范，下文同，不再注。
④ 原文系"貯"，今改为"贮"，以合简体文之规范，下文同，不再注。
⑤ 此处据上下文，似为通假，应为"亦"更合文意，暂不改。
⑥ 此处据上下文，似为通假，应为"共"更合文意，暂不改。
⑦ 原文系"賚"，应为"賚"之异体，今改为"赍"，以合简体文之规范，下文同，不再注。
⑧ 原文系"攝"，今改为"摄"，以合简体文之规范，下文同，不再注。

工部厂库须知
卷之十一①

工科给事中　　臣何士晋　纂辑
广东道监察御史　臣李　嵩　订正
都水清吏司郎中　臣胡尔慥　参阅
都水清吏司主事　臣黄景章
都水清吏司主事　臣黄元会　同考
营缮清吏司主事　臣陈应元
虞衡清吏司主事　臣楼一堂
屯田清吏司主事　臣华　颜　同编

器皿厂

都水司注差主事三年，专管造光禄寺每岁上供及太常寺坛庙之器，诸如九陵及婚丧典礼，并各衙门一应器物。或提造，或咨造者，各按例斟酌造办。有造作公署所属，为营缮所注。选所丞一员，匠作十八种，曰木作、竹作、桶作、蒸笼作、卷②胎作、油作、漆作、戗金作、贴金作、染伃、索作、绦作、铜作、锡作、铁作、彩画作、裁缝作、祭器作，年例一应器皿。

一年一次。

光禄寺　成造器皿。

每年提造数，除南京应造外，其本厂应造者，查近年来或六、七千件，或八、九千件，逐项多寡不一，但计总数不得过增。今以万历四十二年成造数目开后，大约每年相似。

万历四十二年成造：

朱红竹丝连二盒，二千七百五十副。架杠全。

朱红竹丝连三盒，六百八十副。架杠全。

朱红膳盒，一百副。架杠全。

---

① 此处原文漏"十一"二字，今补。
② 原文系"捲"，此处改为"卷"，以合今简体文之规范，下文同，不再注。

朱红大膳盒，六百副。架杠全。

戗金膳盒，一百五十副。架杠全。

戗金大膳盒，四百五十副。架杠全。

朱红托盒，一千五百架。架杠全。

朱红大托盒，一百八十架。架杠全。

戗金大托盒，四百七十架。架杠全。

戗金大酒盒，三十副。

朱红酒盒，五百副。

外抬酒盒，盖架杠，各五百条、件。

朱红水沿木桌，二百张。

朱红木水桶，一百零六只。

红油木案，十张。

锡镶水桶，十六只。

朱红木方箱，二十七幢①。

锡镶方箱，三幢。

朱红木箱，四十六个。

蒸笼，十幢。

酱蓬，五十个。

朱红连椅，五十张。

竹箩，四个。

大小祭桌，四十五张。供器全。

黄绢单三销金袱，三千三百条。

以上除黄绢销金袱外，器皿②共八千五百九十七件。照《条例》开载，往年数溢万件，近年数稍减矣。

会有：

甲字库，

水花珠二百四十二斤五两八钱，每斤银五钱二分，该银一百二十五两九钱九分。

银珠八百七十五斤九两一钱五分，每斤银四钱三分五厘，该银三百八十两零八钱二分七厘五毫。

二珠一千零六十二斤十一两一钱一分，每斤银二钱，该银二百一十二两五钱三分七厘五毫。

黄丹八百七十五斤十一两六钱，每斤银三分七厘，该银三十二两四钱零三厘。

水胶一千三百五十九斤五两，每斤银一分七厘，该银二十三两一钱零七厘。

苎布一千六百八十三匹，每匹银二钱，该银三百三十六两六钱。

明矾一千零三十斤二两，每斤

---

① 原文系"撞"，应为通假，据上下文改为"幢"，更合文意。

② 原文缺此字，据上下文意，今补。

银一分五厘,该银十五两四钱五分二厘。

槐花一千零三十斤二两,每斤银一分,该银十两三钱零一厘。

无名异八百八十九斤十两二钱,每斤银四厘,该银三两五钱五分九厘。此项近年会无。

丙字库,

中帛绵十二斤十两八钱八分,每斤银五钱,该银六两三钱二分五厘。

荒丝八十一斤,每斤银四钱,该银三十二两四钱。

丁字库,

苘麻三十三斤八两二钱,每斤银一分六厘,该银五钱三分六厘。

四火黄铜二百二十五斤,每斤银九分四厘,该银二十一两一钱五分。

生漆二千零六十五斤,每斤银六分五厘,该银一百三十四两二钱二分五厘。此项近年免用,不会亦不买。

水锡四百六十四斤,每斤银八分,该银三十七两一钱二分。

鱼胶二百四十斤,每斤银八分,该银十九两二钱。近年会无

召买。

白圆藤五十九斤十二两,每斤银四分,该银二两三钱九分。近年会无召买。

桐油一万八千四百零六斤三两四钱,每斤银三分六厘,该银六百六十二两六钱一分六厘。近年会无召买。

黄真牛皮一张,计十五斤,每斤银八分,该银一两二钱。

节慎库,

熟建铁六十二斤,每斤银一分六厘,该银九钱九分二厘。

户部拨商买办。

小麦九十六石零三分,每石银七钱,该银六十七两二钱二分一厘。

承运库,

黄生绢一千七百三十四匹一丈二尺,每匹银六钱四分,该银一千一百一十两。

黄平罗四十一匹一丈八尺,旧时每匹一两九钱。原价太高,四十二年因铺户承办婚礼,所买粗恶,议减作九钱,该银三十七两四钱四分。

通州抽分竹木局，

松板二千一百二十五块四分三厘，每块合式银二钱二分，该银四百六十七两五钱九分四厘五毫。

竹木、山、台二厂，

软篾一万一千一十四斤零四两，每斤银一分五厘，该银一百六十六两七钱一分三厘。

猫竹一千四百三十九根九厘一毫，每根合式银八分五厘，该银一百二十二两三钱二分二厘七毫三丝五忽。

青松柁木五根七分，每根合式银八钱，该银四两五钱六分。

杉板四千五百八十二块二分五厘，每块合式银五钱，该银二千二百九十一两一钱二分五厘。

松木长柴三百六十八根，每根银三分，该银一十一两零四分。

以上除小麦外，二十八项共银六千二百六十九两七钱二分六厘二毫三丝五忽。近年松板、杉板、软篾、猫竹、青松柁木、松柴、黄平罗、桐油、鱼胶、白圆藤、无名异十一项俱会无召买。

召买：

石灰一万六千一百八十六斤十四两五钱，每百斤银七分，该银一十一两三钱二分八厘一毫。

蓝绵纱七十斤，每斤银一钱，该银七两。

棕毛二百斤，每斤银二分，该银四两。

江米一石，每石银一两，该银一两。

熟金漆一千三百四十五斤十四两，每斤银二钱四分，该银三百二十三两零一分。

箬叶二百斤，每斤银一分，该银二两。

双连钉一百三十斤，每斤银三分，该银三两九钱。

蘑菇钉八千五百个，每千个作三斤，共二十五斤八两，每斤银三分，该银七钱六分五厘。

铁箍[1]倒环一百二十二副，共八百五十四斤，每斤银三分，该银二十五两六钱二分。

铁轴一百副，共重六十斤，每斤银三分，该银一两八钱。呈堂新增连椅用。

铁叶二百张，每张银二分，该银四两。呈堂新增连椅用。

---

① 原文系"箍"，古同"箍"，今改以合简体文之规范，下文同，不再注。

金箔二万七千八百一十五贴四张,每贴银二分八厘,该银七百七十八两八钱三分一厘二毫。

榆木二十九根七分五厘,每根银二钱五分,该银七两四钱三分七厘五毫。

刚①竹一百九十三根,每根银二分,该银三两八钱六分。

黄藤十七斤一两,每斤银三分,该银五钱一分。

木炭一千二百一十六斤,每百斤银三钱五分,该银四两二钱五分六厘。

铁锅每口银二钱。

杂油五十斤十二两,每斤银二分三厘,该银一两一钱六分八厘。

椴木八十根,每根银九分,该银七两二钱。

炼②碱七百二十一斤,每斤银八厘,该银五两七钱六分八厘。

猪胰子七百零一个半,每十个银一分,该银七钱零一厘五毫。

杨木四根,每根银二钱五分,该银一两。

炸块四百五十斤,每百斤一钱二分七厘五毫,该银五钱七分三厘七毫五丝。

广胶一百零五斤,每斤银二分五厘,该银二两六钱三分七厘五毫。

大杉杠九十根,每根银五分,该银四两五钱。

柳杠九千零八十根,每根银一分,该银九十两零八钱。

生丝线十斤零七两,每斤银五钱,该银五两二钱二分七厘五毫。

白呈文纸一百二十张,每百张银一钱二分二厘,该银一钱四分六厘四毫。

以上二十八项共银一千二百九十九两三钱一分六厘零五丝。

工食银二千四百六十八两二钱七分四厘四毫。

前件,物料、工食乃一年估计之数,每年器皿不齐,工料增损亦异。要于此数,不甚增溢至支。放物料在本厂,逐项节缩,通融总算。每千省三百,留作下年。应办之数,查《条例》有会库主添一项,近因库添不堪节省,免会有、召买熟绢线一项,亦免买至炼碱、猪胰子、炸块、铁叶四项,皆《条例》不载,就中斟酌。染作各料既多,则炼碱、猪胰亦可裁省。炸块为铜作用,铁叶为连椅用,新经呈堂加添,所费颇小,相应照新买办。其锡、铁等器,据

① 原文系"剛",今改为"刚",以合简体文之规范,下文同,不再注。

② 原文系"練",为"练"之繁体,此处应为通假,据上下文改为"炼",以合简体文之规范。

《条例》载二十九年提过，送回改造，只给修理工食。如①该寺不将旧器送出，不准另造。近年一概造送，相应改正。

坛庙 修理祭器。
圜丘坛，
成造：
大朝灯二座。传赞架二座。

扛牲匣二副，并杠。品官凳十条。

走牲架十间。倒环桶十只，并杠。

扯水桶四只，并绳。掇桶二个。

长短柄挽子，共十二个。内杠六根。

座灯、路灯帽子，共十七个。并篾扇。

御杖十五对。黄布帐房十间。

铜香靠四个，并匙。　　折铁拐子六把。

水斗十个，并绳。扯账房麻绳五十根。

黄净巾布十匹。蒸笼二副。

荆筐十五个，并绳。黄绒绳三十条。

铁锨十把。大铁勺②二把。

木锨十把。竹箩二个。

环角锁四把。盖燎炉苇席二十领。

簸箕十五个。笤帚③三十把。

竹扫帚十五把。笊篱二十把。

修理：
走牲架六十间。黄蓝布帐房共二十间。

朝灯十座。座灯一百盏。

插灯一百二十盏。锡里牲面四副。

进俎④匣二副，揭补见新。锡里漂牲桶七个。

接桌五张。福桌一张。

案桌二张。馔⑤桌十张。

烧香桌二十张。传赞架二座。

长短柄挽子二十个，内杠十根。

宰牲亭蓝布账房一间。倒环桶二十只。

糊饰：

---

① 此字"底本"、"北图珍本"模糊不清，据"续四库本"补出。
② 原文系"杓"，古同"勺"，今改以合简体文之规范，下文同，不再注。
③ 原文系"苕菷"，今改为"笤帚"，以合简体文之规范，下文同，不再注。
④ 原文系"爼"，古同"俎"，今改以合简体文之规范，下文同，不再注。
⑤ 原文系"饌"，今改为"馔"，以合简体文之规范，下文同，不再注。

神厨宰牲亭

大朝灯十二座。座灯一百盏。插灯二百盏。大望灯一盏。

安卸：

俎棚架一百十间。走牲帐架一百十间。

天门六座护①门月牙闸板。座灯八十盏。

铺设：

圜丘坛三缠②棕③荐

以上应用物料，除铁签等，有定价者开具外，其成造诸料，如会库十二项，召买十四项，诸价俱在前年例物价中。年例所无者，只黄松木，合式价银五钱；连二木，每根合式价银八钱三分，"方泽"以下俱同此。

方泽坛，

成造：

长身锁十把。短身锁二十把。

铁锹十把。铁叉二把。

铁勺二把。铁火钩二把。

辘轳轴辖并绳灌各一副。

各处烧香桌十张。品官凳十条。

长短柄挽子桶各十个。

掇桶十个。扯水桶二只，并绳全。

倒环桶十只，并杠全。荆筐十个，并绳全。

竹箩四个。木锹④十把。

旧桌十张。传赞⑤二座。

井架四座。笾⑥豆匣六副。

修理：

插凳、眼凳添补。座灯四十盏。

锡里漂牲桶四个，滴补。

篾丝灯扇，内有损坏，添补油饰。

锡里大小牲匣共六副，滴补。

黄布帐房一百间，年深，内有损坏，不堪修整。

蓝布帐房五间，修整。

内外各天门、护门、闸板。内

---

① 原文系"護"，今改为"护"，以合简体文之规范，下文同，不再注。
② 原文系"纏"，古同"缠"，今改为"缠"，以合简体文之规范，下文同，不再注。
③ 原文系"椶"，古同"棕"，今改以合简体文之规范，下文同，不再注。
④ 原文系"鍁"，今改为"锹"，以合简体文之规范，下文同，不再注。
⑤ 原文系"贊"，今改为"赞"，以合简体文之规范，下文同，不再注。
⑥ 原文系"籩"，今改为"笾"，以合简体文之规范，下文同，不再注。

有损坏,抽添修整油饰。

糊饰:

神库　　　　　神厨

宰牲亭　　　　大朝灯十四座。

座灯八十盏。插灯一百八十盏。

安卸:

内外五天门、护门、月牙闸板。

进牲账房一百间。俎棚一间。

大朝灯十四座。座灯八十盏。

插灯一百八十盏。应用物价

前同。

朝日坛①,

成造:

掇桶六个。长柄挽子八个。

扯水桶一个,并绳。杠绳二

十条。

黄净巾布五匹。接水桶一个。

倒环桶六个。

修理:

大朝灯八座。插灯六十盏。

眼凳十条。账房十三间。

三牲匣一副。烧香桌十张。

水桶、把桶各六个。漂牲大桶

三个。

倒环桶六个。

糊饰:

大朝灯八座。座灯六十盏。

插灯六十盏。遣官房五间。

应用物价前同。

月夕坛②,

成造:

大朝灯二座。走牲账房价

六间。

黄净巾布五匹。倒环桶八只,

并杠。

长短柄挽子各二十个。

掇桶二个。扯水桶一只,

并绳。

荆筐二十个,并绳杠。铁锨

十把。

木锨十把。竹扫帚十把。

笤帚二十把。刷帚二十把。

�篱十把。铁勺二把。

扯月牙板麻绳五十条。

提梁大炉一个。扯账房麻绳

二十条。

扯水柳斗五个,并绳。苇席二

十领。

① 今一般称为"日坛"。

② 原文如此,即"夕月坛",今一般称为"月坛"。

修理：

神牌桌、孔桌、祝桌、案桌、烧香桌共三十五张，修理油饰。

朝灯四座，修理油饰。

座灯四十盏，修理油饰。

插灯八十盏，修理油饰。

锡里三牲匣二副，滴补，油饰。

漂牲锡里大桶三个，添锡另镶。酒壶四把，滴补。

倒环桶八只。

扛牲匣二副，修理油饰。

传赞架二副，并梯。馔盘八个。

黄布帐房六间。蓝布帐房三间。

糊饰：

大朝灯八座。座灯四十盏。

插灯八十盏。遣官房五间。

神库、神厨、宰牲亭、灯库共十五间。

安卸：

东、北天门二座。走牲账房架十一间。

大朝灯等项。应用物价前同。

先农坛，

成造：

烧香桌十五张。御杖十对。

倒环桶十只。掇桶八只。

长柄挽子四个。

修理：

座灯二十盏。插灯二十盏。

水桶二十只。把桶十个。

掇桶七个。礼官凳十条。

糊饰：

路灯五十檠。座灯二十盏。

新旧仓房六间。太岁殿五间。应用物价前同。

帝王庙 春季

成造：

净巾黄布三匹。扯水罐①四个，并绳。

荆筐、柳杠、麻绳、簸箕、笤帚、扫帚、刷帚、笮篱各十件。

朝灯四座。

帐房五间，并布。馔盘九个。

帛匣九个。香盒二十副。

品官凳十二条。公座十五张。

倒环桶十个。长短柄挽子

---

① 原文系"灌"，应为通假，据上下文改为"罐"，以合简体文之规范，下文同，不再注。

十个。

烧香桌十二张。路灯扇二百五十斤。

修理：

路灯八十盏。纱方灯三十二盏。

三牲匣二副。二牲匣二副。

笾①豆匣四副。东、西两庑香案四张。

倒环桶十个。长短柄挽子十个。

糊饰：

正殿两庑。神库、神厨、宰牲亭槅。

路灯八十盏。纱方灯三十二盏。

朝灯四座，并安卸。应用物价前同。

前件，六坛庙修理祭器，每年原无定数。上所胪②列，系《条例》中开载，大略旧时以此为准。工料繁多，故有一坛费银二百四十余两者。约一岁，六处费九百余两，诚为过滥。近年加意节省，除五年大修临时酌议外，其小修年分，该坛庙虽多滥开，该厂亲勘严查，酌量修理。其工料多不过五、六十两，少只二、三十两，亦临期估算，不能预定。然视《条例》所载，已减大半，岁省费几百金矣。其合用物料，如朱丹、胶布等项，旧皆会库。今即在本厂节省内支用免会，其杉松板、竹篾、灰藤、绳杠及净巾布、纸张、箕帚等项则照旧召买，倘遇圣驾亲临郊祀，一应修造，临时另议，不拘此例。

太常寺 紫杉祝板。每年成造。

召买：

紫杉大板四块，每块银五钱，该银二两。

工食银六两六钱。

光禄寺 榨③酒绢袋八百条。每年成造。

会有：

承运库，

黄生绢八十七匹一丈六尺，每匹银五钱五分，该银四十八两零九分。

召买：

---

① 原文系"籩"，应为"籩"之异体，今改为"笾"，以合今简体文之规范，下文同，不再注。

② 原文系"臚"，今改为"胪"，以合简体文之规范，下文同，不再注。

③ 原文系"醡"，古同"榨"，今改以合简体文之规范，下文同，不再注。

黄生丝线十二两，每斤银五钱，该银三钱七分五厘。

工食银一两九钱三分二厘。

册封方木柜二十五个。铁事件、钥匙、杠架全。

会有：

甲字库，

银珠二斤六两，该银一两零五分八厘一毫二丝五忽。

二珠二斤一两二钱五分，该银四钱一分五厘六毫二丝五忽。

黄丹一斤十三两七钱五分，该银八分一厘五毫三丝。

水胶三斤二两七钱五分，该银五分八厘七毫五丝。

苎布十八丈，计五匹二丈，该银一两一钱五分。

以上五项共银二两七钱六分五厘三丝。

召买：

杉板三十二块五分，该银十六两六钱二分五厘。

松板十八块零五厘五毫，该银三两九钱七分二厘一毫。

杉杠二十五根，该银一两二钱

五分。

蘑菇钉二千五百个，该银二钱五分。

铁锁二十五把，该银五钱。

双连钉一斤一两五钱，该银三分二厘七毫五丝。

鱼胶一斤一两五钱，该银八分七厘五毫。

铁叶七十五张，该银一两五钱。

石灰三十二斤十三两，该银二分二厘九毫五丝。

以上九项共银二十四两二钱四分零三毫。

工食每个一钱七分，共该银四两二钱五分。

前件，查得本部印信、文册会估数内，每个木柜工价银三钱二分三厘。每年光禄办造木柜，俱照此价。其各差木柜，旧因造办不多，裁减如前。近年造柜岁至数百个，木作屡请苦累。合无将木作下量加工食，该厂相应呈堂酌议。

装夷彩①缎②木柜。每年多寡不定，近造更多。有一处八十个、一百个者。

---

① 原文系"綵"，今改为"彩"，以合简体文之规范，下文同，不再注。

② 原文系"叚"，应为通假，据上下文改为"缎"，以合简体文之规范。

武官诰命木柜二个。

顺义王衣物木柜。每年亦多寡不等。

颁给朝鲜历①日木柜一个。

以上四项木柜工料同上,各加毡套,每毡一斤,价银八分。

香帛龙亭并香帛匣②销金袱及道士夏衣。子、午、卯、酉年遣祭用。

会有:

甲字库,

银珠八两,每斤银四钱三分,该银二钱一分七厘。

二珠三斤,每斤银二钱,该银六钱。

苎布三匹,每匹银二钱,该银六钱。

鱼胶五斤,每斤银八分,该银四钱。

水胶三斤,该银五分一厘。

无名异五斤,该银二分。

靛花八斤,每斤银八分,该银四分。

丁字库,

桐油二斤,每斤银三分六厘,

该银七分二厘。

广盈库,

黄平罗一十五匹二丈,每匹长三丈二尺,银一两九钱八分,该银三十两九钱三分。如会无召买,应照新价。每匹银九钱。

黄熟大绢一十五匹二丈,每匹长同上,银六钱四分,该银一十两。

竹木等厂,

杉木二十五块,各长六尺五寸,阔一尺,厚三寸,每块银五钱,该银一十二两五钱。

松板五块,各长六尺五寸,阔八寸,厚二寸五分,每块银二钱二分,该银一两一钱。

以上十二项共银五十六两五钱三分。

召买:

椴木二段,各长八尺,围二尺四寸,每段银二钱五分,该银五钱。

双连钉二斤,每斤银三分,该银六分。

---

① 原文系"曆",今改为"历",以合简体文之规范,下文同,不再注。

② "底本"、"北图珍本"模糊不清,今据"续四库本"补出。

金箔一百八十贴，每贴见方三寸，每帖银二分八厘，该银五两四钱。

大碌一斤，该银七分。

漆黄一斤，该银三分。

漆碌一斤，该银七分。

青腰机夏布二十二匹二丈六尺，每匹银三钱五分，该银七两九钱七分。

蓝腰机夏布二十四三丈，每匹银三钱五分，该银七两三钱一分。

青、黄、蓝熟丝线十二两，每斤银八钱，该银六钱五分二厘。

定粉一斤，该银五分。

以上十项共银二十一两七钱五分二厘。

工食银三十两三钱六分。

前件，查得近年除匣衣照旧制办外，其龙亭只量行修理。工料节缩，亦在该厂临时查核遵节。

三年一次。

翰林院教习、庶吉士桌帏、坐褥等家伙一份①。辰、戌、丑、未年。

会有：

丁字库，

水锡一百二十二斤，每斤银八

分，该银九两七钱六分。

乙字库，

连七纸三十张，每百张银四分，该银一分二厘。

广盈库，

红纱十三匹二丈一尺八寸，每匹长三丈二尺，银一两六钱，该银二十一两八钱九分。

青细绵布八匹一丈六尺五寸，每匹银长三丈二尺，银三钱三分五厘，该银二两八钱四分八厘。

以上四项共银三十四两五钱一分。

召买：

红毡十一条，各长六尺，阔四尺，每条银六钱，该银六两六钱。

红缎十九匹二丈三尺，每匹长三丈二尺，照红纻丝估银一两八钱，该银三十五两四钱八分。

青缎四匹二尺三寸，每匹长同，银一两八钱，该银七两三钱二分。

弹熟绵花三十七斤，每斤银七分，该银二两五钱九分。

① 原文系"分"，应为通假，据上下文改为"份"，以合今简体文之规范，下文同，不再注。

凉席十九领，每领银一钱，该银一两九钱。

青熟丝线八两，该银四钱三分五厘。

托盘二个，量给银二钱。

瓷①茶盅②二十个，该银二钱。

铜茶匙二十张，该银一钱。

瓷酒盅二十个，该银二钱。

酒托二十个，该银一钱。

饭碗二十个，该银二钱。

汤碗二十个，该银三钱。

瓷碟八十个，该银四钱。

水缸四口，该银六钱。

乌木筋二十双，该银二钱四分。

大竹帘一百八副，每副银五钱，该银五十四两。

小竹帘三十副，每副银一钱四分，该银四两三钱。

铁帘钩擢共重一百六十五斤，该银四两九钱五分。

蓝绵纱钩绳五斤，该银五钱。

松香十四两，该银一分七厘。

木柴一百斤，该银一钱四分五厘。

以上二十二项共银一百二十

两六钱七分七厘。

工食共银七两三钱二分五厘。

前件，查得历年馆选人数，多寡不等，器用增减亦异，要难拘定。又查竹帘一项，《条例》载大帘银五钱，小帘银一钱四分。今据铺户称价亏赔累，及访时值，前价委果不足，下次相应议增，以便置办。

兵部　贴黄家伙。辰、戌、丑、未年。

会有：

丁字库，

水锡三十一斤，每斤银八分，该银二两四钱八分。

广盈库，

红熟大绢十二丈，每匹长三丈二尺，银七钱二分，该银二两七钱。

青布七丈五尺六寸，每匹长三丈二尺，银三钱三分五厘，该银七钱九分。

以上二项共银五两九钱七分。

召买：

---

① 原文系"磁"，据上下文应为通假，今改为"瓷"，以合简体文之规范，下文同，不再注。

② 原文系"锺"，据上下文应为通假，今改为"盅"，以合简体文之规范，下文同，不再注。

瓷碟十个,该银五分。

瓷瓶十个,该银一钱。

瓷碗十个,该银一钱。

乌木筋十双,该银一钱一分。

茶匙十张,该银五分。

凉席二领,该银二钱。

水缸二口,该银二钱。

大铁锅二口,该银四钱。

小铁锅二口,该银八分。

铁盆四个,该银二钱。

通条、炉条,共八斤,该银二钱四分。

青缎三丈三尺,该银一两八钱五分。

棉花六斤,该银三钱。

青、红熟丝线二两,该银一钱零八厘。

以上十四项共银三两九钱八分八厘。

工食银一两八钱二分四厘。

不等年分。

亲王 婚礼红器。一分远年,无可考,今据四十二年光禄寺提办。

瑞王婚礼盘、盒、箱、笼共一千二百七十五担、件。销金罗绢夹单袄、茶袋共一千一百八十二条、件。葵花袍、抹金带、丝绳、杉杠、牵羊皮笼头共二千一百一十五条、件。贴金铜钱大、小三千六百八十个。

会有物料六项,共银一百四十一两一钱零八厘。

召卖物料四十五项,共银一千二百三十七两五钱六分七厘三毫。内有竹木等八项不召买,动支本厂节省内料,计四百五十两四钱五分二厘一毫。实办三十七项,计银七百八十七两一钱一分五厘二毫。

工食①。

前件,凭光禄提数造办,虽往年容有多寡不等,大约仿佛②此数。故载此为例,以备③参订。其物料细数,亦临时酌估无定,故不备录。今只照堂呈,实收簿内。实用过总数,开具如上。

王妃、公主坟④所祭器一份。

会有物料二十五项,共银一百零七两一钱六分九厘四毫。

---

① 原文如此。
② 原文系"彷彿",古同"仿佛",今改以合简体文之规范,下文同,不再注。
③ 原文系"俻",古同"備",今改为"备",以合简体文之规范,下文同,不再注。
④ 原文系"墳",今改为"坟",以合简体文之规范,下文同,不再注。

召买物料十九项,共银一十二两二钱九分四厘三毫。

工食银共二十五两八钱一分。

运夫工食银二两四钱一分五厘。

嫔妃坟所祭器一份。

会有物料十八项,共银三十三两四钱三分三厘。

召买物料十五项,共银五两一钱零二厘。

工食银共二十四两三钱二分。

运夫工食银二两一钱二分九厘。

前件,坟所祭器,据《条例》开载,大略如此。原无细数。录此备考。

长陵等陵,并恭仁、恭让十一陵寝。

太庙,

社稷坛,

奉先殿,

神灵殿,

文庙。以上十六处,修理祭器,原无定时,亦无定额。各该衙门提请后,据该厂查估,堂呈数目,删酌提请。其各色祭器、名色,有该厂文册存照。

亲王之国木柜。

物料、工食与各木柜同。

王府　印匣,袱褥、绦、锁全。

会有物料十四项,共银三两六钱六分七厘八毫一丝八忽六微①。

召买物料十七项,共银三两二钱七分八厘四毫三丝六忽四微。

工食银八钱四分九厘。

前件,查四十二年成造,召买物料二十二项,共银四两五钱九分五厘。本厂放支物料六项,该银一两零,原数已裁减。

驸马　诰命匣　袱、绦、锁全。

会有物料三项,共银一两零五分。

召买物料四项,共银一两二钱四分。

工食银共六钱八分四厘。

换给番僧敕匣。

会有物料十三项,共银一两四钱六分三厘九毫八丝九忽五微。

召买物料十项,共银一两零九分一厘九毫四丝三忽三微。

工食银三钱五分五厘。

---

① 原文系"微",应为"微"之异体,以合简体文之规范,下文同,不再注。

修理表亭。

会有物料八项，共银二十四两五钱六分四厘。

召买物料十三项，共银五两九钱五分六厘。

召①工食银八两六钱六分四厘。

国子监 红毡。

召买每条银六钱。

太常寺 盛贮香帛红柜。

会有物料十三项，共银一两五钱四分七厘六毫八丝七忽。

召买物料六项，共银一钱七厘五毫一丝二忽。

工食银二钱一分六厘。

牺牲所 成造香案、御杖、锦袱、器皿等件。

会有物料十八项，共银一百八十三两一钱七分四厘。

召买物料二十项，共银九十四两九钱九分四厘。

工食银六十六两三钱四分。

詹事府 桌帏等家伙。近年亦

久不成造，无工料细数可查，临时酌估。

吏部三堂 桌帏等家伙。近亦年久不成造。

成造各器额则。每器开一副为率。

朱红竹丝连二盒一副。

物料十九项，共银三钱七分九厘一毫七忽。

工食三作，共银一钱八分二厘。

朱红竹丝连三盒一副。

物料十七项，共银四钱五分三厘六毫五丝。

工食三作，共银二钱四分八厘。

朱红膳盒一副。

物料十九项，共银六钱九分六厘六毫九丝。

工食四作，共银一钱九分七厘。

朱红大膳盒一副。照前倍估，临时裁节。

---

① 原文如此，该字疑为刻误，删去亦通。

戗金膳盒一副。

物料二十三项，共银一两零四分八厘一毫九丝。

工食五作，共银三钱四分七厘。

戗金大膳盒一副。视上件倍估，临时裁节。

朱红托盒一副。

物料十三项，共银四钱七分四厘。

工食二作，共银一钱零八厘。

朱红大托盒一副。照前倍估，临时裁节。

戗金托盒一副。

物料十七项，共银七钱零二厘一毫。

工食三作，共银二钱四分八厘。

戗金大托盒一副。照前倍估，临时裁节。

朱红抬酒膳盒一副。

物料十六项，共银六钱一分八厘五毫。

工食四作，共银一钱九分七厘。

戗金抬酒膳盒一副。

物料二十项，共银八钱六分九厘零二丝。

工食五作，共银三钱四分七厘。

圆板盒一副。计八层。

物料十三项，共银一两六钱五分五厘九毫。

工食三作，共银二钱二分三厘。

朱红竹丝茶饭盒一副。

物料十七项，共银三钱四分七厘九毫。

工食三作，共银一钱八分二厘。

朱红丝竹大单盒一副。

物料十七项，共银三钱三分四厘一毫。

工食三作，共银一钱二分六厘。

朱红锡镶木水桶一个。并盖、杠、铁环全。

物料十四项,共银一两七钱四分九厘四毫六丝一忽八微七纤五尘①。

工食三作,共银一钱零五厘。

朱红锡镶木方箱一幢。并细麻绳、杠全。

物料十六项,共银八两六钱五分七厘七毫。

工食四作,共银五钱三分三厘。

朱红木箱一个。

物料十四项,共银一两零七分九厘四毫一丝九忽。

工食四作,共银三钱二分三厘。

朱红水沿木桌一张。锡汤鼓二个全。

物料十五项,共银一两八钱四分一厘八毫。

工食三作,共银三钱三分六厘。

油红杉木案桌一张。

物料十七项,共银二两零三分

三厘五毫三丝六忽二微五纤。

工食二作,共银二钱五分七厘。

大连椅一张。

物料十项,共银七钱五分二厘二毫一丝二忽一微二纤五尘。

工食二作,共银一钱三分。

板凳一条。

物料八项,共银二钱九分三厘五毫四丝三忽三微七纤五尘。

工食二作,共银四分二厘八毫。

油红大蒸笼一副。

物料五项,共银六钱三分九厘四毫九丝三忽七微五纤。

工食三作,共银二钱五分八厘。

油红中蒸笼一副。

物料五项,共银四钱八分一厘二毫二丝。

工食三作,共银二钱零二厘。

油红小蒸笼一副。

---

① 原文系"塵",今改为"尘",以合简体文之规范,下文同,不再注。

物料五项,共银三钱八分七厘八毫二丝一忽八微七纤五尘。

工食三作,共银一钱一分八厘。

抬酒大竹笭一个。

物料九项,共银三钱零七厘五毫七丝九忽四微。

工食二作,共银九分四厘七毫。

竹叶棕大酱篷一个。

物料九项,共银四钱一分二厘五毫三丝一忽二微五纤。

工食二作,共银一钱一分六厘。

竹丝双酒络一副。

物料十二项,共银一钱二分三厘一毫六丝一忽九微一纤。

工食二作,共银六分。

大祭桌盖替并销金黄罗夹袱、黄绢销金油袱并铜事件全。

物料二十四项,共银十五两七钱六分一厘七毫四丝四忽一微二

纤五尘。

工食四作,共银二两四钱三分八厘一毫。

小祭桌盖替并销金黄罗夹袱、黄绢销金油单袱并铜事件全。

物料二十四项,共银十一两九钱五分五厘一毫六丝九忽一微二纤五尘。

工食四作,共银一两三钱九分八厘六毫。

大、小祭桌共四十五张。上案放碟①、壶、盏、把钟、灯笼、手照、御杖、合漏、板凳、盆、桶等项,大小共二千五百一十七件。

物料三十一项,共银一百三十五两九钱三分五厘七毫五丝。

工食银三十两四钱八分一厘八毫。

戗金大马盆一个。

物料十三项,共银一两二钱三分三厘七毫。

工食三作,共银三钱一分六厘。

① 原文系"楪",古同"碟",今改以合简体文之规范,下文同,不再注。

油红马桌一张。

物料八项,共银一两四钱三分三厘二毫三丝六忽二微五纤。

工食二作,共银三钱七分。

朱红茶架一架。

物料八项,共银二钱九分九厘四毫九丝五微七纤五尘。

工食二作,共银八分四厘。

糜案一座。

物料十项,共银五两一钱五分六厘四毫五丝四微一纤。

工食二作,共银一两七钱九分。

长春苦酒糜案一座。

物料十四项,共银五十五两五钱七分一厘。

工食银三两三钱四分一厘五毫。

锡镶养牲匣一副。

物料十七项,共银九两九钱零五厘八毫九忽。

工食三作,共银三钱二分三厘。

锡镶三牲匣一副。

物料十八项,共银十一两八钱八分一毫三丝九忽三微。

工食三作,共银一两零四分六厘。

红熟铜行灶一座。底练索全。

物料五项,共银四两七钱八分五厘六毫八丝。

工食一作,银三钱。

铁大浅锅一口。

物料十九项,共银十三两一钱二分六厘。

工食一作,银一两五钱五分。

煮①豆②大铁锅一口。径五尺五寸。

物料十六项,共银七十两零七钱二分一厘二毫。

工食一作,银八两二钱六分。

煮酱黄大铁锅一口。径五尺,深四尺,接口全。

物料十六项,共银四十七两八

---

① 原文系"煑",古同"煮",今改以合简体文之规范,下文同,不再注。
② 原文系"荳",古同"豆",今改以合简体文之规范,下文同,不再注。

钱七分四厘八毫。

工食一作,银八两二钱六分。

生铜退牲中接口锅一口。径五尺,深三尺五寸,铁条攀灶门全。

物料十三项,共银一百六十五两八钱四分二厘。

工食一作,银五两七钱。

生铁拖炉一副。阔二尺六寸。

物料七项,共银五两七钱三分四厘。

工食一作,银五两四钱。

铜铫一把。

物料三项,共银三钱四分九厘二毫八丝二忽五微。

工食一作,银九分。

锡顶罐一个。替盖攀全。

物料四项,共银七钱二分六厘一毫。

工食一作,银四分七厘。

锡茶壶一把。

物料四项,共银二钱四分三厘一毫。

工食一作,银五分。

锡粉盘一面。

物料四项,共银六钱四分四厘四毫六丝。

工食一作,银四分七厘。

锡大荡①酒壶一把。

物料四项,共银五钱六分四厘三毫六丝。

工食一作,银五分。

锡酒壶一把。

物料六项,共银二钱四分六厘八毫四丝七忽。

工食一作,银二分八厘。

锡大汁壶瓶一把。

物料四项,共银七钱二分六厘一毫。

工食一作,银五分。

戗金大膳桌一张。

物料十三项,共银十五两一钱五分七厘一毫六丝五忽。

工食三作,共银三两九钱六分。

戗金小膳桌一张。

物料十三项,共银七两零一分八厘二毫四丝九忽。

工食三作,共银七钱四分。

戗金果菜碟二十四个,汤碗三套。

物料十一项,共银一两二钱一分四厘四毫四丝一忽七微。

工食三作,共银①。

戗金顶盘一面。

物料十八项,共银一两一钱零四厘九毫六丝二忽四微。

工食五作,共银八分八厘。

膳厨房一座。

物料三十五项,共银二百五十六两三钱零七厘四毫五丝。

工食七作,共银四十七两八钱六分八厘。

九龙膳亭一座。

物料三十一项,共银六十二两八钱二分八厘一毫。

工食八作,共银十六两四钱五分四厘。

百味亭一座。

物料四十三项,共银六十七两三钱六分四厘五毫八丝五忽。

工食八作,共银十两零一钱二分。

装盛瓷器样箱一个。事件、锁、钥等俱全。

物料二十六项,共银二两七钱七分四厘一毫二丝。

工食四作,共银八钱七分。

回青木柜一个。

物料十四项,共银一两一钱三分七厘六毫。

工食四作,共银二钱零二厘。

黄生绢染一匹。

物料银四分四厘三毫一丝。

工食银五分。

黄绢销金三幅袱一条。

物料四项,共银一钱六分一厘六毫七丝五忽。

工食一作,银三分。

---

① 原文如此,后应有银两数,但"底本"、"北图珍本"、"续四库本"俱无,应为遗缺。

葵花袍一件。

物料七项,共银一两二钱二分二厘八毫四丝。

工食二作,共银七分。

抹金铜带一条。

物料二十五项,共银四钱七分零二毫。

工食二作,共银九分。

鹿笼一座。

物料一①三项,共银三两五钱四分一厘一毫。

工食三作,共银三钱六分。

大铜锅一口。径二尺八寸。

物料十三项,共银四十六两三钱一分七厘。近年不造,姑存之。工料似尚可裁。

工食一作,银一两四钱二分五厘。

浇花板。

物料一项,该银一两八钱。

工食银三两九钱。

笾豆龙袱条。

物料六项,共银六钱九分六毫。

工食二作,共银一分八厘。

陵坛油龙袱一条。

物料三项,共银二钱四分八毫五丝。

工食二作,共银三分四厘。

太庙羊角灯。

召买每盏该银六钱六分。

以上各器,查《条例》所载,红器名色只此。各项只开一副为例。遇修若干照一副规则增减物料。其各料细数,款②目繁多,难以刊刻。该厂有印信、文册存照。

---

① 此处"底本"、"北图珍本"、"续四库本"俱如此,据上下文,疑缺"十"字。
② 原文系"欵",古同"款",今改以合简体文之规范,下文同,不再注。

器皿厂 条议:

一 议核会料,以苏①买办。

《条例》开载,本厂应用物料,俱会于十库、竹木局、山台等厂,此外召买无几,甚称简便。近数十年移会各库局,惟朱丹、水胶、明矾、槐花、苎布、荒丝、生绢、铜、锡十二项回称会有,余如桐油、鱼胶、松杉板、篾竹、青松柁木等一概会无矣,因致岁费帑金千百两。不知昔何以有? 今何以无? 本厂职只监造,权不他与。本司相应移文各库局,严查有无,务令实报,毋②得朦眬回复。庶乎会一项,省一项买办之费耳。

一 议严办纳,以清预支。

京师各物充牣③。而本厂所需物料又最④易办,乃烦终岁比追。则以近日铺商,名虽为商,实窭⑤人、白棍耳。不得预支,且诿于无米之炊。既得预支,又视为下

咽之物。于是官之需料,急于星火,而彼之缓办,玩若儿戏。虽鞭笞不免频用,而预支未能速清。今后本厂铺商,如领预支,合无禀白本厂。将领、出领当堂封贮,一柜仍寄小库,责成本司库吏防守。陆续支发、已发者,限商作速办纳,然后如前再发。其未尽者,留贮在柜,如此则商不至久逋⑥,官不烦严比。即遇交代,亦得以已纳之料、未支之银,明白盘算,不至为后人口实矣。至于坛庙杂差,岁费不下几百金。今既不多领预支,难俟年终总算,相应随出实收,以济商之穷者也。

一 议酌物料,以清支放。

本厂物料已经先年分别裁减于竹篾、胶布等,照原估减三分。银珠、桐油等,照原估减二分。松、杉板,照原估减一分五厘。定为续估。每岁遵照料计,仍于续估数中。各项节缩、通融、合算⑦,大约

---

① 原文系"甦",古同"苏",今改以合简体文之规范,下文同,不再注。
② 原文系"母",应为通假,今据上下文改为"毋",以合简体文之规范,下文同,不再注。
③ 音同"认",为"充满"之意。
④ 原文系"冣",应为"最"之异体,今改以合简体文之规范,下文同,不再注。
⑤ 原文系"寠",为"贫穷、贫寒"之意,今改为"窭",以合简体文之规范,下文同,不再注。
⑥ 音同"哺",为"拖欠、拖延"之意。
⑦ 原文系"筭",古同"算",今改以合简体文之规范,下文同,不再注。

支存三分，留作本厂节省之数，以为定例，盖视原估则又减矣。如遇婚礼等项，器求精美，有不得必取盈于三者。至于丹珠等项，会库物料近皆低恶。如果真材实料，则所节虽溢于三之外可也。总之，锱铢必省，又在临时斟酌之。

一　议调饩①廪，以苏匠役。

查《条例》，各作工食分四季给散。原为优恤贫役。盖匠作终岁勤动，缓则自造，已叹饔②飧③之不支；急则倩人，益苦雇值之无措。若官不给银，势必借贷，则日后所领官银不足偿宿逋。况欲窃锱铢之赢以活家室，宁可得乎？近时必俟岁终，实收到日总支，似难久待。合无照旧，按季四次支领，或分作两次，半在初秋，半在岁终出实收之日。其坛庙杂差，照《条例》逐项随给，庶接济蒙恩，而贫役竞④劝矣。

一　议复回销，以节物力。

本厂造光禄器皿，如箱盒等，每岁多则八千余件，少亦不下六、七千件。销金绢袱，每岁或三千余条，少亦不下二千余条。数不为少，费亦可惜。先年会提过盘宫三分，回销一分，以便次年修饰送用。今数十年间，绝无回销，一入不出矣。相应查例，具提以复旧制。至于锡镶等器，则《条例》原将回还旧锡加添改造。今⑤无旧锡回还，似应免造，亦应提明以便遵守。

一　议扄⑥著，以宽岁修。

每岁礼部咨修各坛庙祭器，在本部固不忍以小费误大礼。而各坛庙亦宜体谅爱惜，加意收贮。除朝灯暴露不容不岁修，糊饰纸张及一切年例箕、帚、席、布、织、细等物不容不岁给。外他若座灯、插灯、

① 原文系“餼”，为“古代祭祀或馈赠用的活牲畜”或“赠送人的粮食或饲料”，今改为“饩”，以合简体文之规范，下文同，不再注。
② 音同“拥”，为“早饭”之意。
③ 原文系“飱”，古同“飧”，音同“孙”，为“晚饭”之意，今改以合简体文之规范，下文同，不再注。
④ 原文系“競”，今改为“竞”，以合简体文之规范，下文同，不再注。
⑤ 此字“底本”、“北图珍本”模糊不清，今据“续四库本”补出。
⑥ 原文系“扃”，古同“扃”，为“上闩，关门”或“门户”之意，今改以合简体文之规范，下文同，不再注。

香桌、牲匣、帐房之类，尽①堪经久，何至任其遗失，毁坏，修无虚②岁。相应移咨礼部。转行太常，责成各该坛庙员役于祭毕后，加意查点收贮，共图节省。

都水清吏司　督厂主事　臣黄景章
臣黄元会　谨同议
工科给事中　臣何士晋　谨订

---

① 原文系"儘"，应为"儘"之异体，今改为"尽"，以合简体文之规范，下文同，不再注。
② 原文系"虗"，古同"虚"，今改以合简体文之规范，下文同，不再注。

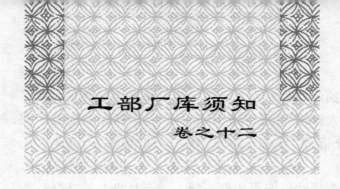

工部厂库须知
卷之十二

工 科 给 事 中　臣何士晋　纂辑
广东道监察御史　臣李　嵩　订正
屯田清吏司郎中　臣刘一鹏　考载
营缮清吏司主事　臣陈应元
虞衡清吏司主事　臣楼一堂
都水清吏司主事　臣黄景章
屯田清吏司主事　臣华　颜　同编

屯田司

　　国初以军食为重,故特设以经理开垦①、器具、耕牛之事。今耕屯俱隶有司,本司只管上供并监局、柴炭与山陵之事。分司为台基柴炭厂,为外差。易州山厂有陵工临时委差,所属为柴炭司,正使一员,副使二员。

　　年例钱粮,一年一次。

御用监　金箔等料。

会有:

甲字库,

银珠二百斤,每斤银四钱三分五厘,该银八十七两。

水胶二千五百斤,每斤银二分七厘,该银四十二两五钱。

黑铅五百斤,每斤银四分二厘,该银二十一两。

乙字库,

栾②榜纸三千张,每百张银一钱二分,该银三两六钱。

丁字库,

川漆一千五百斤,每斤银一钱六分,该银二百四十两。

白圆藤二百斤,每百斤银四分,该银八两。

---

①　原文系"懇",应为"墾"之通假,今改为"垦",以合简体文之规范,下文同,不再注。
②　原文系"欒",今改为"栾",以合简体文之规范,下文同,不再注。

通州抽分竹木局，

长节大样竹篾一百五十斤，每斤银一分五厘，该银二两二钱五分。

以上七项共银四百四两三钱五分。

召买：

金箔四万贴，每贴银三分，该银一千二百两。

细铜丝三百斤，每斤银一钱二分，该银六十六两。

瀛沙三千斤，每斤银六厘，该银一十八两。

羊毛二百斤，每斤银五分，该银一十两。

明羊角一百斤，每斤银三分，该银三两。

檀木二十根，每根银一钱，该银二两。

椴木五百丈，每丈银一钱五分，该银七十五两。

大样坩①锅二千个，每个银六分，该银一百二十两。

芦甘石五千斤，每斤银五分，该银二百五十两。

灰挣牛皮二十张，每张银四钱，该银八两。

真红牛皮五十张，每张银五钱，该银二十五两。

水和炭十五万斤，每万斤银一十七两五钱，该银二百六十二两五钱。

木炭二十万斤，每万斤银五十两，该银一千两。

木柴二十万斤，每万斤银二十四两，该银四百八十两。

白炭一十万斤，每万斤银六十五两，该银六百五十两。

以上十五项共银四千一百六十九两五钱。

外付都水司　添办本监年例钱粮。

会有：

丁字库，

川漆六千斤，每斤银一钱六分，该银九百六十两。

召买：

云母石一千斤，每斤银三钱，该银三百两。

广生漆一万斤，每斤银五钱五分，该银五百五十两。

① 原文系"甘"，应为通假，据上下文改为"坩"，以合简体文之规范，下文同，不再注。

川漆九千斤，每斤银一钱六分，该银一千四百四十两。

以上三项共银二千二百九十两。系水司改正新额。

前件，都水司议查《备考》开载，原系三年一提。隆庆二年提拟①作三分，一年一派。其数如上，已属摊②数。第《条例》开，会有广生漆一万斤，召买川漆一万五千斤。近年见行将川漆改会有，分六千斤，而广生漆一万斤，全改召买。计省买费四百一十两，今已改正如上。

巾帽局　巾帽、纱罗等料。

会有：

甲字库，

水胶二百十六斤，每斤一分七厘，该银三两六钱七分二厘。

银珠八斤十三两，每斤银四钱三分五厘，该银三两八钱三分。

五棓子一百斤，每斤银三分，该银三两。

皂矾一百斤，每斤银四厘，该银四钱。

乙字库，

榜纸四千五百八十张，每张银七厘，该银三十二两六分。

奉本纸五百张，每百张银五钱，该银二两五钱。

丁字库，

铁线二百二十三斤，每斤银六分，该银一十三两三钱八分。

通州抽分竹木局，

长节苦竹蔑片二百斤，每斤银一分，该银二两。

以上八项共银六十两八钱四分二厘。

召买：

白生素平罗八百匹，每匹银一两八钱，该银一千四百四十两。

皂绉③纱四百匹，每匹银七钱，该银二百八十两。

青熟丝线三十五斤，每斤银九钱，该银三十一两五钱。

棕毛三千斤，每斤银四分，该银一百二十两。

墨煤一百斤，每斤银五厘，该

---

① 原文系"擬"，今改为"拟"，以合简体文之规范，下文同，不再注。
② 原文系"攤"，今改为"摊"，以合简体文之规范，下文同，不再注。
③ 原文系"縐"，今改为"绉"，以合简体文之规范，下文同，不再注。

银五钱。

木炭五万八千三百斤,每万斤银五十五两,该银三百二十两六钱五分。

木柴一十一万斤,每万斤银二十四两,该银二百六十四两。

以上七项共银二千四百五十六两六钱五分。

巾帽局　靴料折价银八万余两。

前件,每年该局具提,其人数不无虚冒。本司必严核的确,然后复提解给。查得十七年,九万七千五百五十二两五钱零。十八年,九万六千五百五十九两三钱零。四十一年,七万九千八百六十六两零。四十二年,七万八千五百三十七两零。历年该局人数消减,故银亦递减。

司苑局　菊①秸②等料。

会有:

丁字库,

黄麻七百二十二斤十二两,每斤银一分,该银七两二钱二分七厘五毫。

白麻四百四十五斤八两,每斤银三分,该银一十三两三钱六分

五厘。

以上二项共银二十两五钱九分二厘五毫。

司苑局　菊秸等料。

折价:

每年额折银九百七十五两五钱一分四厘。

御马监　煮料木柴。

召买:

木柴一百二十五万斤,每万斤银二十四两,该银三千两。

银作局　打造木炭。

召买:

木炭三十万斤,每万斤银五十两,该银一千五百两。

织染局　变染柴炭。

召买:

木柴七十万斤,每万斤银二十五两,该银一千七百五十两。

木炭三万斤,每万斤银五十两,该银一百五十两。

以上二项共银一千九百两。

---

① 原文系"菊",应为"菊"之异体,今改以合简体文之规范,下文同,不再注。
② 原文系"稭",今改为"秸",以合简体文之规范,下文同,不再注。

惜薪司 四厂柴炭。

召买：

内柴旧额九百五十七万斤。二十六年提增二百五十万斤，共一千二百七万斤。每万斤银四十两，该银四万八千二百八十两。

外柴南、红、北、西四厂旧额八百五十万斤，每万斤银三十五两，共该银二万九千七百五十两。

木炭旧额七百四十三万二千斤。二十六年提增一百五十万斤，共八百九十三万二千斤。每万斤银七十五两，共该银六万六千九百九十两。

杨木长柴五万斤，每万斤银一百四两，该银五百二十两。

坚实白炭七万斤，每万斤银一百一十一两三钱，共该银七百七十九两一钱。系西、北二厂。

荆条二万斤，每万斤银五① 两，共该银一百两。

以上通共该银一十四万六千四百一十九两一钱。至万历二十七年，因铺商②赔累，该司呈堂，委四司会同巡视衙门议，将内柴每厂定帮贴银二百两，共贴银八千四十

六两六钱二分。外柴南、北、西三厂，每厂帮贴银一百二十两，红罗厂帮贴银一百八十两，共贴银二千八百二十两。木炭南、北、西三厂，每厂帮贴银一百五十两，红罗厂帮贴银二百两，共贴银五千零七十五两，通共贴银一万五千九百四十一两六钱二分。即于前项外柴木炭价内通融扣除，本部只找贴银六百三十五两四钱二分，共正贴银一十四万七千五十四两五钱二分。

惜薪司 太监折柴价银约一万六、七千两。上、下半年提解。

前件，每年该监具提，其人数亦由本司查确，然后复提解给。查得十七年，二万六千八十六两五钱。十八年，二万五千四百七十九两九钱。四十年，一万八千七百六两五分。四十一年，一万六千二百八两六钱。亦历年递减。

西舍③饭店 济贫煮粥木柴。

召买：

春、夏两季，每季各六万三千三百六十斤，每万斤银一十八两，该银一百一十四两四分八厘。

---

① 原文如此，估计有误，可能标示处漏缺"十"字。
② 原文系"商"，应为通假，据上下文改为"商"，以合简体文之规范，下文同，不再注。
③ 原文系"捨"，今改为"舍"，以合简体文之规范，下文同，不再注。

秋、冬两季，每季各六万四千八十斤，该银一百一十五两三钱四分四厘。

以上共银四百五十八两七钱八分四厘。

遇闰月加银三十七两五钱八分四厘。

前件，户部验粮厅与内监会收。

天寿山麻筋四千五百斤，每斤银五厘，该银二十二两五钱。

前件，旧系召买，近铺商苦累，径听提督、内监折银自办。

翰林院 木炭一万斤，该银一百一两。

前件，折银送内阁用取，中书科手本回缴附卷。

太常寺 木柴

召买：

木柴二十二万二千五百斤，该银七百九十四两五钱六分。

前件，祭祀应用，本寺同内监会收。

坝①上大马房 木柴五万二千九百四十九斤，每万斤银一十八

两，该银九十五两三钱八厘二毫。

前件，该房内监折价自买。

太常寺 乐舞 生木柴折价银七百九十九两五钱四分二厘。

前件，该寺典簿厅移文请给，每年两次支领。

易州山厂 长斨②大炭旧额七十万斤，每万斤银一百六十九两，共该银一万一千八百三十两。二十六年提增十万斤，该银一千六百九十两，通共银一万三千五十二两。每年两次，提差解送。

内官监 成造细草纸木柴四万斤，每万斤银一十八两五钱，该银七十四两。

前件，准营缮司付取。

修仓厂 派支协济料，价银每年八、九百两不等。

前件，凭营缮司派支。旧时派料银，有并派铺商者。近虞、都、屯三司议照派发银，听缮司铺商投领，免令各司派商，似为长便。

① 原文系"壩"，应为"壩"之异体，今改为"坝"，以合简体文之规范，下文同，不再注。
② 音同"庄"（第三声），为"粗而大"之意。

内官监　年例本色物料。

一年一次。

通州抽分竹木局，

黄松二十根。

大黄松二十五根。

中黄松二十五根。

长柴一百根。

把柴一百根。

松板二十五块。

车辋三十五块。

车轴十根。

软竹筏五十斤。

箭竹一百根。

椴木十段。

砖二千个。

瓦四千片。

卢沟桥抽分竹木局，

散木四十根。

松木三十五根。

长柴二百根。

把柴二百五十根。

石灰二百斤。

通积抽分竹木局，

砖八百个。

瓦四千片。

广积抽分竹木局，

砖八百个。

瓦四千片。

方砖八十个。

御用监　年例本色物料。

通州抽分竹木局，

船板一百九十块。

黄松木七十根。

杉木板九十块。

松木板九十块。

卢沟桥抽分竹木局，

松木柁一百根。

松木散头二百根。

松木三百七十五根。

松木板二百七十五块。

长柴五百根。

通积抽分竹木局，

片瓦一万片。

沙板砖五千个。

广积抽分竹木局，

沙板砖五千个。

片瓦一万片。

年例公用钱粮，一年一次。

先关后补，堪合司礼监工食银
四两八钱。四年轮为首，加一两二

钱。四司同司礼监写字领。

工科精微　簿籍、朱盒、笔砚等项银一两五钱。四司同工科吏领。

本司　炙砚木炭银一十二两。本司关领，四司同。

本司裱背匠　装订簿籍、绫壳，工食银五两。裱背匠领，四司同。

巡[1]视科道　造奏缴文册纸札，工食银七两一钱六分四厘。科道造册，书办领。数视缮司少，视衡水多。

司礼监　书办笔炭银二两五钱。本监移文关领，各司无。

科道　炙砚炭银三两。库官领送，《条例》只本司有，三司俱无。

圣旦、冬至　三堂司厅四司习仪赁房备饭银各一十两六钱六分。本司杂科领，各司无。

三堂司务厅并本科炙砚炭银二十二两。年终杂科领送，《条例》只本司与缮司有，外衡、水二司无。

巾帽局　包裹纸锁银二两六钱七分。承行书办领，各司无。

节慎库主事　差满交盘钱粮造奏缴文册、纸张，工食银一两九钱五分二厘五毫。四司同库官领，给造册书办。

寿宫　管理太监每年纸札银二十四两二钱四分，遇闰加银二两二分。本监移文关领。

四季支领。

本司巡风斋宿油烛，每季银一两二钱五分。四司同伙房领，今定本司关领，分送各差，取收帖附卷。

本司写揭帖等项，纸价银每季八钱。四司同本司杂科书办领。

本司印色、笔墨等项，每季银一两一钱二分。四司同门吏领办，免派铺户。

本司司官每月每员纸札银五钱。备考有故人。

不等月份。

本司攒造奏缴、文册纸札，工食银各五两九钱八分九厘。上、下半年杂科书办领，各司数俱不同。

本司考成纸札，工食银各六两。屯科书办领，各司无。

惜薪司　包裹纸锁银，上半年四钱九分，下半年二钱四分。准支科书办领，四司无。

工科抄呈号纸银，四月、八月、十二月各七钱，遇闰月加银七钱。本科书办领，四司同。

---

① 原文系"廵"，古同"巡"，今改以合简体文之规范，下文同，不再注。

轮该各季。俱四司同。

承发科 填写精微银三两六钱。承发科领。

工科抄誊章奏纸张，工食银一十一两二钱八分，遇闰月加银三两六钱。工科抄誊吏领。

赁东阙朝房银四两。本司杂科书办领，移送内相，取回文附卷。

知印 印色银一两五钱。大堂知印领。

本科提奏本纸银二两。本科本头领。

三堂司务厅纸札、笔墨银九两八钱六分。本司杂科领，解送取回文附卷。

本科写本，工食银五十两六钱，遇闰月加银一十六两八钱六分。本科本头领。

节慎库 烧银、木炭银一两五钱七分五厘。库吏领。

巡视厂库科道纸札银八两八钱八分。照季移送科道，取回照附卷。

巡视厂库科道到库收放钱粮、茶果、饭食银九两六钱二分五厘。库官领。

节慎库 关防印色、修天平等项银三两。库官领。

三堂司务厅四司书办，工食银三十两六钱，遇闰月加银一十两二钱。杂科领散。

三堂四司抄报，工食银一十二两六钱，遇闰月加银四两二钱。抄报吏领。

节慎库 纸札、裱背匠，工食银一十一两五钱。库官领。

上本抄旨意官，工食银九两，遇闰月加银三两。旨意官领。

精微科吏，工食银一两八钱，遇闰月加银六钱。精微科吏领。

内朝房官，工食银并香烛银二两一钱，遇闰月加银七钱。内朝房官领。

工科办事官，工食银五两四钱，遇闰月加银一两八钱。工科办事官领。

报堂官三人，工食银三两五钱，遇闰月加银一两一钱六分六厘。三堂报堂官领。

不等年份。

进考成银五钱。乙、丁、巳、辛、癸年份一次，进考成吏领，四司同。

朝观 各项拖欠钱粮、文册银八两五钱。子、午、卯、酉年份，本司书办领，各司无。

换桌围等项银五两。子、午、卯、酉年份，杂科书办领，四司同。

刷卷工食、纸札银二两五钱。寅、申、巳、亥年份一次，杂科书办领刷，四司同。

考成纸札工食银一十六两。辰、戌、丑、未年份一次，本司书办领，各司无。

科道会估酒席、纸札银九两三钱七分六厘。亥、卯、未年份一次，近无会估不支。

节慎库　余丁草荐银三两。寅、午、戌年份一次，余丁领。

京察年份揭帖、纸札银一十一两三钱九分。本司书办领，各司无。

工科编本，工食银一十五两。科吏领。

造坟规则。此系不时提请，遵旨照其①例奉行，今只据《条例》所载开具，以备参考。

宜妃杨氏　造坟物料。

坟券一处，享殿一座五间，左右厢房二座，每座五间，灵寝门一座，宫门一座三间，照壁一座，神厨一座后小房三间，神库一座后小房三间，纸炉一座，司香官住房三十六间，大门一座，左右门房六间，井一眼，栅栏门三座。

会有：

物料四十项，共银五千四百两五钱二分二厘五毫。

召买：

物料五十二项，共银二万一千九百三十九两一钱六分六厘七毫。

灰户烧运价，共银三千四百四十八两二钱三分八厘六毫五丝。

车户运砖价，共银九百九十一两八钱四分。

车户运木、石、土等价，共银五千三百六十两五钱一分八厘二毫。

匠役工食，共银六千五百二十一两九钱一分八厘。

夫匠工食，共银九千六百八十两二钱。

内官监　成造奠②仪冥器物料。

会有：

物料十二项，共银四千三百八十二两一钱九分一厘五毫。

召买：

物料十九项，共银一千一百九十两五钱五分二厘一毫。

---

① 原文系"某"，应为"其"之别字，今改以合简体文之规范，下文同，不再注。
② 原文系"奠"，应为"奠"之异体，今改以合简体文之规范，下文同，不再注。

司设监 成造铭旌、冥①器物料。

会有：

物料五项，共银一百四两六钱六分八厘。

召买：

物料九项，共银一百二十五两一钱九分八厘。

针工局 成造冥器、仪仗物料。

召买：

物料二项，共银二十七两八分。

营膳所 成造方相一座并拽运棚罩②，工食共银八十三两四钱七分五厘。

邠哀王 造坟物料。

填券一处，享殿一座五间，左右厢房二座每座五间，灵寝门一座，宫门一座三间，照壁一座，神厨一座后小房三间，神库一座后小房三间，左右门房六间，井一眼，栅栏门三座。

会有：

物料三十四项，共银四千五百四两二钱七分五厘四毫。

召买：

物料五十七项，共银一万五千九百六十一两一钱七分三厘七毫五丝。

买坟地银四十五两。

窑户烧运价，共银二千一百四十七两一钱七分八厘。

灰户烧运价，共银三千三百三十五两一钱六分三厘四毫。

车户运价，共银二千七百一十四两三钱。

匠役工食，共银三千四百五十九两九钱。

夫役工食，共银一千九百六十三两二钱一分。

内官监 成造奠仪、冥器物料。

会有：

物料七项，共银二千八十两一钱七分。

召买：

物料三十五项，共银三千五百

---

① 原文系"冥"，应为"冥"之异体，今改以合简体文之规范，下文同，不再注。
② 原文系"罩"，应为"罩"之异体，今改以合简体文之规范，下文同，不再注。

九十五两九钱二分。

司设监 成造铭旌、冥器物料。

会有：

物料六项,共银六十一两九钱七分。

召买：

物料十项,共银八十八两二钱四分。

针①工局 成造冥器、仪仗物料。

召买：

物料二项,共银一十二两六钱八分。

营缮所 成造方相一座并拽运棚罩,工食共银五十一两三钱五分七厘。

潞王长女 造坟物料。

坟茔②一处,享殿三间,司香房六间,周围墙垣。

会有：

物料十八项,共银二十五两七钱二分五厘。

召买：

物料三十七项,共银一千四百一钱五分七厘。

灰③户烧运价,共银二百一十四两四钱九分五厘。

车户运价,共银四百九十两六钱八分。

匠役工食,共银六百两一钱六分。

夫役工食,共银五百五十八两一钱九分。

冥器。

召买：

物料十七项,共银六十六两二钱。

内宫封夫人者 传奉造坟。

坟所、享堂、神床、供器、祭台等项。

会有：

物料二十一项,共银四十三两七钱六厘。

召买：

---

① 原文系"鍼",此处改为"针",以合今简体文之规范,下文同,不再注。
② 原文系"塋",下部"玉"古同"土",故此字为"塋"之异体,今改为"茔",以合简体文之规范,下文同,不再注。
③ 原文系"灰",应为"灰"之异体,今改以合简体文之规范,下文同,不再注。

物料十一项,共银一百一十七两七分一厘。

车户运价,共银四百八十九两三钱四分。

匠役工食,共银八百二十四两三分。

夫役工食,共银二百九十两三钱二分。

一 开挖隧①道。

皇贵妃文氏 开挖隧道。

会有:

物料二十四项,共银四百八十三两三钱五分六厘。

召买:

物料一十九项,共银二千一百四两三钱四分一厘。

车户运价,共银三百九十三两五钱四分。

灰户烧运价,共银四两二钱。

匠役工食,共银二百三十三两四钱八分。

夫役工食,共银一千六百一十八两二钱五分。

灵枢席殿一座,鼓楼西祭②棚一座,

教场前祭棚一座,北极寺祭棚一座。

内官监 成造奠仪、冥器物料。

会有:

物料十一项,共银九千二百六十五两六厘五毫。

召买:

物料三十二项,共银一万一千二百六十二两八分一厘。

司设监 成造铭旌、冥器物料。

会有:

物料五项,共银五十六两二钱三分四厘。

召买:

物料十三项,共银一百四十八两七钱一分四厘。

针工局 成造冥器、仪仗物料。

召买:

物料二项,共银一百八十四两四钱。

---

① 原文系"璲",应为通假,据上下文改为"隧",以合简体文之规范,下文同,不再注。
② 原文系"祭",应为通假,据上下文改为"祭",以合简体文之规范,下文同,不再注。

营缮所　成造方相一座并拽运棚罩,工食共银一百七两六钱一分六厘。

前件,一方相之费至此,甚属虚冒。亦应量计长短,用料多寡,用工多寡,裁节虚费。查屡年《条例》,亦有用七十金、五十金者,差可为定例耳。

懿妃于氏　开挖隧道。

会有:

物料十九项,共银一百八十四两三钱九分八厘三毫。

召买:

物料二十一项,共银四百三两九钱八分四厘。

灰户烧运价,共银六两二钱三分二厘。

匠役工食,共银一百一两二钱二分。

夫役工食,共银四百三十八两。

内官监　成造奠仪、冥器物料。

会有:

物料六项,共银一百三十三两四钱五分六厘。

召买:

物料十九项,共银三百七十两

三钱二分五厘。

司设监　成造铭旌、冥器物料。

会有:

物料七项,共银七十四两一厘。

召买:

物料七项,共银四十六两八钱四分五厘。

营缮所　成造方相一座并拽运棚罩,工食银共三十二两六钱九分七厘。

淑妃秦氏　开挖隧道。

会有:

物料十六项,共银六十八两七钱五分八厘四毫。

召买:

物料十八项,共银三百七十两五钱七分八厘。

灰户烧运价银,共五两九钱。

匠役工食,共银一百一十四两九钱四分。

夫役工食,共银四百三十七两五钱二分。

内官监　成造奠仪、冥器

物料。

会有：

物料七项，共银一百三十三两四钱五分六厘。

召买：

物料十八项，共银三百六十一两七钱七分五厘。

司设监　成造铭旌、冥器物料。

会有：

物料六项，共银七十三两八钱九分。

召买：

物料八项，共银四十七两一钱九分。

营缮所　成造方相一座并拽运棚罩，工食共银三十二两七钱。

沅怀王　开挖隧道。

会有：

物料二十项，共银三百六两九钱七厘。

召买：

物料二十项，共银九百五两九钱一分。

窑户烧运价，共银六百一十九两二钱。

灰户烧运价，共银五百一十五两四钱。

车户运价，共银三百九十四两三钱三分三厘四毫一丝。

匠役工食，共银五百七十两四钱一分。

夫役工食，共银六百七十一两三钱一分。

内官监　成造奠仪、冥器物料。

会有：

物料八项，共银一千二百八十八两二钱五分一厘六毫。

召买：

物料三十四项，共银四千四百七两九分八厘。

司设监　成造铭旌、冥器物料。

会有：

物料五项，共银一十七两三钱一厘。

召买：

物料十一项，共银九十四两六钱三分七厘。

营缮所　成造方相一座并拽运棚罩，工食共银六十六两一分七厘。

静乐公主 开挖隧道。

会有：

物料二十三项,共银二百四十二两六钱六分四厘。

召买：

物料一十七项,共银六百二两六钱六分七厘。

灰户烧运价,共银三百九两六钱。

车户运价,共银三百九十二两六钱二分。

匠役工食,共银二百四十四两五钱四分。

夫役工食,共银六百八十三两二钱八分。

内官监 成造奠仪、冥器物料。

会有：

物料六项,共银一百八十九两二钱八分一厘。

召买：

物料四十一项,共银一千九百七十四两六钱五分四厘。

司设监 成造铭旌、冥器物料。

会有：

物料六项,共银四十八两七钱三分八厘。

召买：

物料六项,共银五十九两六钱五分五厘。

针工局 成造冥器、仪仗物料。

召买：

物料二项,共银六两三钱四分。

营缮所 成造方相一座并拽运棚罩,工食共银五十四两二钱四分。

云梦公主 开挖隧道。

召买：

物料二项,共银六两三钱四分。

营缮所 成造方相一座并拽运棚罩,工食共银四十三两五钱七分。

公主选有驸马者,造坟折价。

永福公主造坟,因冒破数多不为例。以后陈乞者只照永淳等公主例，酌议复请。

永淳长公主造坟，合用物料、夫匠，先年共折银二万三千一百九十三两一钱一分九厘七毫。

寿阳长公主造坟　合用物料、夫匠，近该本部酌议，共折价银一万四千八百五十七两八钱四分五厘。又奉特旨，外赐物料、夫匠银一万两。此项加添难以为例外，冥器、席棚等项工料冒费银七百四十两。以后当照别公主例酌减。

前件，各项陵工，凡系奉旨提造，或上有特恩者，例难执减。其中容有中官滥冒者，动以数千、百万填之，丘壑是在。管工者逐项清查，时为节省，庶典礼经费，两无妨碍耳。

内相祭奠有三等。

一等物料、夫匠，共折价银一千一百二十五两。系节慎库本司料银内支。

二等物料，共银七百六十一两三分。系节慎库本司料银内支。

夫匠、麻筋等银五十六两二钱五分。移付营缮司苇课银内支。

军余二十名，该银二十两。后军都督府出办。

三等并公、侯、伯物料。

会有：

物料十项，共银二十四两九钱五分二厘。二十四两内付营缮司支芦席银六两。

夫匠十二名，共银一十八两。付营缮司苇课银内支。

军余二十名，该银二十两。后军都督府出办。

如在南京，公、侯、伯物料同前，南京工部等衙门措办。如开圹①，只给一半。

前件，公、侯、伯另给棺木一副，折银六十两。通惠河衙门放支。

皇亲祭奠。

封侯、伯者。

固安伯隆庆六年造坟，万历四年加增碑亭、石门、房屋二次，共用银一万六千两零。三十七年永年伯，三十八年武清伯，俱一万五千两。

封指挥、千户，奉有明旨。比照姜泰、王秀例者，该银四百五十六两五钱四分。魏承志、邵名例者，该银三百二十两。

驸马开圹物料与公、侯、伯全

---

① 原文系"壙"，今改为"圹"，以合简体文之规范，下文同，不再注。

奠同。如驸马病故在先，候公主造坟合奠。驸马父、母造奠物料，与公、侯、伯同。

翊圣夫人、安圣夫人，先年俱系本部造坟。以后戴圣夫人造坟，本部具提，折价四百两，奉旨加四百两，共八百两。后奉圣夫人，本部仍提，折价四百两，奉旨加一百两，共五百两。

亲王并妃　继造坟，工价银三千八百两，俱差官。若开圹，给银八十两，冥器、丧仪银六十八两八钱八分，行该布政司支给。妃不差官，如继妃造圹祔①奠，照嫡妃开圹，例同。

帝孙给银三百五十两。

郡王并妃　造奠，减半折价银一百七十五两。冥器、丧仪银三十四两四钱四分。若开圹，给银四十两。行该布政司支给。

文臣并父、母、妻　给造坟，工价银：

一品五百两，棺木一副。折银六十两，本地方支领。

二品四百两。

以上不论已、未考满②，俱全给。

三品三百两。

三品未经考满，一百五十两。

二品未经考满，被论致仕在家，二百两。

三品考满，被论一百五十两。未考满者，只祭无奠。

以上三品，只父母造坟，开圹，妻无。凡开圹者，不分品级、崇卑，只与夫匠五十名，该银五十两。行该省衙门支给。

左、右都督、都督同知、佥事、管府事及在外总兵官，并父、母、妻造坟物料，行原籍衙门给与。

物料九项，共银一十四两八钱六分二厘。

夫匠二十名，该银二十两。

棺椁③一副。折银六十两，通惠河衙门领给。

---

① 音同"付"，为"奉新死者的木主于祖庙与祖先的木主一起祭祀"或"合葬"之意。

② 原文系"潘"，古同"满"，今改以合简体文之规范，下文同，不再注。

③ 原文系"槨"，今据上下文改为"椁"，以合简体文之规范，下文同，不再注。

王府铭旌、纻丝，每副九尺，价银五钱六厘二毫五丝。

大包袱，每个红纻丝四尺五寸，并绢里四尺五寸，价银三钱三分七厘五毫。

小包袱，每个纻丝一尺①八寸，并绢里一尺八寸，价银一钱三分五厘。

龙凤钩，每副价银二钱。

金箔十四贴，价银二钱八分。

王　木印、本册并锁匣，每副价银六钱九分。

妃　木册连匣，价银一钱八分。

以上王，每一位通共该银二两一钱四分八厘七毫五丝，妃，每一位通共该银一两六钱三分八厘七毫五丝。

各工所工完造　奏缴文册、黄册七张，准一工。青册八张，准一工。攒底二工，每一工给银六分。

凡遇　陵工内外官员、人等，禀给夫马银两，本部给发一半，顺、保二府协济一半。

屯田司　外解额征：

顺天府，

料银一千五百五十六两四钱三分。

永平府，

料银六百二十二两五钱六分八厘九丝二忽。

保定府，

料银一千五百五十六两四钱三分二毫。

河间府，

料银一千八百六十七两七钱四厘二毫八丝九忽。

真定府，

料银二千二十三两三钱四分六厘四毫九丝九忽。

顺德府，

料银七百七十八两二钱一分一丝五忽。

广平府，

料银一千八十九两四钱九分四厘一毫。

大名府，

料银一千八十九两四钱九分四厘一毫六丝二忽。

应天府，

料银三千八百九十一两三分

---

① 原文系"天"，应为"尺"之别字，今据上下文改以合简体文之规范，下文同，不再注。

三毫七丝五忽。

　　安庆府，

　　料银二千二十三两三钱四分六厘二毫九丝九忽。三十七年提留织造。

　　徽州府，

　　料银五千六百三两一钱一分二厘八毫二丝八忽。

　　宁国府，

　　料银二千三百三十四两六钱三分三毫四丝五忽。

　　池州府，

　　料银一千五百五十六两四钱二分二毫三丝。三十七年提留织造。

　　太平府，

　　料银一千五百五十六两四钱二分二毫二丝。三十七年提留织造。

　　苏州府，

　　料银三千八百九十一两五分五毫七丝五忽。三十七年提留织造。

　　松江府，

　　料银四千九百八十两五钱四分四厘七毫二丝八忽。

　　常州府，

　　料银五千四百四十七两四钱七分八毫。

　　镇江府，

　　料银三千八百九十一两五分五毫七丝五忽。

　　庐州府，

　　料银二千三百三十四两六钱三分三毫四丝五忽。

　　凤阳府，

　　料银二千三百三十四两六钱三分三毫四丝五忽。

　　淮安府，

　　料银二千三百三十四两六钱三分三毫四丝五忽。

　　扬州府，

　　料银二千三百三十四两六钱三分三毫四丝五忽。

　　滁州，

　　料银三百一十一两二钱八分四厘四丝六忽。

　　徐州，

　　料银三百一十一两二钱八分四厘四丝六忽。

　　和州，

　　料银三百一十一两二钱八分四厘四丝六忽。

　　广德州，

　　料银六百二十二两五钱六分八厘九丝二忽。

　　浙江，

　　料银七千七百八十二两一钱一厘一毫五丝。三十五年提留织造。

　　江西，

　　料银七千七百八十二两一钱

一厘一毫五丝。

福建，

料银七千三两八钱九分一厘三丝五忽。

湖广，

料银七千三两八钱九分一厘三丝五忽。三十五年留采大木。

河南，

料银六千二百二十五两六钱八分九毫一丝。

山东，

料银七千三两八钱九分一厘三丝五忽。

山西，

料银三千一百一十二两八钱四分四毫六丝。

四川，

料银四千六百六十九两二钱六分七厘九丝。三十五年留采大木。

广东，

料银七千三两八钱九分一厘三丝六忽。

陕西，

料银三千一百一十二两八钱四分四毫六丝。

柴夫折价。

顺天府，

二万一千六百九十四两一钱。

保定府，

三万五千九百九十二两六钱七分六厘九毫三丝九忽。

真定府，

四万二千四百二十五两五钱七厘五毫。

山东，

七万三百五十七两一钱三分四厘。

山西，

九万八百二十八两三钱二分三厘九毫三丝五忽。

外通积等局、通惠河、卢沟桥、竹木等局，三处税银无定额。

屯田司 条议：

一 查完欠。

各项钱粮原解自外省、府、州、县①并②本司，只按数一批发耳，无追比之例。如霸州应解料价银两，不征之官只凭老人自收自解，因而干没者六载。本司何由知之？钱粮各有款③项，州县各有定派，合应尽数查出，立限征解。畿以内，限五月；畿以外，限十月。如违限，即行文催督，仍载入考成。照例移咨吏部，停俸、停考，则钱粮自完，前弊可杜。

一 严支放。

《条例》内开载，铺商照估领价，不必复赘。惟是召买钱粮欲责之先交，后纳彼以乏本为辞④，势不得不预支，又虞其拖欠也，设立三分给一之法是矣。此三分之一，非千则百，独不拖欠乎？要其吃紧，在择殷实商头，尤吃紧在刻期追比。每发一项钱粮，责令商头识认，众商取其甘结。一年三支，额定月限，重责商头。商头以身代刑，而小商利于后领，则预支之弊可革矣。

屯田清吏司　掌印郎中　臣刘一鹏　谨议
工科给事中　臣何士晋　谨订

---

① 原文系"縣"，今改为"县"，以合简体文之规范，下文同，不再注。
② 原文系"坐"，为"并"之异体，今改为"并"，以合简体文之规范，下文同，不再注。
③ 原文系"欵"，古同"款"，今改以合简体文之规范，下文同，不再注。
④ 原文系"辭"，今改为"辞"，以合简体文之规范，下文同，不再注。

工 科 给 事 中　臣何士晋　汇辑
广东道监察御史　臣李　嵩　订正
屯田清吏司郎中　臣刘一鹏　参阅
屯田清吏司主事　臣胡维霖　考载
营缮清吏司主事　臣陈应元
虞衡清吏司主事　臣楼一堂
都水清吏司主事　臣黄景章
屯田清吏司主事　臣华　颜　同编

柴炭台基厂①

屯田司主事注差三年，专掌柴炭，以供光禄寺内供之用，并内阁、翰林院等衙门。凡需用柴炭本色者，皆就关领。如有不时典礼供用与载有东宫及诸王出府等项，系光禄寺所需者，均系职掌之内。

年例柴炭，每月给发。

光禄寺刻票柴炭，每日、每月关领，以本寺堂官信票中开数为据。

正月份，

日用木柴五十七万五千六百五十七斤四两，该银七百一十九两五钱七分一厘五毫六丝。

日用木炭三万九千七百一十斤一两，该银一百六十二两八钱一分三厘五毫六丝。

月用木柴八万四千四百二十斤，该银一百零五两五钱二分五厘。

月用木炭一万五千二百斤，该银六十二两三钱二分。

前件，凡日用者，各项逐日开支；月用者，各项每月开支一次。约一月而总计之，得有此数，后仿此。

二月份，

日用木柴五十七万五千六百五十七斤四两，该银七百一十九两五钱七分一厘五毫六丝②。

日用木炭三万九千七百一十斤一两，该银一百六十二两八钱一分三厘五毫六丝。

月用木柴八万六千一百二十斤，该银一百零七两六钱五分。

月用木炭一万二千四百斤，该银五十两八钱四分。

①　原文为"基厂柴炭"，今改。
②　"北图珍本"前文至此次序混乱，今从"续四库本"改。

三月份，

日用木柴五十九万五千五百七斤八两，该银七百四十四两三钱八分四厘三毫七丝。

日用木炭四万一千七十九斤六两，该银一百六十八两四钱二分五厘四毫三丝。

月用木柴九万四千三百二十斤，该银一百一十七两九钱。

月用木炭一万二千一百斤，该银四十九两六钱一分。

四月份，

日用木柴五十七万五千六百五十七斤四两，该银七百一十九两五钱七分一厘五毫六丝。

日用木炭三万九千七百一十斤一两，该银一百六十二两八钱一分三厘五毫六丝。

月用木柴四万六千九百二十斤，该银五十八两六钱五分。

月用木炭一万八百斤，该银四十四两二钱八分。

五月份，

日用木柴五十七万五千六百五十七斤四两，该银七百一十九两五钱七分一厘五毫六丝。

日用木炭三万九千七百一十

斤一两，该银一百六十二两八钱一分三厘五毫六丝。

月用木柴四万九千二百二十斤，该银六十一两五钱二分五厘。

月用木炭一万一千二百斤，该银四十五两九钱二分。

六月份，

日用木柴五十七万五千六百五十七斤四两，该银七百一十九两五钱七分一厘五毫六丝。

日用木炭三万九千七百一十斤一两，该银一百六十二两八钱一分三厘五毫六丝。

月用木柴六万二千五百二十斤，该银七十八两一钱五分。

月用木炭一万一千三百斤，该银四十六两三钱三分。

七月份，

日用木柴五十九万五千五百七斤八两，该银七百四十四两三钱八分四厘三毫七丝。

日用木炭四万一千七十九斤六两，该银一百六十八两四钱二分五厘四毫三丝。

月用木柴四万二千四百二十斤，该银五十三两二分五厘。

月用木炭一万五千七百斤，该

银六十四两三钱七分。

八月份,

日用木柴五十九万五千五百七斤八两,该银七百四十四两三钱八分四厘三毫七丝。

日用木炭四万一千七十九斤六两,该银一百六十八两四钱二分五厘四毫三丝。

月用木柴四万九千六百二十斤,该银六十二两二分五厘。

月用木炭三万三千七百斤,该银一百三十八两一钱七分。

九月份,

日用木柴五十七万五千六百五十七斤四两,该银七百一十九两五钱七分一厘五毫六丝。

日用木炭三万九千七百一十斤一两,该银一百六十二两八钱一分三厘五毫六丝。

月用木柴七万一千九百二十斤,该银八十九两九钱。

月用木炭一万三千五百四十斤,该银五十五两五钱一分四厘。

十月份,

日用木柴五十九万五千五百七斤八两,该银七百四十四两三钱

八分四厘三毫七丝。

日用木炭四万一千七十九斤六两,该银一百六十八两四钱二分五厘四毫三丝。

月用木柴八万三千八百二十斤,该银一百四两七钱七分五厘。

月用木炭二万八千五百斤,该银一百一十六两八钱五分。

十一月份,

日用木柴五十九万五千五百七斤八两,该银七百四十四两三钱八分四厘三毫七丝。

日用木炭四万一千七十九斤六两,该银一百六十八两四钱二分五厘四毫三丝。

月用木柴八万九千八百七十斤,该银一百一十二两三钱三分七厘五毫。

月用木炭四万一千五百斤,该银一百七十两一钱五分。

十二月份,

日用木柴五十七万五千六百五十七斤四两,该银七百一十九两五钱七分一厘五毫六丝。

日用木炭三万九千七百一十斤一两,该银一百六十二两八钱一分三厘五毫六丝。

月用木柴十四万二千六百斤，该银一百七十八两二钱五分。

月用木炭四万五千四百斤，该银一百八十六两一钱四分。

以上日用共木柴七百万七千一百三十八斤四两，该银八千七百五十八两九钱二分二厘八毫一丝。共木炭四十八万三千三百六十七斤五两，该银一千九百八十一两八钱五厘九毫八丝。

以上月用，共木柴九十万三千七百七十斤，该银一千一百二十九两七钱一分二厘五毫。共木炭二十五万一千三百四十斤，该银一千三十两四钱九分四厘。

每年日用柴炭，小月份即照正月数，大月份即照三月数。

内有内阁并①吏科等衙门，折价不等。柴炭大月该多银七两七钱三分五厘，小月份该多银六两五钱四厘。

闰月柴炭：

日用木柴五十九万五千五百七斤八两，该银七百四十四两三钱八分四厘三毫七丝。

日用木炭四万一千七十九斤六两，该银一百六十八两四钱二分五厘四毫三丝。

月用木柴八万三千八百二十斤，每万斤银一十二两五钱，该银一百四两七钱七分五厘。

月用木炭二万八千五百斤，每万斤银四十一两，该银一百一十六两八钱五分。

以上年例柴炭。近年光禄寺每月刻票，柴炭之数，互有增减。第每月总计银数，大约以此为则。

光禄寺刻票外，每月续添柴炭，其多寡不可预订。此项当以本厂司官实裁减过数，开载实收者为准。

每月开支：

翰林院玉牒、糨糊炭三百五十斤，该银一两六钱八分。月大加二十五斤，该银一钱二分。

光禄寺　典簿厅　不时山陵祭祀柴炭。

太常寺　典簿厅　不时宰牲祭祀柴炭。

---

①　原文系"幷"，古同"并"，今改以合简体文之规范，下文同，不再注。

礼部　精膳司　取朝鲜国差来，陪臣下程柴炭。

会同馆　使客柴炭，每月多寡之数不可预定。以提督会同馆逐日开支手本为据。

每年一次，

翰林院一甲进士并庶吉士等，木柴一万六千四百三十斤，该银二十六两二钱八分八厘。木炭一万八千三百七十三斤八两，该银八十八两一钱九分二厘八毫。

东厂木炭四千八百斤，该银十九两六钱八分。

都水司　送承运库　熏毡、木柴九千斤，该银十一两二钱五分。木炭一千斤，该银四两一钱。

礼部　仪制司　铸印局　炭四百斤，该银一两六钱四分。

巡视厂库科道衙门　柴八百斤，该银一两。木炭四百斤，该银一两六钱四分。

每年二次，

翰林院　纂修玉牒、大典。

一次炭五万五千九百六十八斤八两，该银二百六十八两六钱四分八厘八毫。以上三月取。

一次炭八万五千三十五斤八两，该银四百零八两一钱七分四毫。以上十二月取。

翰林院　起居注馆

一次木炭三万三千七百三十四斤十三两五钱，该银一百六十一两九钱二分七厘二毫五丝。以上三月取。

一次木炭四万四千六百五十六斤二两，该银二百十四两三钱四分九厘六毫。以上十二月取。

以上各项柴炭取给，有有定数者，有临时多寡不等难以预定者，又有数多须本厂裁减者，然每月算实收。查照近年实收，大约每月一千数百两有零，中间有月份取给之多，或至二千数百两有零者。惟每年十二月定至二千数百两有零。

近年事宜。

东宫　每月日用木柴大月木柴六万三千斤，该银七十八两七钱五分。木炭四万五千斤，该银一百八十四两五钱。小月减柴二千九百斤，银二两六钱二分五厘。减炭一千五百斤,银六两一钱五分。

开领钱粮规则:

买办柴炭,每先一月给预支领状一千两。次月出实收领状,即扣除找给。

柴炭价估规则:

木柴照估每万斤银十二两五钱。木炭每万斤四十一两。如内阁并六科等衙门折价,木柴照估每百斤银一钱六分。木炭每百斤银四钱八分。

柴炭厂 条议:

一 本厂柴炭,以供大庖烟爨①及各衙门取给,大抵实收,逐月开载。明悉预支,逐月扣销找给。

一 每月初旬,光禄寺大票过厂,固为刊定成规②,亦须总四署刻票,磨算柴炭银数,期与规则大约相合,方行给发。

一 每月续添柴炭,皆经本寺堂印酌过,然各项手本不一,数目亦多,本厂须逐项裁减,俾不至于靡费。

一 不时吉凶③大典礼柴炭,虽各有往年行过旧例,亦须监督。临时呈堂酌量裁减,要归于节省。

一 各衙门取给者,多由本司手本转移过厂,俱照例给发。

屯田清吏司　监督④主事　臣胡维霖谨议

工科给事中　臣何士晋　谨订

---

① 原文系"爨",应为"爨"之异体,为"烧火做饭"或"灶"之意,今改以合简体文之规范。

② 原文系"规",应为"规"之异体,今改以合简体文之规范,下文同,不再注。

③ 原文系"凶",古同"凶",今改以合简体文之规范。

④ "底本"、"北图珍本"此二字为"监督","续四库本"为"管差",今依"底本"。

又附　陵工　条议：

一　会估价值，所以示划一而杜纷争，法至详也。

细玩其中，不无可议者。夫一木价也，前者可以比附，后者亦可比附。规则无定，价值混淆。倘舞文者，上下其手，而相去倍蓰①矣，嗟嗟此冒破之窦也。愚议自今之急务，无如更定会估。木则以长、短、阔、狭定为例，即比而不合者，亦按尺寸，递为增减，毋得而假借焉。余物准②是，庶奸胥无所庸其巧，而钱粮不至冒支矣。拨本塞源，此着吃紧，故旧估急宜更定也。

一　夫匠工价，旧例领银，近议兼用钱，诚便矣。

第钱居十分之一，分数尚少。愚议钱既便用，请再益之。盖青蚨③朝发夕至，即可济夫匠燃眉之急，而且铺行不得以刁勒，低假，无缘而夹杂，是皆夫匠之利也。至若躬亲点散，毋令经手者混入赝钱减去实数，是在督工者加之意耳。且行之日久，最有利于公家，故发钱不妨于多也。

一　凡工非数载者，例无关防。

第呈请会议，须用文移事。事俱关钱粮，而乃以白头之文，行于百里之远，恐非所以防意外之奸也。愚议凡大工，如时日迫近，不遑提请关防，或令本差自刻条记一颗，以钤封口。庶防闲周密，而奸萌潜消矣，故条记不可不议也。

一　黄土每方价值至十余金，此非物料之贵者乎？

第旧规称斤，即以斤而折方。迩来量方只见方而遗斤，此运价所以不容不裁也。近巡视科院之议，以黄土还须秤斤，最为中空④矣。请自今工所黄土将每百斤、每里给予车户运价若干，著为定估，通行遵守。庶划一之法既定，而嚣竞之口自息矣，故土估所当酌定也。

---

① 音同"徙"，为"五倍"，引申为"数倍"之意。
② 原文系"準"，今改为"准"，以合简体文之规范。
③ 原文系"蚨"，应为"蚨"之异体，青蚨是古书上说的一种虫，古时常为钱之代称。
④ 原文系"嵡"，应为"窾"之异体，《玉篇》释为"空也，从窾省"，今改为"空"，以合简体文之规范。

屯田清吏司　管陵工员外郎臣朱　瑛　谨议

工科给事中　臣何士晋　谨订

责任编辑：洪　琼

图书在版编目（CIP）数据

工部厂库须知/（明）何士晋 撰；江牧 校注. –北京：人民出版社，2013.12
ISBN 978 – 7 – 01 – 012433 – 9

Ⅰ.①工…　Ⅱ.①何…②江…　Ⅲ.①建筑工程-规章制度-中国-明代
Ⅳ.①TU711

中国版本图书馆 CIP 数据核字（2013）第 188347 号

工部厂库须知
GONGBU CHANGKU XUZHI

（明）何士晋 撰　江牧 校注

人民出版社 出版发行
（100706　北京市东城区隆福寺街 99 号）

北京中科印刷有限公司印刷　新华书店经销

2013 年 12 月第 1 版　2013 年 12 月北京第 1 次印刷
开本：710 毫米×1000 毫米 1/16　印张：25.25
字数：400 千字　印数：0,001-3,000 册

ISBN 978 – 7 – 01 – 012433 – 9　定价：99.00 元

邮购地址 100706　北京市东城区隆福寺街 99 号
人民东方图书销售中心　电话（010）65250042　65289539